Heidelberger Taschenbücher Band 104

Otfried Madelung

Festkörpertheorie I

Elementare Anregungen

Mit 56 Abbildungen

Springer-Verlag
Berlin · Heidelberg · New York 1972

Prof. Dr. Otfried Madelung
Fachbereich Physik
der Universität Marburg/Lahn

ISBN 3-540-05731-5 Springer-Verlag Berlin · Heidelberg · New York
ISBN 0-387-05731-5 Springer-Verlag New York · Heidelberg · Berlin

Printed in Germany. Library of Congress Catalog Card Number 78-189459.

Herstellung: Zechnersche Buchdruckerei, Speyer.

Vorwort

Der Zusammenhalt der Ionen und Elektronen in einem Festkörper erfolgt durch die starke Wechselwirkung, die zwischen diesen Teilchen besteht. Physikalische Vorgänge im Festkörper sind demgemäß Kollektivphänomene, an denen viele Gitterbausteine beteiligt sind. Die theoretische Beschreibung solcher Phänomene erscheint zunächst wesentlich komplizierter als die Beschreibung einfacher Systeme schwach miteinander wechselwirkender Teilchen. Die Entwicklung der letzten zehn Jahre hat jedoch gezeigt, daß durch eine systematische Einführung des Begriffes der „elementaren Anregungen" große Teile der Festkörperphysik unter einem einheitlichen Gesichtspunkt zusammengefaßt werden können. Gleichzeitig gibt dieses Konzept eine anschauliche Formulierung vieler Vorgänge in Festkörpern und erleichtert damit wesentlich deren Verständnis.

Das Konzept der elementaren Anregungen liegt diesem Buch zu Grunde. Der vorliegende erste Band bringt eine Einführung in die Grundlagen der Theorie. Verschiedene elementare Anregungen (Kollektivanregungen und Quasi-Teilchen) werden definiert und ihre Eigenschaften diskutiert. Auf dieser Stufe ist ein Vergleich mit dem Experiment nur in wenigen Fällen möglich. Physikalische Vorgänge sind stets Wechselwirkungen, an denen elementare Anregungen beteiligt sind. Darauf wird in den beiden folgenden Bänden eingegangen. Einen ausführlichen Überblick über die Gliederung der drei Bände und das ihr zu Grunde liegende Konzept findet der Leser im ersten Abschnitt dieses Bandes.

Das Buch wendet sich an alle, die auf dem Gebiet der Festkörperphysik experimentell oder theoretisch arbeiten oder arbeiten wollen. Vorausgesetzt werden Kenntnisse der Quantenmechanik, wie sie in einer einsemestrigen Vorlesung üblicherweise geboten werden. Darüber hinausgehende mathematische Hilfsmittel habe ich in Anhängen bereitgestellt. Ich habe jedoch bewußt darauf verzichtet, die abstrakteren quantenfeldtheoretischen Methoden zu benutzen, die in immer stärkerem Maße Eingang in die Festkörpertheorie finden. Für den breiten Leserkreis, an den das Buch gerichtet ist, erschien

mir die durchgängige Benutzung dieser Methoden nicht zweckmäßig.
Alle Probleme der Festkörpertheorie in diesen drei Bändchen zu besprechen war mir weder möglich, noch hielt ich es für sinnvoll. Ich habe jedoch versucht, einen allgemeinen Rahmen zu geben, in den der Leser Material, das in weiterführenden Berichten, Monographien und Originalarbeiten angeboten wird, einordnen kann. Dabei habe ich einzelne Teilgebiete stärker betont, andere kürzer gefaßt. Abgrenzbare Teilgebiete, über die gute zusammenfassende Darstellungen existieren, habe ich oft nur vom Standpunkt der elementaren Anregungen aus behandelt. So stehen beim Magnetismus die Spinwellen, bei der Supraleitung die Elektron-Elektron-Wechselwirkung über virtuelle Phononen im Vordergrund der Behandlung, während andere wichtige Teile dieser Gebiete unberücksichtigt bleiben. In jedem Fall habe ich mich aber bemüht, den Leser auf weiterführende und ergänzende Literatur hinzuweisen.
Als Maßsystem habe ich das Gaußsche System durchgehend verwendet. Die meisten Monographien über Teilgebiete der Festkörpertheorie ebenso wie die Einführung in die Festkörperphysik von Kittel [1, 1a] benutzen dieses System. Die Bezeichnung der Symbole habe ich so weit wie möglich an die neueste Auflage dieses Buches [1a] angeglichen.
Der vorliegende Band ist entstanden aus Vorlesungen und Seminaren, die ich in den letzten Jahren in Marburg und Newark/Delaware gehalten habe. Meine Mitarbeiter Dr. K. Maschke und Prof. Dr. U. Rössler sowie Prof. Dr. J. Treusch, Dortmund, haben das gesamte Manuskript gelesen und mir durch kritische Ratschläge geholfen. Ihnen sei auch an dieser Stelle herzlich gedankt. Die Zusammenarbeit mit dem Springer-Verlag war – wie immer – eine Freude.

Marburg/Lahn, im Februar 1972 Otfried Madelung

Inhaltsverzeichnis

I Grundlagen

1. Einführung

Festkörper entstehen durch Zusammenlagerung einer großen Anzahl von Atomen zu einem zusammenhängenden Verband. Demgemäß befaßt sich die Festkörperphysik mit denjenigen physikalischen Erscheinungen, die als Kollektiveigenschaften dieses Atomverbandes aufzufassen sind. Sicher bestimmen bereits die Eigenschaften freier Atome die Natur eines aus ihnen zusammengesetzten Festkörpers. Aber die Eigenschaften eines Einzelatoms werden im Kristallgitter durch seine Umgebung maßgebend beeinflußt. Elektrizitätsleitung, Ferromagnetismus, spezifische Wärme, Phasenübergänge sind überdies Beispiele für Begriffe, die nur für den Atomverband, nicht für das einzelne Atom definierbar sind. Eine theoretische Beschreibung der Festkörpereigenschaften muß sich also der Methoden bedienen, die der Behandlung von Viel-Teilchen-Systemen angemessen sind.

Betrachten wir das Objekt der Untersuchung, den Festkörper, etwas genauer: Kennzeichen aller Festkörper (wie jeder *kondensierten Materie*) ist eine Ordnung, d. h. eine Korrelation der Lagen benachbarter Atome. Diese Ordnung kann als *Nahordnung* auf eine mehr oder weniger abgegrenzte Umgebung eines Atoms beschränkt sein. Sie kann sich in amorphen Festkörpern mit wachsendem Abstand immer mehr verlieren. Sie kann auf Mikrokristallite beschränkt sein, die ungeordnet aneinander anschließen. Die überwiegende Zahl aller Festkörper besitzt jedoch eine *Fernordnung*, d. h. ein über große Bereiche sich erstreckendes *Gitter*. Die große Anzahl der geometrisch und bindungsmäßig möglichen Gitter trägt viel zu der Fülle der verschiedenen Festkörperphänomene bei.

Jeder Realkristall zeigt immer Abweichungen von einem ideal geordneten Aufbau. Jeder Körper hat eine endliche Ausdehnung, ein Kristall ist also durch *Oberflächen* oder innere *Grenzflächen* begrenzt. Dies ist eine triviale, aber für viele physikalische Phänomene wichtige Feststellung. *Gitterstörungen* im Inneren eines Realkristalls, Fremdatome in einem Wirtsgitter, Versetzungen, lokale Störungen der Gitterperiodizität sind darüber hinaus nie völlig zu vermeiden.

Auch die Temperaturbewegung der Gitteratome bedeutet eine Abweichung von der strengen Periodizität. Das periodische Gitter wird nicht von den Atomen selbst, sondern von den Gleichgewichtslagen der Atome gebildet, in denen die Gitteratome nur am absoluten Nullpunkt der Temperatur, also im *Grundzustand* des Kristalls ruhen. Jede Abweichung vom Grundzustand führt von der Ordnung weg. Doch sind die Abweichungen bei normalen Temperaturen meist so gering, daß die Ordnung des Gitters bestimmendes Merkmal der Eigenschaften eines Kristalls bleibt.

Die Fragestellungen der Festkörperphysik lassen sich grob auf zwei Fragenkomplexe zurückführen:

1. Welches ist der Grundzustand eines gegebenen Festkörpers? Warum ist er stabil? Welcher Art sind die Kräfte, die die Gitteratome zusammenhalten?
2. Wie verhält sich der Festkörper unter äußeren Einflüssen?

Der erste Fragenkomplex ist gekennzeichnet durch Begriffe wie Kristallstruktur, chemische Bindung, Kohäsion, Bindungsenergie. Die Beantwortung der gestellten Fragen erscheint zunächst vorrangig vor der Frage nach dem Verhalten von Festkörpern unter äußeren Einflüssen. Und doch kann der erste Fragenkomplex nur über den zweiten beantwortet werden. *Denn jedes Experiment bedeutet einen Eingriff, eine Störung des Grundzustandes.* Erst aus der Untersuchung solcher Eingriffe, aus der Wirkung, die ein Festkörper bei Anlegen eines elektrischen Feldes, eines Temperaturgradienten, bei Lichtbestrahlung usw. zeigt, kann auf seine Eigenschaften auch im Grundzustand geschlossen werden.

Die *Phänomene*, die im Vordergrund des Interesses stehen, sind gekennzeichnet durch die Eingriffsmöglichkeiten. Solche Möglichkeiten sind:

a) *Elektrische Felder.* Untersucht wird der Ladungstransport, also elektrische Ströme. Aus solchen Untersuchungen folgt die phänomenologische Unterteilung der Festkörper in Metalle, Halbleiter und Isolatoren, nach dem Mechanismus der Elektrizitätsleitung auch in Elektronenleiter und Ionenleiter. Auch die Supraleitung gehört in dieses Gebiet.

b) *Magnetfelder.* Die verschiedenen Arten des Magnetismus, Dia- und Paramagnetismus, Ferro-, Antiferromagnetismus, Ferrimagnetismus sind verschiedene Wirkungen, die ein Festkörper je nach seiner Struktur im Magnetfeld zeigt. Das Magnetfeld als zusätzlicher Einfluß, etwa bei den Transporterscheinungen im elektrischen Feld, ist ein vielbenutztes Mittel, durch einen weiteren Parameter die Vielfalt der Effekte zu vergrößern und damit mehr Informationen über die Festkörpereigenschaften zu gewinnen.

c) Unter einem *Temperaturgradienten* wird Wärmeenergie von heißeren zu kälteren Gebieten geführt. Energietransport ist neben Ladungstransport möglich.

d) *Lichteinstrahlung.* Absorption, Reflexion und Dispersion geben Auskunft über die Wechselwirkung elektromagnetischer Wellen mit dem Festkörper.

e) *Elektronen, Neutronen* und andere Korpuskularstrahlen lassen sich als Sonden zur Untersuchung der Festkörpereigenschaften verwenden.

f) Neben diesen reversiblen Eingriffen kann die Änderung der Eigenschaften eines Festkörpers durch definierte Erzeugung von *Gitterstörungen* (Dotieren mit Fremdatomen, Erzeugung von Fehlordnung des Gitters, von Versetzungen u. a.) wichtige Aussagen über den Realkristall liefern.

Diese Liste läßt sich noch weiterführen, doch sollten hier nur die wichtigsten experimentellen Möglichkeiten erwähnt werden.

Die *theoretische Beschreibung* all dieser Phänomene durch ein einheitliches Modell ist nicht möglich. Dafür ist das Viel-Teilchen-System des Festkörpers zu kompliziert. Näherungen müssen gemacht werden. Für einzelne Fragestellungen werden dem Problem angepaßte vereinfachte Modelle benutzt. Ziel jeder echten Theorie des festen Körpers muß es jedoch sein, diese einzelnen Facetten der theoretischen Beschreibung unter einheitlichen *Konzepten* zusammenzufassen. Dazu gibt es verschiedene Möglichkeiten.

Das Konzept, das in den letzten Jahren immer stärker in den Vordergrund gerückt ist – und das wir in diesem Buch als Ordnungsprinzip benutzen wollen – ist das Konzept der *elementaren Anregungen*. Darunter ist folgendes zu verstehen:

Nach dem oben Gesagten ist das Untersuchungsobjekt vorwiegend der Festkörper in einem angeregten Zustand. Die Anregungsenergie kann thermische Energie sein, sie kann von außen zugeführt oder durch definierte Störung des Gitteraufbaus eingebracht worden sein. Die Anregungsenergie kann verschiedenen Untersystemen des Festkörpers zugeführt werden. Sie kann von den Valenzelektronen oder vom Ionengerüst aufgenommen werden, sie kann als kinetische Energie der Gitterionen auftreten oder im gekoppelten System der Spins der Gitterionen stecken.

Auch bei sehr schwacher Anregung wird die zugeführte Energie meistens nicht von einem einzelnen Gitterteilchen unabhängig von allen anderen aufgenommen werden. Zwischen allen Gitterteilchen (Ionen und Elektronen) bestehen starke *Wechselwirkungen*, und die einem Teilchen zugeführte Energie wird sich schnell auf andere Teilchen ausbreiten.

Wir kennen schon aus der Mechanik eines Systems von Massenpunkten einen Weg, einen komplizierten Schwingungszustand einfach zu beschreiben. Bei einem System von s Freiheitsgraden führt man s neue verallgemeinerte Koordinaten (Normalkoordinaten) so ein, daß die Hamilton-Funktion – die bei kleinen Schwingungen eine positiv definite quadratische Funktion ist – diagonalisiert wird, d. h., daß die Bewegungsgleichungen in Normalkoordinaten in s unabhängige Gleichungen freier Oszillatoren zerfallen. In dieser (formalen) Beschreibungsform wird ein dicht über dem Grundzustand liegender Anregungszustand beschrieben durch die Anregung einiger weniger dieser freien Oszillatoren.

Diese Beschreibungsweise wird in der Gitterdynamik des festen Körpers bei der Beschreibung der (kleinen) Schwingungen der Gitterionen um ihre Gleichgewichtslagen benutzt. Der komplizierte kollektive Schwingungszustand wird in unabhängige Normalschwingungen aufgeteilt. Diese Normalschwingungen werden quantisiert. Die zugeordneten Quanten heißen *Phononen*. Solche Phononen sind *ein* Beispiel einer *elementaren Anregung*. Sie entsprechen in vielem den *Photonen*, den elementaren Anregungen des elektromagnetischen Feldes.

Neben solchen Kollektivanregungen gibt es ein zweites Beispiel, wie die kollektive Wechselwirkung in einem Viel-Teilchen-System formal stark vereinfacht werden kann. Führen wir ein geladenes Teilchen durch ein „Gas“ gleichnamig geladener Teilchen, so wird es die anderen Teilchen aus seiner Umgebung abstoßen. Dies läßt sich formal beschreiben durch ein Bild, in dem keine Wechselwirkung zwischen den Teilchen herrscht, das betrachtete Teilchen jedoch von einer kompensierenden Ladungswolke entgegengesetzten Vorzeichens begleitet wird. Die Wechselwirkung, d. h. der Einfluß der anderen Teilchen auf die Bewegung des betrachteten Teilchens, wird dabei ersetzt durch die Trägheit der Ladungswolke, die das Teilchen bei seiner Bewegung mitschleppen muß. Auch hier ist ein System wechselwirkender Teilchen in ein System nicht wechselwirkender Teilchen übergeführt worden, wobei die dynamischen Eigenschaften der neuen *Quasi-Teilchen* gegenüber der ursprünglichen Beschreibung geändert sind. Solche Quasi-Teilchen sind ein weiteres Beispiel elementarer Anregungen.

Im Festkörper finden wir die Möglichkeit, zahlreiche solche elementaren Anregungen einzuführen. Neben den *Phononen* als Quanten der Gitterschwingungen gibt es Kollektivanregungen der Valenzelektronen in Metallen, die als *Plasmonen* bezeichnet werden. Das Spinsystem der Gitteratome kann durch Spinwellen mit *Magnonen* als zugeordneten Quanten beschrieben werden. Elementare Anregungen in Isolatoren und Halbleitern sind die *Exzitonen.*

Die Definition eines Quasiteilchens ist nicht eindeutig. Elektronen etwa unterliegen verschiedenen Wechselwirkungen bei ihrer Bewegung durch einen Kristall. Je nach den Anteilen dieser Wechselwirkungen, die in die Dynamik der Elektronen einbezogen werden, je nach der verwendeten Näherung wird das *Elektron* als ein anderes Quasiteilchen (freies Elektron, Hartree-Fock-Elektron, Bloch-Elektron, abgeschirmtes Elektron) erscheinen. Dies ist eine oft übersehene Tatsache, die zu Mißverständnissen Anlaß geben kann.

In erster Näherung sind die elementaren Anregungen einer Sorte wechselwirkungsfrei. In nächster Näherung muß ihre gegenseitige Wechselwirkung mitberücksichtigt werden. Trotzdem bleibt das Konzept der elementaren Anregungen auch dann noch vernünftig. An die Stelle der ursprünglich starken Wechselwirkung tritt eine nur schwache Wechselwirkung, die durch störungstheoretische Methoden erfaßt werden kann.

Wir kommen auf diese Fragen in Abschnitt 10 zurück, wo wir den Begriff des Quasi-Teilchens genauer fassen.

Selbst wenn wir die Wechselwirkung innerhalb einer Sorte von elementaren Anregungen völlig vernachlässigen können, so ist doch die Wechselwirkung zwischen den verschiedenen Sorten immer eines der wichtigen Probleme. Erst dadurch kommt die Vielfalt der Festkörper-Phänomene zustande. Schon die Einstellung eines Gleichgewichtszustandes erfordert eine Wechselwirkung, d. h. einen Energieaustausch zwischen den verschiedenen Systemen von elementaren Anregungen.

Im Rahmen dieses Konzeptes können wir nun die Fragen stellen: Welche elementaren Anregungen liegen bei einer schwachen Störung eines gegebenen Festkörpers vor? Welche Energie besitzen die Quasiteilchen? Welche Wechselwirkungen sind zu berücksichtigen? und schließlich: Wie verhalten sie sich unter äußeren Kräften? Die Antwort auf diese Fragen liefert uns dann die Antwort auf die Frage nach den physikalischen Eigenschaften des Festkörpers, nach seinem Verhalten im Experiment.

Es ist klar, daß das Konzept der elementaren Anregungen nur bei schwacher Abweichung zum Grundzustand vernünftig ist. Denn wenn die Zahl der Kollektivanregungen und Quasiteilchen selbst wieder groß wird, wenn die Kopplung untereinander zu stark wird, dann belasten wir das theoretische Bild wieder mit vielen Details, von denen wir gerade durch dieses Konzept frei werden wollten.

Zu den elementaren Anregungen treten die *Gitterstörungen*, von denen zumindest die lokalisierten punktförmigen Fremdatome und Eigenfehlstellen in eine gewisse Analogie zu den elementaren Anregungen gesetzt werden können. Wir können unseren Fragenkatalog dann erweitern durch Fragen wie: Welche isolierten Störstellen können in einem gegebenen Kristall auftreten? Welche Energie haben sie? Welche Wechselwirkung haben sie untereinander und mit den elementaren Anregungen des Kristalls? Die Antwort auf diese Fragen liefert die Antwort auf die Frage nach dem Einfluß der Gitterstörungen auf die physikalischen Eigenschaften des Festkörpers.

Wie jedes theoretische Konzept, so hat auch das Konzept der elementaren Anregungen nur begrenzte Gültigkeit und ist nur ein begrenzt verwendbares Ordnungsmerkmal. Wenn wir uns nach diesem Merkmal bei der Gliederung dieses Buches richten, so wird doch in den einzelnen Kapiteln vieles stehen, was nicht unmittelbar mit der jeweilig im Vordergrund stehenden elementaren Anregung zu tun hat. Ordnungsmerkmale sollen helfen, aber nicht hinderlich sein.

Der Plan, der diesem Buch zugrunde liegt, ist damit folgender: In dem vorliegenden *ersten Band* werden wir, ausgehend von der Formulierung des Gesamtproblems, untersuchen, welche Näherungen möglich und zweckmäßig sind und wie im Rahmen solcher Näherungen oder Aufspaltungen in Teilprobleme elementare Anregungen zweckmäßig zu definieren sind. Dabei werden wir von dem einfachsten Modell des wechselwirkungsfreien Elektronengases ausgehen und der Reihe nach zusätzliche Wechselwirkungen betrachten – und soweit wie möglich eliminieren. Das Ergebnis wird die Definition verschiedener Quasiteilchen und Kollektivanregungen sein.

Im *zweiten Band* werden wir die *Wechselwirkungen* der elementaren Anregungen untereinander und mit äußeren Einflüssen betrachten. Die verschiedenen Möglichkeiten werden zu den verschiedenen Festkörpereigenschaften führen. Die Wechselwirkung eingestrahlter Photonen mit den elementaren Anregungen führt zu den *optischen Phänomenen*. Die Elektron-Phonon-Wechselwirkung steht bei den *Transporterscheinungen* im Vordergrund, eine spezielle Elektron-Phonon-Elektron-Wechselwirkung wird den Zugang zur Theorie der *Supraleitung* eröffnen usw. In diesem Zusammenhang werden wir auch weitere Anregungen, wie die *Polaritonen* und die *Polaronen*, kennenlernen.

Bei der Definition der elementaren Anregungen und bei der Untersuchung ihrer Wechselwirkungen wird das ungestörte, unendlich ausgedehnte Gitter die Grundlage bilden. Objekt ist also immer der Idealkristall. Der *dritte Band* ist deshalb dem *Realkristall*, dem Einfluß von Gitterstörungen, inneren Grenzflächen, Oberflächen und Kontakte gewidmet. Dort ist auch Gelegenheit, auf den *Grundzustand*, also Fragen der chemischen Bindung, auf stark gestörte Festkörper, Legierungen und amorphe Phasen einzugehen.

Nachdem wir ausgehend vom *Objekt* der Untersuchung über die beobachtbaren *Phänomene* die *Konzepte* der theoretischen Beschreibung genannt haben, wollen wir zum Abschluß einige Worte zu den *mathematischen Methoden* sagen.

Zwei Eigenschaften des Festkörpers stehen im Vordergrund: der Festkörper als *Viel-Teilchen-System* und die *Symmetrien* des Kristallgitters. Gerade die Symmetrieeigenschaften sind wichtig, um den mathematischen Aufwand zu reduzieren. Viele Informationen können bereits durch Ausnutzung aller Symmetrieaussagen ohne quantitative Lösung der Schrödinger-Gleichung gewonnen werden. Wir werden deshalb auch *gruppentheoretische Hilfsmittel* benötigen. Ihnen ist der Anhang B des zweiten Bandes gewidmet.

Der Viel-Teilchen-Aspekt aller Probleme wird verschiedene mathematische Hilfsmittel erfordern. Die Quantenstatistik (Fermi- und Bose-Statistik) wird die Energieverteilung der wechselwirkungsfreien elementaren Anregungen liefern. Für die quantenmechanische Formulierung wird sich die Methode der Teilchenzahldarstellung (Anhang dieses Bandes) bewähren. Für Probleme der Wechselwirkung, besonders bei stark gestörten Systemen, werden in immer stärkerem Maße Hilfsmittel der Quantenfeldtheorie hinzugezogen (Diagrammtechnik, Greensche Funktionen, Streutheorie, Dichtematrix usw.). In einem einführenden Taschenbuch, das sich an einen breiten Leserkreis richtet, können diese modernen Techniken nicht im Vordergrund der Darstellung stehen. Wir werden bei der Behandlung der Wechselwirkungen auch diese Methoden berühren. So weit wie möglich werden wir aber die konventionellen, in einer Kursvorlesung über Quantenmechanik üblichen Methoden vorziehen.

Weiterführende Literatur zu den mathematischen Hilfsmitteln der Gruppentheorie und der Viel-Teilchen-Physik ist im Literaturverzeichnis aufgeführt [78–88]. Zum Konzept der elementaren Anregungen in Festkörpern vgl. besonders die Bücher von Anderson [8], Kittel [12], Pines [16], Taylor [19], den Tagungsband [49] und den Beitrag von Lundquist in [56]. Zur Hartree-Fock-Näherung (Abschnitt 3) sei ferner auf Anderson [8], Brauer [9], Haug [11] und Kittel [12] hingewiesen.

2. Die Schrödinger-Gleichung des Viel-Teilchen-Systems

Ausgangspunkt aller quantitativen Berechnungen von Festkörpereigenschaften ist die Schrödinger-Gleichung des Kristalls. Wir beginnen mit der Aufstellung der Hamilton-Funktion des Gesamtproblems, die sich aus der kinetischen Energie aller im Kristall enthaltenen Teilchen und ihrer Wechselwirkungsenergie zusammensetzt. Hierbei muß man beachten, daß beim Zusammenfügen des Kristalls nur die *Valenzelektronen* zur chemischen Bindung beitragen, die meisten der in abgeschlossenen Schalen befindlichen Elektronen (Rumpfelektronen) fest gebunden bleiben und die Festkörpereigenschaften nicht beeinflussen. Als unabhängige Bestandteile betrachtet man deshalb die *Gitterionen* und die *Valenzelektronen.*

Diese Auftrennung in Ionenrümpfe und Valenzelektronen ist nicht immer eindeutig möglich. Hier liegt also bereits eine Näherung vor.
Die Hamilton-Funktion setzt sich dann zusammen aus der kinetischen Energie aller Valenzelektronen (die Vorsilbe „Valenz-" lassen wir künftig weg) und aller Ionen, aller Wechselwirkungsenergien dieser Teilchen untereinander und eventuell der Wechselwirkung mit externen Feldern:

$$H = H_{\text{el}} + H_{\text{ion}} + H_{\text{el-ion}} + H_{\text{ex}}. \tag{2.1}$$

Das letzte Glied lassen wir vorläufig unberücksichtigt.
Für den Elektronenanteil schreiben wir

$$H_{\text{el}} = H_{\text{el,kin}} + H_{\text{el-el}} = \sum_k \frac{p_k^2}{2m} + \frac{1}{2} \sum_{kk'}' \frac{e^2}{|\boldsymbol{r}_k - \boldsymbol{r}_{k'}|}. \tag{2.2}$$

Wir setzen also als Wechselwirkungsterm eine Coulombsche Wechselwirkung an. Die Summen laufen über die Elektronenindizes, im Wechselwirkungsglied ist der Summand $k=k'$ ausgeschlossen. $\boldsymbol{p}_k, \boldsymbol{r}_k$ und m sind Impuls, Ort und Masse des k-ten Elektrons.
Für den Ionenanteil schreiben wir entsprechend

$$H_{\text{ion}} = H_{\text{ion,kin}} + H_{\text{ion-ion}} = \sum_i \frac{P_i^2}{2M_i} + \frac{1}{2} \sum_{ii'}' V_{\text{ion}}(\boldsymbol{R}_i - \boldsymbol{R}_{i'}), \tag{2.3}$$

wo wir die Ionenparameter durch große Buchstaben gekennzeichnet haben.
Dabei haben wir die explizite Form der Ion-Ion-Wechselwirkung noch offengelassen und nur angenommen, daß sie sich als Summe über Zwei-Teilchen-Wechselwirkungen schreiben läßt, die selbst nur von der Differenz der Ionenkoordinaten $\boldsymbol{R}_i$ abhängen.
Für die Elektron-Ion-Wechselwirkung setzen wir entsprechend an

$$H_{\text{el-ion}} = \sum_{k,i} V_{\text{el-ion}}(\boldsymbol{r}_k - \boldsymbol{R}_i). \tag{2.4}$$

Es ist zweckmäßig, bereits an dieser Stelle eine weitere Aufteilung vorzunehmen: Kristalle zeichnen sich durch Symmetrien aus, und diese Symmetrien sind gegeben durch eine periodische Anordnung der Gitterionen. Streng periodisch sind aber nicht die momentanen Lagen der einzelnen Gitterionen, sondern ihre Gleichgewichtslagen, um die herum sie Schwingungen ausführen. Man teilt deshalb die Ion-Ion-Wechselwirkung und die Elektron-Ion-Wechselwirkung sogleich in zwei Anteile, die die Wechselwirkung für in ihren Gleichgewichtslagen befindliche Ionen und die Korrektur dieses Anteils durch die Gitterschwingungen beschreiben:

$$H_{\text{ion-ion}} = H_{\text{ion-ion}}^0 + H_{\text{ph}}, \tag{2.5}$$

$$H_{\text{el-ion}} = H_{\text{el-ion}}^0 + H_{\text{el-ph}}. \tag{2.6}$$

Der Index ph für den Gitterschwingungsanteil weist bereits auf die Phononen hin, durch die wir später die Gitterschwingungen beschreiben.

Die Gleichungen (2.1)–(2.6) bilden die Grundlage der quantenmechanischen Behandlung der meisten Festkörpereigenschaften. Der nächste Schritt ist der Übergang von der Hamilton-Funktion zum Hamilton-Operator. In der Ortsdarstellung hängt dann der Hamilton-Operator von allen Koordinaten sämtlicher Elektronen und Ionen ab. Entsprechend wird die Wellenfunktion, auf die H wirkt, eine Funktion aller dieser Koordinaten. Bei dieser Form des Hamilton-Operators kann allerdings der Spin nur unvollkommen berücksichtigt werden (vgl. den nächsten Abschnitt). Für die meisten im folgenden zu behandelnden Probleme reicht die nicht-relativistische Schrödinger-Gleichung ohne Spin-Bahn-Kopplungsterme jedoch aus.

Eine strenge Lösung dieses quantenmechanischen Problems ist nicht möglich. Einschneidende Näherungen müssen gemacht werden. Hierbei sind zwei Schritte für die Festkörpertheorie typisch: Einzelne Terme des Hamilton-Operators werden bei einer gegebenen Problemstellung weggelassen, nur teilweise berücksichtigt oder durch Störungsrechnung nachträglich erfaßt. Dieses vereinfachte Problem wird dann durch Ausnutzung der Symmetrieeigenschaften des Kristallgitters weiter vereinfacht. Dabei hängen die möglichen Näherungen von der Fragestellung und von der Natur des betrachteten Festkörpers ab.

Dem völligen Weglassen einzelner Glieder des Hamilton-Operators steht die Schwierigkeit entgegen, daß die Wechselwirkung zwischen allen durch H beschriebenen Teilchen als Coulomb-Wechselwirkung gleich stark ist. So kann etwa der *Elektronenanteil* H_{el} in (2.2) schon deshalb nicht allein betrachtet werden, weil durch ihn ein Elektronengas beschrieben wird, dessen Ladung nicht wie im Festkörper durch die Ionen kompensiert wird. Als erste Näherung ist (2.2) zumindest durch eine konstante Raumladung ρ_+, die der mittleren Ionenladung entspricht, und durch die Wechselwirkung der Elektronen mit dieser Raumladung zu ergänzen. Fassen wir beide Zusatzterme als H_+ zusammen, so lautet der Hamilton-Operator dieser Näherung

$$H_{\mathrm{el}} = \sum_k \frac{p_k^2}{2m} + \frac{1}{2} \sum_{kk'}{}' \frac{e^2}{|\boldsymbol{r}_k - \boldsymbol{r}_{k'}|} + H_+ . \tag{2.7}$$

Das Elektronengas wird also hier als eingebettet in einen konstanten positiven Untergrund betrachtet. Dieses Modell wird in der angelsächsischen Literatur als „*Jellium*" bezeichnet. Die Gittersymmetrie tritt völlig in den Hintergrund, während die Eigenschaften des Elektronengases, speziell die Elektron-Elektron-Wechselwirkung, im Vordergrund stehen. Viele Eigenschaften der Metalle lassen sich in dieser Näherung beschreiben. Das zweite und dritte Kapitel wird sich mit diesem Problem des freien Elektronengases ohne und mit Wechselwirkung beschäftigen.

Dieses Modell läßt sich verfeinern, wenn man anstelle einer gleichmäßig verteilten Raumladung die Ionen als in ihren Gleichgewichtslagen $\boldsymbol{R}_i^0$ ruhend annimmt. Dann tritt zu (2.2) aus (2.6) der Anteil $H_{\mathrm{el\text{-}ion}}^0$. Die Symmetrieeigenschaften des Gitters werden hierbei voll erfaßt. Der Hamilton-Operator wird dann allerdings zu kompliziert, um ohne anderweitige Näherungen das Problem anzugehen. Dies wird den Inhalt des IV. Kapitels bilden.

Entsprechend (2.7) kann die *Ionenbewegung* nach (2.3) und (2.5) behandelt werden. Zu (2.3) ist entsprechend (2.7) anstelle der weggelassenen Elektronengesamtheit eine konstante negative Raumladung ρ_- und ihre Wechselwirkung mit den Ionen zu addieren. Beide Glieder fassen wir zu einem Term H_- zusammen:

$$H_{\text{ion}} = \sum_i \frac{P_i^2}{2M_i} + \frac{1}{2}\sum_{ii'}' V_{\text{ion}}(\boldsymbol{R}_i - \boldsymbol{R}_{i'}) + H_-, \tag{2.8}$$

wo das zweite Glied rechts gemäß (2.5) aufgespalten werden kann. Dieser Hamilton-Operator ist die Grundlage der Gitterdynamik und wird uns in Kapitel V ausführlich beschäftigen.

Die beiden Glieder H_+ und H_- in (2.7) und (2.8) kompensieren sich gerade. In (2.1) bleibt dann (neben H_{ex}) nur noch $H_{\text{el-ion}}$, der Term, der Elektronenbewegung und Ionenbewegung koppelt. Trennt man aus diesem Anteil nach (2.6) noch die Wechselwirkung der Elektronen mit dem statischen Ionengitter ab und fügt diesen Anteil zu H_{el}, so bleibt als Kopplung zwischen Elektronen- und Ionenbewegung nur noch die *Elektron-Phonon-Wechselwirkung*. Nach Lösen der durch (2.7) und (2.8) umschriebenen Probleme kann diese Kopplung störungstheoretisch berücksichtigt werden. Hierauf werden wir in Kapitel VIII zurückkommen.

Wir haben damit das Gesamtproblem in zwei Teilprobleme aufgeteilt, die Bewegung der Elektronen in einem ruhenden Ionengitter und die Bewegung der Ionen ohne Berücksichtigung der räumlichen Verteilung der Elektronen. Eine solche Entkopplung des Gesamtproblems bedarf eigentlich einer strengeren Begründung. Hierfür wird häufig die sogenannte *adiabatische Näherung* herangezogen.

Sie beruht auf folgendem Argument: Elektronen und Ionen haben sehr verschiedene Massen. Einer Änderung der Elektronenkonfiguration werden die Ionen nur langsam folgen, während sich die Elektronen adiabatisch auf eine Änderung der Ionenlagen einstellen. Für die Elektronenbewegung spielt also jeweils die momentane Konfiguration der Ionen die alleinige Rolle. Man kann dann als ersten Näherungsschritt für die Elektronen eine Schrödinger-Gleichung der Form

$$(H_{\text{el}} + H_{\text{el-ion}})\psi = E_{\text{el}}\,\psi \tag{2.9}$$

aufstellen, in der die Ionenkoordinaten festgehalten werden. Die Wellenfunktion ψ hängt nur noch von den Koordinaten der Elektronen ab. Die Ionenkoordinaten gehen als Parameter ein. Als Ansatz für eine Lösung des Gesamtproblems benutzt man jetzt das Produkt

$$\Psi = \psi(\boldsymbol{r}_1 \ldots \boldsymbol{r}_N; \boldsymbol{R}_1 \ldots \boldsymbol{R}_{N'})\,\varphi(\boldsymbol{R}_1 \ldots \boldsymbol{R}_{N'}), \tag{2.10}$$

wo die ψ Lösungen von (2.9) sind und N die Zahl der Elektronen, N' die der Ionen angibt. Durch Einsetzen in die mit (2.1) als Hamilton-Operator gebildete Schrödinger-Gleichung findet man

$$\begin{aligned} H\Psi &= (H_{\text{el}} + H_{\text{ion}} + H_{\text{el-ion}})\psi\varphi \\ &= \psi(H_{\text{ion}} + E_{\text{el}})\varphi - \sum_i \frac{\hbar^2}{2M_i}(\varphi\,\Delta_i\psi + 2\,\text{grad}_i\varphi\cdot\text{grad}_i\psi). \end{aligned} \tag{2.11}$$

Würde das letzte Glied rechts in (2.11) fehlen, so wäre (2.10) ein Separationsansatz, der eine näherungsweise Entkopplung von Elektronen- und Ionenbewegung erreicht. Für die Ionenbewegung würde dann eine Gleichung der Form

$$(H_{\text{ion}} + E_{\text{el}})\varphi = E\varphi \tag{2.12}$$

folgen, wobei E_{el} noch von den Ionenlagen abhängt, also einen Beitrag der Elektronengesamtheit zur potentiellen Energie der Ionen liefert.

(2.12) ist eine Schrödinger-Gleichung, in die nur noch die Ionenkoordinaten eingehen, die also die *Ionenbewegung* beschreibt. Für die Beschreibung der *Elektronenbewegung* ersetzt man in (2.9) noch die momentanen Lagen der Ionen durch ihre mittleren Lagen, also $H_{\text{el-ion}}$ durch $H^0_{\text{el-ion}}$.

Das letzte Glied in (2.11) koppelt das Elektronensystem mit dem Ionensystem. Man kann zwar zeigen, daß es nur einen sehr kleinen Beitrag zur Gesamtenergie des Systems im Zustand Ψ liefert. Damit ist jedoch noch nicht bewiesen, daß dieses Glied nur eine schwache Wechselwirkung beschreibt, die durch Störungsrechnung nachträglich berücksichtigt werden kann.

Auch die Berechtigung des Ansatzes (2.10) ist zweifelhaft. Die Schrödinger-Gleichung (2.9) hat ja als Lösung nicht eine Eigenfunktion ψ, sondern ein vollständiges System ψ_n von Eigenfunktionen. Der Ansatz (2.10) müßte also als Entwicklung nach diesen Eigenfunktionen geschrieben werden. Die Beschränkung auf eine Wellenfunktion vernachlässigt alle Übergänge im Elektronensystem durch die Ionenbewegung, also gerade die Wechselwirkung zwischen beiden Systemen.

Diese Bemerkungen sollen lediglich zeigen, daß bereits diese erste Näherung Probleme aufwirft, die einer genaueren Analyse bedürfen. Wir können im Rahmen dieses einführenden Kapitels nicht näher darauf eingehen. Für eine eingehendere Begründung und kritische Diskussion der adiabatischen Näherung verweisen wir auf Haug [11] und Ziman [20].

3. Die Hartree-Fock-Näherung

Wir wenden uns jetzt der durch (2.7) beschriebenen *Elektronenbewegung* zu. Betrachtet wird ein *Elektronengas*, das in ein homogenes positiv geladenes Medium (Jellium-Modell) bzw. in ein starres Gerüst negativ geladener Ionen eingebettet ist. Die Schwierigkeit der Lösung dieses Problems liegt in der Wechselwirkung der Elektronen untereinander. Würde diese Wechselwirkung fehlen, so wäre das Viel-Teilchen-Problem entkoppelt in Ein-Teilchen-Probleme, die die unbeeinflußte Bewegung eines Elektrons in einem vorgegebenen Potential beschreiben. Wegen des offensichtlichen Vorteils einer solchen *Ein-Elektronen-Näherung* erhebt sich die Frage, ob nicht das vorliegende Problem unter Einbeziehung zumindest von Teilen der Elektron-Elektron-Wechselwirkung auf ein Ein-Teilchen-Problem zurückgeführt werden kann. Dies leistet die *Hartree-Fock-Näherung*, der wir uns jetzt zuwenden.

Wir gehen aus von dem Hamilton-Operator

$$H=\sum_k \frac{p_k^2}{2m}+\sum_k V(\boldsymbol{r}_k)+\frac{1}{2}\sum_{kk'}{}' \frac{e^2}{|\boldsymbol{r}_k-\boldsymbol{r}_{k'}|}=\sum_k H_k+\sum_{kk'} H_{kk'}. \tag{3.1}$$

Dabei haben wir die Wechselwirkung $H^0_{\text{el-ion}}$ durch $\sum_k V(\boldsymbol{r}_k)$ ausgedrückt mit $V(\boldsymbol{r}_k)=\sum_i V(\boldsymbol{r}_k-\boldsymbol{R}_i^0)$ nach (2.4).

In (3.1) sind die beiden ersten Glieder Summen über Ein-Teilchen-Operatoren. Könnte man gemäß den obigen Bemerkungen die (starke) Elektron-Elektron-Wechselwirkung vernachlässigen, so wäre die Lösung einfach. Die Schrödinger-Gleichung $\sum_k H_k \Phi = E\Phi$ läßt sich dann durch den Ansatz

$$\Phi(\boldsymbol{r}_1 \dots \boldsymbol{r}_N)=\varphi_1(\boldsymbol{r}_1)\varphi_2(\boldsymbol{r}_2)\dots\varphi_N(\boldsymbol{r}_N) \tag{3.2}$$

separieren. Mit $E=\sum_k E_k$ zerfällt sie in Ein-Elektronen-Gleichungen $H_k\varphi_k(\boldsymbol{r}_k) = E_k\varphi_k(\boldsymbol{r}_k)$. Dieser Möglichkeit steht das Glied $H_{kk'}$ in (3.1) entgegen, das von den Koordinaten zweier Teilchen abhängt. Trotzdem läßt der Ansatz (3.2) auch eine genäherte Lösung des Problems (3.1) zu, die Teile der Elektron-Elektron-Wechselwirkung enthält.

Wir gehen mit dem Ansatz (3.2) in die Schrödinger-Gleichung $H\Phi=E\Phi$ mit H aus (3.1) und berechnen den Erwartungswert der Energie $E=\langle\Phi|H|\Phi\rangle$. Da H in eine Summe von Ein-Teilchen-Operatoren H_k und Zwei-Teilchen-Operatoren $H_{kk'}$ zerfällt, werden mit (3.2) die Matrixelemente Produkte von Integralen $\langle\varphi_k|H_k|\varphi_k\rangle$ bzw. $\langle\varphi_k\varphi_{k'}|H_{kk'}|\varphi_k\varphi_{k'}\rangle$ und Integralen $\langle\varphi_j|\varphi_j\rangle$ $(j\neq k,k')$. Die letzteren werden wegen der Normierung der φ_k, die wir als gegeben annehmen können, gleich Eins und es bleibt

$$E=\langle\Phi|H|\Phi\rangle=\sum_k\langle\varphi_k|H_k|\varphi_k\rangle+\frac{e^2}{2}\sum_{kk'}{}'\left\langle\varphi_k\varphi_{k'}\left|\frac{1}{|\boldsymbol{r}_k-\boldsymbol{r}_{k'}|}\right|\varphi_k\varphi_{k'}\right\rangle. \tag{3.3}$$

Dies ist zunächst nur der Erwartungswert der Energie bei willkürlich gegebenen φ_k. Nach dem Variationsprinzip stellen diejenigen φ_k den besten Satz von Funktionen *im Rahmen des Ansatzes* (3.2) dar, für die E ein Minimum wird. Wir variieren also (3.3) nach einem beliebigen φ_k^* oder φ_k und setzen die Variation gleich Null. Die Normierungsbedingungen fügen wir mit Lagrange-Parametern E_k bei:

$$\delta\Big(E-\sum_k E_k(\langle\varphi_k|\varphi_k\rangle-1)\Big)=0. \tag{3.4}$$

Es folgt dann

$$\begin{aligned}&\langle\delta\varphi_j|H_j|\varphi_j\rangle+e^2\sum_{k(\neq j)}\left\langle\delta\varphi_j\varphi_k\left|\frac{1}{|\boldsymbol{r}_k-\boldsymbol{r}_j|}\right|\varphi_j\varphi_k\right\rangle-E_j\langle\delta\varphi_j|\varphi_j\rangle\\ &=\left\langle\delta\varphi_j\left|H_j+e^2\sum_{k(\neq j)}\left\langle\varphi_k\left|\frac{1}{|\boldsymbol{r}_k-\boldsymbol{r}_j|}\right|\varphi_k\right\rangle-E_j\right|\varphi_j\right\rangle=0.\end{aligned} \tag{3.5}$$

Da diese Gleichung unabhängig von der Variation $\delta\varphi_j^*$ gelten muß, folgt als *Bestimmungsgleichung für die* φ_j:

$$\left[-\frac{\hbar^2}{2m}\Delta + V(\boldsymbol{r}) + e^2 \sum_{k(\neq j)} \int \frac{|\varphi_k(\boldsymbol{r}')|^2}{|\boldsymbol{r}'-\boldsymbol{r}|}\, d\tau'\right] \varphi_j(\boldsymbol{r}) = E_j \varphi_j(\boldsymbol{r}). \tag{3.6}$$

Dabei haben wir noch den Ort des j-ten Elektrons mit $\boldsymbol{r}$ und den Ort des k-ten Elektrons mit $\boldsymbol{r}'$ bezeichnet.

Gl. (3.6) ist eine Ein-Teilchen-Schrödinger-Gleichung, die *Hartree-Gleichung*. Sie beschreibt ein Elektron (j) an der Stelle $\boldsymbol{r}$ im Potential $V(\boldsymbol{r})$ der Gitterionen und im Coulomb-Potential einer mittleren Verteilung aller anderen Elektronen ($k \neq j$). Die Lagrange-Parameter E_k erhalten die Bedeutung von Ein-Elektronen-Energien. Wir kommen hierauf weiter unten zurück. Auch die weitere Diskussion dieser Gleichung verschieben wir zunächst.

Wir erweitern vielmehr jetzt den Ansatz (3.2) durch die Forderung des Pauli-Prinzips. Dazu stellen wir fest, daß an den N Elektronenorten $\boldsymbol{r}_1 \ldots \boldsymbol{r}_N$ die N Elektronen auf $N!$ verschiedene Weisen verteilt werden können. Wegen der Ununterscheidbarkeit der Elektronen ist jede Möglichkeit gleich wahrscheinlich. Wir wählen Wellenfunktionen $\varphi_j(\boldsymbol{q}_k)$ für das j-te Elektron mit den Koordinaten $\boldsymbol{q}_k$ (Ortskoordinate $\boldsymbol{r}_k$ und Spinkoordinate). Als Ansatz benutzen wir eine Summe von $N!$ Gliedern des Typs (3.2), in denen alle möglichen Permutationen der Elektronen auftreten. Den einzelnen Summengliedern geben wir Plus- und Minus-Vorzeichen so, daß Φ bei Vertauschung zweier Elektronen sein Vorzeichen wechselt. Wir wählen ferner die φ_j orthogonal zueinander, was ohne Einschränkung der Allgemeinheit möglich ist. Eine solche Wellenfunktion kann in Form einer Determinante *(Slater-Determinante)* geschrieben werden

$$\Phi = (N!)^{-\frac{1}{2}} \begin{vmatrix} \varphi_1(\boldsymbol{q}_1) \ldots\ldots \varphi_N(\boldsymbol{q}_1) \\ \vdots \qquad\qquad \vdots \\ \varphi_1(\boldsymbol{q}_N) \ldots\ldots \varphi_N(\boldsymbol{q}_N) \end{vmatrix}, \tag{3.7}$$

wo der Faktor vor der Determinante aus Normierungsgründen hinzugefügt wurde. Damit ist dem Pauli-Prinzip Rechnung getragen: Bei Vertauschung zweier Elektronen (zweier Spalten der Determinante) wechselt Φ sein Vorzeichen; werden zwei Elektronen durch die gleichen Koordinaten (Gleichheit zweier Spalten) beschrieben, so verschwindet Φ.

Mit dem Ansatz (3.7) bilden wir jetzt wieder den Erwartungswert $E = \langle \Phi | H | \Phi \rangle$. Es wird

$$\begin{aligned} E = \sum_k \int \varphi_k^*(\boldsymbol{q}_1) H_k \varphi_k(\boldsymbol{q}_1)\, d\tau_1 &+ \frac{e^2}{2} \sum_{kk'}{}' \int \frac{|\varphi_k(\boldsymbol{q}_1)|^2\, |\varphi_{k'}(\boldsymbol{q}_2)|^2}{|\boldsymbol{r}_1 - \boldsymbol{r}_2|}\, d\tau_1\, d\tau_2 \\ &- \frac{e^2}{2} \sum_{kk'}{}' \int \frac{\varphi_k^*(\boldsymbol{q}_1) \varphi_k(\boldsymbol{q}_2) \varphi_{k'}^*(\boldsymbol{q}_2) \varphi_{k'}(\boldsymbol{q}_1)}{|\boldsymbol{r}_1 - \boldsymbol{r}_2|}\, d\tau_1\, d\tau_2 . \end{aligned} \tag{3.8}$$

Dabei schließt die Integration die zugehörige Spin-Summation ein.

Gegenüber (3.3) kommt also ein weiteres Glied hinzu. Die Variation (3.4) wird wegen der zusätzlichen Orthogonalitätsbedingung

$$\delta\Big(E - \sum_{kk'} \lambda_{kk'}(\langle\varphi_k|\varphi_{k'}\rangle - \delta_{kk'})\Big) = 0 \tag{3.9}$$

und die Variation führt entsprechend (3.5), (3.6) auf

$$\begin{aligned}&\left(-\frac{\hbar^2}{2m}\Delta_1 + V(\boldsymbol{r}_1)\right)\varphi_k(\boldsymbol{q}_1) + e^2\sum_{k'}\int\frac{|\varphi_{k'}(\boldsymbol{q}_2)|^2}{|\boldsymbol{r}_1-\boldsymbol{r}_2|}d\tau_2\,\varphi_k(\boldsymbol{q}_1)\\ &-e^2\sum_{k'}\int\frac{\varphi^*_{k'}(\boldsymbol{q}_2)\varphi_k(\boldsymbol{q}_2)}{|\boldsymbol{r}_1-\boldsymbol{r}_2|}d\tau_2\,\varphi_{k'}(\boldsymbol{q}_1) = \sum_{k'}\lambda_{kk'}\varphi_{k'}(\boldsymbol{q}_1).\end{aligned} \tag{3.10}$$

Man kann leicht nachweisen, daß der Hamilton-Operator auf der linken Seite von (3.10) hermitesch ist. Dann läßt sich aber immer durch eine Transformation $\varphi'_i = \sum_k u_{ik}\varphi_k$ mit geeignet gewählter unitärer Matrix u_{ik} die Matrix $\lambda_{kk'}$ auf Diagonalform bringen: $\lambda'_{kk'} = E_k\delta_{kk'}$. Nennen wir die neuen φ' wieder φ, so können wir die rechte Seite von (3.10) in der Form $E_k\varphi_k(\boldsymbol{q}_1)$ schreiben. Wir beachten weiter, daß bei fehlender Spin-Bahn-Wechselwirkung jede Wellenfunktion $\varphi_k(\boldsymbol{q}_j)$ als Produkt einer Ortsfunktion und einer Spinfunktion geschrieben werden kann. Dann bleibt in dem letzten Glied links in (3.10) nur eine Summation über Elektronen gleichen Spins übrig, da die anderen Summenglieder wegen der Orthogonalität der Spinfunktionen wegfallen. Wenn wir dies beachten, so tritt der Spin explizit nicht weiter in Erscheinung, und wir können anstelle der $\boldsymbol{q}_k$ wieder die Ortsvektoren $\boldsymbol{r}_k$ allein anschreiben. Nennen wir schließlich wie in (3.6) die Koordinaten des betrachteten Elektrons $\boldsymbol{r}$ und die Integrationsvariable $\boldsymbol{r}'$, so folgt

$$\begin{aligned}&\left(-\frac{\hbar^2}{2m}\Delta + V(\boldsymbol{r})\right)\varphi_j(\boldsymbol{r}) + e^2\sum_{k(\neq j)}\int\frac{|\varphi_k(\boldsymbol{r}')|^2}{|\boldsymbol{r}-\boldsymbol{r}'|}d\tau'\varphi_j(\boldsymbol{r})\\ &-e^2\sum_{\substack{k(\neq j)\\ \text{Spin}\|}}\int\frac{\varphi^*_k(\boldsymbol{r}')\varphi_j(\boldsymbol{r}')}{|\boldsymbol{r}-\boldsymbol{r}'|}d\tau'\,\varphi_k(\boldsymbol{r}) = E_j\varphi_j(\boldsymbol{r}).\end{aligned} \tag{3.11}$$

Dies ist die *Hartree-Fock-Gleichung*.

Wir schließen eine Betrachtung an, die die Bedeutung der bisher nur formal als Lagrange-Parameter eingeführten Größen E_k erhellt. Wir fragen nach der Energieänderung des Elektronensystems, wenn wir eines der N Elektronen, z. B. das i-te Elektron aus dem System entfernen. Dazu machen wir die einzige Näherungsannahme, daß bei der großen Anzahl der Elektronen die Entnahme des i-ten Elektrons die anderen φ_k $(k \neq i)$ nicht ändert. Dann ist die Energieänderung gegeben durch

$$\Delta E = \langle\Phi'|H|\Phi'\rangle - \langle\Phi|H|\Phi\rangle \tag{3.12}$$

mit H aus (3.8) und einer Wellenfunktion Φ', die aus Φ dadurch entsteht, daß man in der Determinante (3.7) die i-te Zeile und Spalte streicht. In der Differenz

(3.12) bleiben dann nur die Glieder von (3.8), in denen k oder k' gleich i ist. Das führt auf

$$
\begin{aligned}
-\Delta E = \int \varphi_i^*(q_1) H_i \varphi_i(q_1) d\tau_1 + e^2 \sum_{k\,(\neq i)} \frac{|\varphi_i(q_1)|^2\,|\varphi_k(q_2)|^2}{|r_1 - r_2|} d\tau_1 d\tau_2 \\
- e^2 \sum_{k\,(\neq i)} \int \frac{\varphi_i^*(q_1)\varphi_i(q_2)\varphi_k^*(q_2)\varphi_k(q_1)}{|r_1 - r_2|} d\tau_1 d\tau_2 = E_i.
\end{aligned}
\tag{3.13}
$$

E_i hat also genau die Bedeutung des Energieparameters einer Ein-Elektronen-Schrödinger-Gleichung: $-E_i$ ist die Energie, die zur Entfernung eines Elektrons aus dem Elektronensystem aufgebracht werden muß. Oder anders ausgedrückt: Die Energie, die notwendig ist, ein Elektron aus dem Zustand i in den Zustand k zu bringen, ist $E_k - E_i$. Diese Aussage wird als *Koopmans Theorem* bezeichnet.

Wir kommen jetzt zur Diskussion der Hartree-Gleichung (3.6) und der Hartree-Fock-Gleichung (3.11) zurück. Während die Hartree-Gleichung leicht zu deuten war, besitzt das dritte in (3.11) links neu hinzukommende Glied kein klassisches Analogon. Es wird als *Austausch-Wechselwirkung* bezeichnet.

Zum Vergleich von (3.6) und (3.11) formen wir das dritte Glied in (3.6) wie folgt um:

$$
e^2 \sum_{k(\neq j)} \int \frac{|\varphi_k(r')|^2}{|r - r'|} d\tau' \varphi_j(r) = e^2 \sum_k \int \frac{|\varphi_k(r')|^2}{|r - r'|} d\tau' \varphi_j(r) - e^2 \int \frac{|\varphi_j(r')|^2}{|r - r'|} d\tau' \varphi_j(r).
\tag{3.14}
$$

Von der Wechselwirkung des betrachteten Elektrons mit allen Elektronen (einschließlich sich selbst) wird also in der Hartree-Gleichung die Wechselwirkung des Elektrons mit der eigenen Ladungswolke

$$
-e \int \frac{\rho_j^H(r')}{|r - r'|} d\tau' \varphi_j(r), \qquad \rho_j^H = -e|\varphi_j(r')|^2
\tag{3.15}
$$

abgezogen. Daß ρ_j^H gerade eine Ladung repräsentiert, folgt aus

$$
\int \rho_j^H d\tau' = -e.
$$

In (3.11) können wir zunächst in den beiden letzten Gliedern links das Summenglied $k=j$ zulassen, da sich diese Terme in beiden Gliedern gerade wegheben. Das letzte Glied links in der Hartree-Fock-Gleichung entspricht dann dem letzten Glied rechts der Gl. (3.14), und wir können analog schreiben

$$
e^2 \sum_{\substack{k \\ \text{Spin}\,\|}} \int \frac{\varphi_k^*(r')\varphi_j(r')}{|r - r'|} d\tau' \varphi_k(r) = -e \int \frac{\rho_j^{HF}(r, r')}{|r - r'|} d\tau' \varphi_j(r)
\tag{3.16}
$$

mit

$$
\rho_j^{HF} = -e \sum_{\substack{k \\ \text{Spin}\,\|}} \frac{\varphi_k^*(r')\varphi_j(r')\varphi_j^*(r)\varphi_k(r)}{\varphi_j^*(r)\varphi_j(r)}.
\tag{3.17}
$$

An die Stelle der Ladungsdichte ρ^H (3.15) tritt also die *Austausch-Ladungsdichte* ρ^{HF}. Sie repräsentiert ebenfalls eine Ladung $-e$, wie man durch Integration über r' sofort sieht.

Der wesentliche Unterschied zwischen ρ^H und ρ^{HF} liegt darin, daß ρ^H in gleicher Weise über den ganzen Kristall verteilt ist wie die Ladungsdichte der $n-1$ anderen Elektronen. ρ^{HF} dagegen hängt zusätzlich von $\boldsymbol{r}$, also dem Ort des betrachteten Elektrons ab. Damit wird die Ladungsverteilung, mit der das durch (3.11) beschriebene Elektron wechselwirkt, abhängig vom Ort des Elektrons: Durch das Pauli-Prinzip wird die Bewegung der Elektronen gleichen Spins korreliert!
Die räumliche Verteilung der Austausch-Ladungsdichte ist für den allgemeinen Fall schwer anzugeben. Für den Spezialfall freier Elektronen läßt sie sich jedoch berechnen und zeigt dort das Typische des Phänomens der Austausch-Wechselwirkung. Da wir in den beiden folgenden Kapiteln auf die Behandlung des freien Elektronengases übergehen, verschieben wir die weitere Diskussion bis Abschnitt 11.
Mit (3.15), (3.16) und der Abkürzung $\rho = \sum_k \rho_k^H$ lautet die Hartree-Fock-Gleichung

$$\left\{-\frac{\hbar^2}{2m}\Delta + V(\boldsymbol{r}) - e\int \frac{\rho(\boldsymbol{r}') - \rho_j^{HF}(\boldsymbol{r},\boldsymbol{r}')}{|\boldsymbol{r}-\boldsymbol{r}'|}\,d\tau'\right\}\varphi_j(\boldsymbol{r}) = E_j\varphi_j(\boldsymbol{r}). \tag{3.18}$$

Die Schwierigkeiten der Lösung dieser Gleichung liegen vor allem darin, daß im Wechselwirkungsglied über die ρ die gesuchten Lösungen φ_j eingehen. Der Lösungsweg ist dann ein Iterationsverfahren, das von Ansatz-Funktionen für die φ_j in den ρ ausgeht, hiermit als Lösungen der Gleichung bessere φ_j gewinnt, die dann wieder in die ρ eingesetzt werden usw. (self consistent field approximation).
Eine weitere Schwierigkeit liegt darin, daß der dritte Term in (3.18) von j abhängt, daß also für jedes Elektron eine andere Hartree-Fock-Gleichung gilt. Diese letzte Schwierigkeit umgeht ein Ansatz von Slater, der die ρ_j^{HF} über alle j mittelt:

$$\bar{\rho}^{HF} = \frac{\sum_j \varphi_j^*(\boldsymbol{r})\varphi_j(\boldsymbol{r})\rho_j^{HF}(\boldsymbol{r},\boldsymbol{r}')}{\sum_k \varphi_k^*(\boldsymbol{r})\varphi_k(\boldsymbol{r})} = -e\frac{\sum_{jk\|} \varphi_k^*(\boldsymbol{r}')\varphi_j(\boldsymbol{r}')\varphi_j^*(\boldsymbol{r})\varphi_k(\boldsymbol{r})}{\sum_k \varphi_k^*(\boldsymbol{r})\varphi_k(\boldsymbol{r})}. \tag{3.19}$$

Diese gemittelte Ladungsdichte wird dann in (3.18) eingesetzt:

$$\left\{-\frac{\hbar^2}{2m}\Delta + V(\boldsymbol{r}) - e\int \frac{\rho(\boldsymbol{r}') - \bar{\rho}^{HF}(\boldsymbol{r},\boldsymbol{r}')}{|\boldsymbol{r}-\boldsymbol{r}'|}\,d\tau'\right\}\varphi_j(\boldsymbol{r}) = E_j\varphi_j(\boldsymbol{r}). \tag{3.20}$$

Das Wechselwirkungsglied ist allein noch eine Funktion von $\boldsymbol{r}$, die mit dem zweiten Glied zu einem lokalen, für alle Elektronen gleichermaßen gültigen Potential zusammengezogen werden kann.
Wir haben damit das Ziel einer Aufspaltung der Schrödinger-Gleichung des Viel-Elektronen-Problems in Ein-Elektronen-Wellengleichungen erreicht. Durch das dritte Glied links enthält die Schrödinger-Gleichung der *Ein-Elektronen-Näherung* (3.20) wesentliche Teile der Elektron-Elektron-Wechselwirkung. Diese Gleichung werden wir in Kapitel IV, dem zentralen Kapitel dieses Buches, ausführlich untersuchen. Zuvor wenden wir uns dem Jellium-Modell zu, das wir im nächsten Kapitel ohne Elektron-Elektron-Wechselwirkung, im dritten Kapitel mit Elektron-Elektron-Wechselwirkung untersuchen.

II Das Elektronengas ohne Wechselwirkung: Freie Elektronen

4. Einführung

Die einfachste Näherung für die Beschreibung der Elektronenbewegung ist die Vernachlässigung aller Wechselwirkungen, also sowohl der Coulomb-Wechselwirkung der Elektronen untereinander als auch der Wechselwirkung der Elektronen mit dem positiven Hintergrund (Ionengitter). Jedes Elektron ist hier unabhängig von allen anderen allein der Wirkung äußerer Kräfte unterworfen.
Trotz dieser krassen Vernachlässigungen reicht das *Modell des wechselwirkungsfreien Elektronengases* zur Deutung vieler Phänomene aus. Die Begründung hierfür werden wir erst im vierten Kapitel finden: Es wird sich zeigen, daß die Wechselwirkung der Elektronen mit dem periodischen Gitterpotential (einschließlich der gemittelten Elektron-Elektron-Wechselwirkung der Hartree-Fock-Näherung (3.20)) in vielen Fällen durch die Einführung einer *effektiven Masse* m^* berücksichtigt werden kann. Das Problem der Bewegung von Elektronen unter der gleichzeitigen Wirkung äußerer Kräfte und des Gitterpotentials wird dann zurückgeführt auf ein Modell, in dem sich „Quasi-Elektronen", die sich lediglich durch eine geänderte Masse m^* von freien Elektronen unterscheiden, wechselwirkungsfrei unter der Wirkung der äußeren Kräfte bewegen.
Den Gültigkeitsbereich dieses Modells können wir hier noch nicht abgrenzen (vgl. dazu Abschnitt 23 und 24). Zwei Beispiele seien jedoch schon genannt: die Leitungselektronen in *einwertigen Metallen* und in vielen *Halbleitern*. Die Werte für die effektive Masse liegen bei den Metallen etwas oberhalb der freien Elektronenmasse (Na: 1.22 m, Li: 2.3 m), bei Halbleitern können sie wesentlich kleiner als m werden (InSb: 0.01 m).
In einem anderen Punkt unterscheidet sich das Elektronengas in beiden Beispielen grundsätzlich: In Halbleitern ist die Konzentration der Leitungselektronen so niedrig, daß diese sich wie ein Gas wechselwirkungsfreier Teilchen verhalten, die der klassischen Boltzmann-Statistik unterworfen sind. Das Elektronengas in Metallen ist jedoch „entartet": Bei der Besetzung der den Elektronen zur Verfügung stehenden Zustände ist wegen der hohen Konzentration des Elektronengases das Pauli-Prinzip und damit die *Fermi-Statistik* anzuwenden. Hierauf werden wir in den beiden nächsten Abschnitten eingehen.
Der Abschnitt 5 ist der Diskussion der Eigenwerte und Eigenfunktionen des wechselwirkungsfreien Elektronengases gewidmet. Dort werden wir auch auf die

Besetzung dieser Eigenzustände mit Elektronen, auf das Pauli-Prinzip, die Elektronenverteilung im Grundzustand und die niedrigsten angeregten Zustände eingehen. Im Abschnitt 6 folgt dann die Fermi-Statistik, die die Verteilung der Elektronen auf die möglichen Zustände bei gegebener Temperatur bestimmt. Die *Dynamik* des Elektronengases, die Bewegung der Elektronen unter der Wirkung eines äußeren elektrischen bzw. magnetischen Feldes wird in den Abschnitten 7 und 8 abgehandelt. Der Dia- und Paramagnetismus eines freien Elektronengases ist Gegenstand der Diskussion des Abschnittes 9.
Dabei wird an einigen Stellen bereits ein Vergleich mit dem Experiment möglich (spezifische Wärme des Elektronengases, de Haas-Alphen-Effekt). In späteren Kapiteln werden wir ebenfalls auf dieses Modell zurückkommen, so etwa in Kapitel VIII bei den Transporterscheinungen (Drude-Lorentz-Sommerfeldsche Theorie der Elektrizitätsleitung, Wiedemann-Franzsches Gesetz u. a.) oder in Kapitel IX bei den optischen Phänomenen (Absorption freier Ladungsträger, Zyklotron-Resonanz).
Vorwiegend benötigen wir die Ergebnisse dieses Kapitels jedoch, um eine Reihe von Grundbegriffen zusammenzustellen, die bei jeder Ein-Teilchen-Näherung wichtig sind: $\boldsymbol{k}$-Raum, Zustandsdichte, Fermi-Kugel, Paar-Anregungen usw.

5. Die Energiezustände

Bei Vernachlässigung aller Wechselwirkungen im Hamilton-Operator (2.7) bleibt allein der Operator der kinetischen Energie übrig, und die Schrödinger-Gleichung wird

$$\sum_j \frac{p_j^2}{2m}\Phi = -\frac{\hbar^2}{2m}\sum_j \Delta_j \Phi = E\Phi . \tag{5.1}$$

Die Wellenfunktionen Φ sind hier als geeignete Kombination von Ein-Teilchen-Wellenfunktionen anzusetzen, also entweder als Produkte (3.2) solcher Funktionen, oder als Slater-Determinanten (3.7). Da der Hamilton-Operator den Spin explizit nicht enthält, können die Ein-Teilchen-Funktionen als Produkt einer Ortsfunktion $\varphi_j(\boldsymbol{r})$ und einer Spin-Funktion angesetzt werden. Setzt man noch die Energie E in (5.1) als Summe über Ein-Elektronen-Energien E_j an, so zerfällt (5.1) in Ein-Elektronen-Gleichungen

$$-\frac{\hbar^2}{2m}\Delta_j \varphi_j(\boldsymbol{r}) = E_j \varphi_j(\boldsymbol{r}), \tag{5.2}$$

in denen nur noch die Ortsfunktionen $\varphi_j(\boldsymbol{r})$ berücksichtigt werden müssen. Den Spin werden wir erst später durch das Pauli-Prinzip wieder einführen.
Da wir uns weiterhin nur mit Gleichung (5.2) beschäftigen werden, lassen wir den Index j weg. E bedeutet also im Gegensatz zu (5.1) im weiteren die Ein-Elektronen-Energie.

(5.2) hat die Lösung

$$\varphi(\boldsymbol{r}) = e^{i\boldsymbol{k}\cdot\boldsymbol{r}}, \qquad E = \frac{\hbar^2 k^2}{2m}. \tag{5.3}$$

Die φ sind hier noch nicht normiert. Es ist günstig, das Elektronengas auf ein festes Volumen V_g *(Grundgebiet)* zu beschränken. Dieses Grundgebiet sei ein Quader mit den Kantenlängen L_x, L_y und L_z. Als Randbedingungen wählen wir die Born-v. Karmanschen *zyklischen Randbedingungen*: $\varphi(x+L_x, y, z) = \varphi(x, y+L_y, z) = \varphi(x, y, z+L_z) = \varphi(x, y, z)$. Diese Randbedingungen erleichtern die mathematische Durchführung, ohne (bei hinreichend großem Grundgebiet) die physikalische Seite des Problems zu beeinflussen.

Aus den Normierungsforderungen folgt dann

$$\varphi(\boldsymbol{r}) = \frac{1}{\sqrt{V_g}} e^{i\boldsymbol{k}\cdot\boldsymbol{r}} \tag{5.4}$$

und für die Komponenten von $\boldsymbol{k}$ folgt aus den Randbedingungen

$$k_i = \frac{2\pi}{L_i} n_i \qquad (i = x, y, z;\ n_i \text{ ganzzahlig}). \tag{5.5}$$

Die k_i (die in (5.3) zunächst nur die Bedeutung von Separationskonstanten hatten) können hiernach als *Quantenzahlen* gedeutet werden, die neben dem Spin den Zustand des Elektrons bestimmen.

Die in (5.3) auftretenden $\boldsymbol{k}$-Vektoren können wir nach (5.5) durch ein *diskretes Punktgitter in einem* ***k****-Raum* darstellen. Jedem $\boldsymbol{k}$-Punkt sind zwei *Ein-Teilchen-Zustände* mit entgegengesetztem Spin zugeordnet. Jeder Zustand kann nach dem Pauli-Prinzip mit einem Elektron besetzt werden.

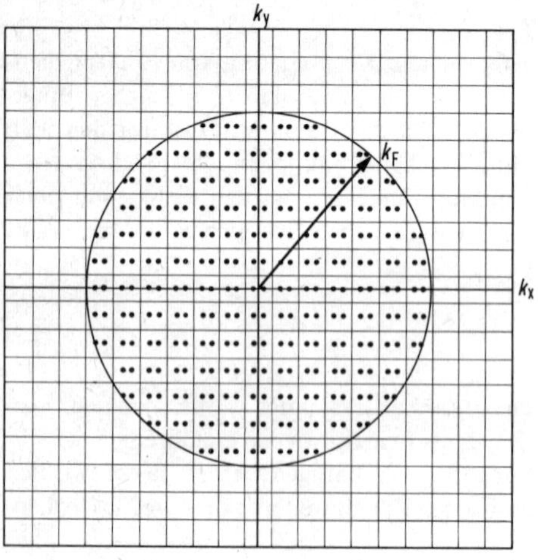

Abb. 1. Fermi-Kugel mit Radius k_F im $\boldsymbol{k}$-Raum. Jedes Volumenelement der Größe $(2\pi)^3/V_g$ enthält zwei Zustände, die bei $T=0$ innerhalb der Fermi-Kugel mit Elektronen entgegengesetzten Spins besetzt sind

Die Anzahl der Elektronen im Grundgebiet sei N. Der Zustand tiefster Energie *(Grundzustand)* des Elektronengases wird dann beschrieben durch die Besetzung der $N/2$ $\boldsymbol{k}$-Punkte niedrigster Energie mit jeweils zwei Elektronen (Abb. 1). Diese Punkte füllen im $\boldsymbol{k}$-Raum gerade eine Kugel mit dem Radius k_F *(Fermi-Kugel)*. k_F bestimmt sich daraus, daß nach (5.5) jedem $\boldsymbol{k}$-Punkt ein Volumen $(2\pi)^3/V_g$ des $\boldsymbol{k}$-Raumes zugeordnet ist. Das Volumen der Fermi-Kugel ist also gleich dem $N/2$-fachen dieses Volumens. Aus dieser Bedingung folgt

$$N = \frac{4\pi}{3} k_F^3 \frac{2V_g}{(2\pi)^3}. \tag{5.6}$$

Elektronen an der Oberfläche der Fermi-Kugel haben dann die Energie

$$E_F = \frac{\hbar^2}{2m} k_F^2 = \frac{\hbar^2}{2m}\left(3\pi^2 \frac{N}{V_g}\right)^{\frac{2}{3}} = \frac{\hbar^2}{2m}(3\pi^2 n)^{\frac{2}{3}}, \tag{5.7}$$

wo n noch die Elektronenkonzentration N/V_g im Grundgebiet ist.

Die Anregung eines Elektrons in einen Zustand höherer Energie führt aus der Fermi-Kugel heraus. Führt man dem Elektronengas thermische Energie zu, so wird sich die Grenze zwischen besetzten und unbesetzten Zuständen an der Oberfläche der Fermi-Kugel verwischen. Die Verteilung der Elektronen auf die möglichen Zustände des Systems wird dann durch die Statistik gegeben. Wir behandeln dies im folgenden Abschnitt.

Der *Grundzustand* des Fermi-Gases ist also die völlig mit Elektronen gefüllte Fermi-Kugel. *Angeregte Zustände* können dadurch zustandekommen, daß einzelne

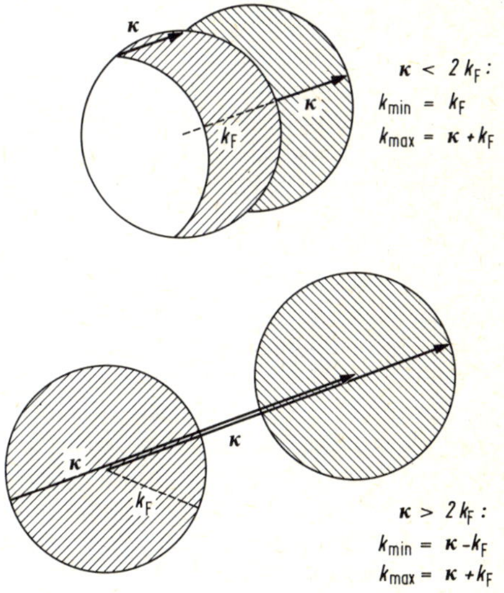

Abb. 2. Übergänge von Elektronen aus der Fermi-Kugel bei gegebenem zugeführtem Impuls $\boldsymbol{\kappa}$. Gebiete innerhalb der Fermi-Kugel, aus denen Übergänge erfolgen können, und Gebiete außerhalb der Fermi-Kugel, in die die Übergänge erfolgen, sind schraffiert gezeichnet

Elektronen aus ihrem Ein-Teilchen-Zustand $\boldsymbol{k}_0 (k_0 \leqslant k_F)$ in einen höheren Zustand $\boldsymbol{k} (k > k_F)$ gehoben werden. Sei $\boldsymbol{k} - \boldsymbol{k}_0 = \boldsymbol{\kappa}$ gegeben. Dann sind die möglichen Anregungen dadurch beschränkt, daß die beiden durch das Pauli-Prinzip gegebenen Bedingungen $k_0 \leqslant k_F$ und $k > k_F$ erfüllt sein müssen. Nach Abb. 2 haben wir zwei Fälle zu unterscheiden. Für $k < 2k_F$ kann nicht jedes Elektron angeregt werden, d. h. nicht alle möglichen $\boldsymbol{k}_0 + \boldsymbol{\kappa}$ liegen außerhalb der Fermi-Kugel. Für $\kappa > 2k_F$ kann jedes k_0 Ausgangszustand sein. Die möglichen Endzustände liegen aber mindestens um die endliche Energie $(\hbar^2/2m)(\kappa + k_F)^2 - \hbar^2 k_F^2/2m$ über dem Grundzustand. Die bei gegebenem $|\boldsymbol{\kappa}|$ maximal übertragene Energie ist in beiden Fällen $\hbar^2(\kappa + k_F)^2/2m - \hbar^2 k_F^2/2m$. Zu jedem $\boldsymbol{\kappa}$ gibt es also einen beschränkten Bereich von Anregungsenergien (Abb. 3).

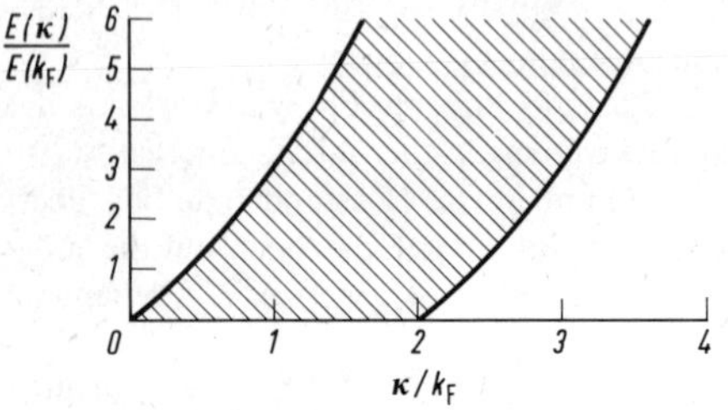

Abb. 3. Energie-Impuls-Beziehung für Elektron-Loch-Paaranregungen des Elektronengases. Zwischen Energie und Impuls besteht keine eindeutige Beziehung (schraffierter Bereich)

Man kann diesen Sachverhalt auch anders ausdrücken: Ein Elektron im Quantenzustand $\boldsymbol{k}$ (und gegebenem Spin) hat die Energie $E = \hbar^2 k^2/2m$, den Impuls $\hbar \boldsymbol{k}$ und die Geschwindigkeit $\hbar \boldsymbol{k}/m$. Im *Grundzustand* ist die Fermi-Kugel gefüllt, und zu jedem besetzten Zustand $\boldsymbol{k}$ gibt es einen besetzten Zustand $-\boldsymbol{k}$. Der Gesamtimpuls und die Schwerpunktsgeschwindigkeit des Gases sind also Null. Entfernt man aus der Fermi-Kugel ein Elektron in einen Zustand $k > k_F$, so geschieht zweierlei. Das Elektron erhält den (durch kein anderes Elektron kompensierten) Impuls $\hbar \boldsymbol{k}$. In der Fermi-Kugel ist jetzt aber außerdem das Elektron im Zustand $-\boldsymbol{k}_0$ unkompensiert. Der von ihm getragene Impuls ist $-\hbar \boldsymbol{k}_0$. Die gesamte Impulsänderung ist also $\hbar(\boldsymbol{k} - \boldsymbol{k}_0) = \hbar \boldsymbol{\kappa}$. Dazu gehört die Energieänderung $E(\boldsymbol{\kappa}) = \hbar^2(k^2 - k_0^2)/2m$. Wir deuten nun den Grundzustand als den „*Vakuumzustand*" des Systems. Die hier betrachteten angeregten Zustände werden dann beschrieben durch die Erzeugung eines Elektrons außerhalb und eines „*Loches*" innerhalb der Fermi-Kugel. Die Energie des *Elektron-Loch-Paares* (also die Energie der niedrigsten *Paar-Anregung* über dem Grundzustand) ist $E(\boldsymbol{\kappa})$ und der zugehörige Impuls $\hbar \boldsymbol{\kappa}$. Wie Abb. 3 zeigt, existiert für diese Anregungszustände keine eindeutige Energie-Impuls-Beziehung. Zu jedem möglichen Impuls gibt es einen endlichen Bereich möglicher Energien.

6. Fermi-Verteilung und Zustandsdichte

Wir betrachten nun das Fermi-Gas bei einer Temperatur oberhalb des absoluten Nullpunktes. Dann werden Zustände oberhalb k_F besetzt und Zustände unterhalb k_F unbesetzt sein. Die Verteilung der Elektronen auf die Zustände im $\boldsymbol{k}$-Raum ist durch den thermischen Energieinhalt des Elektronengases gegeben. Bei einer Temperaturänderung werden einzelne Elektronen in Zustände höherer bzw. niedrigerer Energie übergehen. Es stellt sich ein neuer Gleichgewichtszustand ein. Uns interessiert hier nur das Gleichgewicht, nicht sein Zustandekommen.

In der chemischen Thermodynamik läßt sich die Gleichgewichtsbedingung in einem Gemisch verschiedener Komponenten dahingehend formulieren, daß im Gleichgewicht eine virtuelle Änderung der freien Energie bei festgehaltener Temperatur und festgehaltenem Volumen verschwindet. Eine Änderung ist unter diesen Nebenbedingungen nur möglich durch Reaktionen zwischen den Komponenten. Die Gleichgewichtsbedingung lautet in diesem Fall

$$\delta F = \sum_i \mu_i \delta c_i = 0. \tag{6.1}$$

Dabei sind die c_i die Molzahlen des Gemisches und die μ_i die zugehörigen chemischen Potentiale. Wir können diese Gleichung leicht auf unser Problem übertragen.

Dazu betrachten wir eine beliebige Verteilung der Elektronen auf die Energiezustände. Elektronen (fast) gleicher Energie, d. h. mit einer Energie im Intervall (E, dE) fassen wir in Gruppen zusammen. Die Elektronenkonzentration der i-ten Gruppe sei $n_i(E_i)$. Die Größen n_i treten hier also an die Stelle der Molzahlen c_i. Bezeichnen wir ferner mit ζ_i das chemische Potential der Elektronen der i-ten Gruppe, so lautet die Gleichgewichtsbedingung

$$\sum_i \zeta_i \delta n_i = 0. \tag{6.2}$$

Speziell für eine beliebige „Reaktion", bei der ein Elektron aus der Gruppe i in die Gruppe j übergeht $(\delta n_i = -1, \delta n_j = 1)$ wird

$$\zeta_i = \zeta_j \quad \text{für alle } i \text{ und } j. \tag{6.3}$$

Das thermodynamische Gleichgewicht wird also bestimmt durch ein *einheitliches chemisches Potential* für alle Elektronen.

Es folgt dann

$$\zeta = \zeta_i = \frac{\partial F}{\partial n_i} = \frac{\partial E}{\partial n_i} - T\frac{\partial S}{\partial n_i} = E_i - k_B T \frac{\partial}{\partial n_i} \ln P. \tag{6.4}$$

In (6.4) wurde davon Gebrauch gemacht, daß die innere Energie E der Elektronengesamtheit gleich $\sum_i n_i E_i$ ist. P ist die Anzahl der Möglichkeiten, die Elektronen auf die Gruppen so zu verteilen, daß eine bestimmte „Verteilung" (gegeben durch die Angabe aller n_i bei gegebener Gesamtzahl und Gesamtenergie) realisiert ist. Mit der Entropie hängt P durch die Boltzmann-Beziehung $S = k_B \ln P$ zusammen.

Bei Teilchen, die dem Pauli-Prinzip gehorchen, kann jeder Zustand nur mit einem Teilchen besetzt werden. Sind in jeder Gruppe z_i Zustände (pro Volumeneinheit), so ist

$$P = \prod_i \frac{z_i!}{(z_i - n_i)!\, n_i!} \tag{6.5}$$

und aus (6.5) folgt für große z_i, n_i (Anwendung der Stirlingschen Formel $\ln n! \approx n \ln n - n$)

$$\ln P = \sum_i (z_i \ln z_i - n_i \ln n_i - (z_i - n_i) \ln (z_i - n_i)) \tag{6.6}$$

und daraus mit (6.4)

$$\zeta = E_i - k_B T \ln \frac{z_i - n_i}{n_i}, \qquad n_i = z_i (1 + e^{\frac{E_i - \zeta}{k_B T}})^{-1}. \tag{6.7}$$

Gl. (6.7) kann benutzt werden, um die freie Energie auszurechnen. Durch Einsetzen von (6.7) in (6.6) und mit

$$F = E - TS = E - k_B T \ln P \tag{6.8}$$

folgt

$$F = N\zeta - k_B T \sum_i z_i \ln (e^{\frac{E_i - \zeta}{k_B T}} + 1). \tag{6.9}$$

Wir können jetzt die künstliche Einteilung des Energiespektrums in „Gruppen" aufgeben und statt n_i $n(E)dE$ und statt z_i $z(E)dE$ schreiben. Dann wird (6.7)

$$n(E)dE = f(E) z(E) dE \quad \text{mit} \quad f(E) = (1 + e^{\frac{E - \zeta}{k_B T}})^{-1}. \tag{6.10}$$

Damit ist die Elektronenkonzentration als Funktion der Energie gegeben. $f(E)$ ist die *Besetzungswahrscheinlichkeit* (die *Fermi-Verteilung*), $z(E)dE$ heißt *Zustandsdichte*.

Die Zustandsdichte können wir für das freie Elektronengas sofort angeben. Im $\boldsymbol{k}$-Raum nimmt nach (5.4) ein Zustand das Volumen $(2\pi)^3/2V_g$ (genauer zwei Zustände das Volumen $(2\pi)^3/V_g$) ein. Die Zustandsdichte im $\boldsymbol{k}$-Raum (Zahl der Zustände Z im Volumenelement $(\boldsymbol{k}, d\boldsymbol{k})$ bezogen auf das Grundgebiet) ist dann

$$\frac{1}{V_g} Z(\boldsymbol{k}) d\tau_{\boldsymbol{k}} = z(\boldsymbol{k}) d\tau_{\boldsymbol{k}} = \frac{2}{(2\pi)^3} d\tau_{\boldsymbol{k}}. \tag{6.11}$$

Die Zahl der Zustände im Energieintervall (E, dE) ist gleich dem von den Kugelschalen $E + dE$ und E eingeschlossenen Volumen mal der Zustandsdichte im $\boldsymbol{k}$-Raum. Das ergibt

$$z(E) dE = \frac{4\pi}{h^3} (2m)^{\frac{3}{2}} E^{\frac{1}{2}} dE. \tag{6.12}$$

Die Fermi-Verteilung ist in Abb. 4 für $T=0$ und für eine Temperatur $T\neq 0$ dargestellt. Der bisher noch unbestimmte Parameter ζ ist bei $T=0$ gerade die Energie der Fermi-Oberfläche. Bei $T\neq 0$ gibt ζ den Wert, bei dem die Besetzungswahrscheinlichkeit gerade $\frac{1}{2}$ ist. ζ ist schwach temperaturabhängig. Abb. 4 zeigt ferner die Elektronenkonzentration bei beiden Temperaturen. Bei $T=0$ haben alle Elektronen eine Energie unterhalb E_F. Bei höherer Temperatur ist die Grenze zwischen besetzten und unbesetzten Zuständen verwaschen.

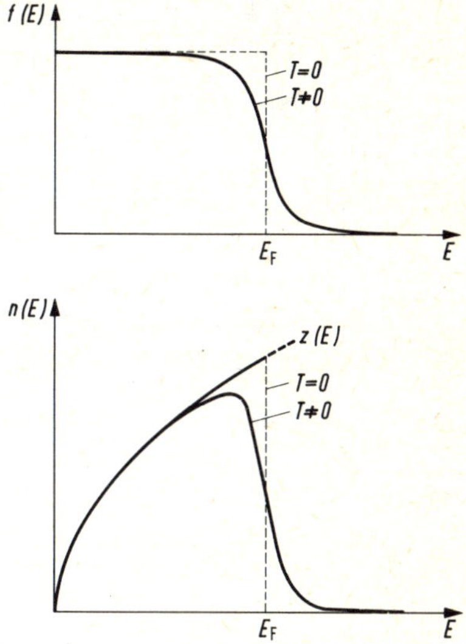

Abb. 4. Fermi-Verteilung $f(E)$ und Elektronenkonzentration $n(E)=z(E)\cdot f(E)$ für $T=0$ und eine Temperatur $T\neq 0$

Das Integral über $n(E)$ gibt die Gesamtkonzentration der Elektronen $n=N/V_g$. Da N vorgegeben ist, kann hieraus der Wert des chemischen Potentials ζ bei gegebener Temperatur bestimmt werden. Unter Benutzung von (6.10) und (6.12) wird

$$n = n_0 \frac{2}{\sqrt{\pi}} F\left(\frac{\zeta}{k_B T}\right) \tag{6.13}$$

mit

$$n_0 = \frac{2}{h^3}(2\pi m k_B T)^{\frac{3}{2}} \tag{6.14}$$

und

$$F(x) = \int_0^\infty \frac{y^{\frac{1}{2}}}{1+e^{y-x}}\,dy. \tag{6.15}$$

$F(x)$ ist das sog. *Fermi-Integral*. Es liegt in tabulierter Form vor. Approximationen sind

$$\begin{aligned} F(x) &\approx \frac{\sqrt{\pi}}{2} e^x \quad \text{für } x<0 \text{ (Fehler für } x<-4 \text{ unter } 2\%), \\ F(x) &\approx \frac{2}{3} x^{\frac{3}{2}} \quad \text{für } x>0. \end{aligned} \tag{6.16}$$

Genauere Approximationen liefern die Ausdrücke

$$\begin{aligned} F(x) &\approx \frac{\sqrt{\pi}}{2} e^x (1+0{,}25\,e^x)^{-1} \quad \text{(für } x<1{,}5 \text{ Fehler } <4\%), \\ F(x) &\approx \frac{2}{3} x^{\frac{3}{2}} \left(1+\frac{\pi^2}{8x^2}\right) \quad \text{(für } x>1{,}5 \text{ Fehler } <1{,}5\%). \end{aligned} \tag{6.17}$$

Die Näherung (6.16) für $x<0$ entspricht der Ersetzung der Fermi-Verteilung $(1+e^x)^{-1}$ durch die Boltzmann-Verteilung e^{-x}, d. h. der Vernachlässigung der Entartung des Elektronengases. Die Grenze zwischen positiven und negativen Werten von x, also von ζ, ist damit die Grenze zwischen dem *entarteten* und dem *nichtentarteten Elektronengas*. Als Grenzkonzentration für $\zeta=0$ ergibt sich aus (6.13) gerade die *Entartungskonzentration* n_0 der Gl. (6.14).

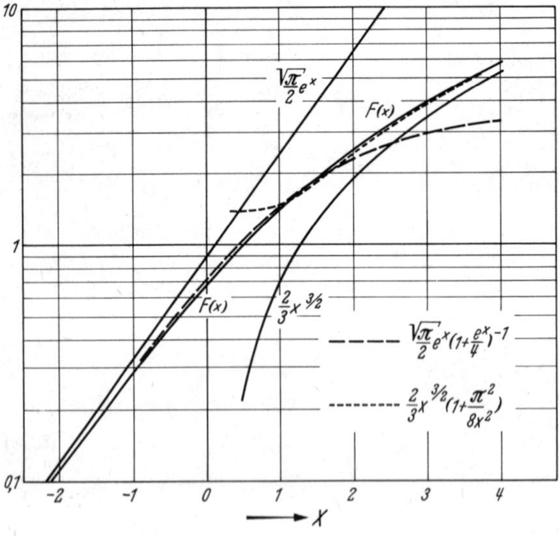

Abb. 5. Verlauf des Fermi-Integrals (6.15) und verschiedener Approximationen

Bei fehlender Entartung ($x<0$) wird $n=n_0 \exp(-\zeta/k_B T)$, und das Elektronengas verhält sich wie ein Gas klassischer Teilchen. Im Grenzfall starker Entartung ($x>0$) wird n proportional zu $\zeta^{\frac{3}{2}}$. Die Näherung (6.16) führt hier genau auf Gl. (5.6).
Abb. 5 zeigt den Verlauf des Fermi-Integrals und die Approximationen (6.16) und (6.17).
Das Integral über die Energie aller besetzten Zustände gibt die gesamte kinetische Energie des Elektronengases. Für die mittlere Energie eines Elektrons folgt speziell bei $T=0$ durch Integration über alle Zustände von $E=0$ bis $E=E_F$: $\bar{E}=\frac{3}{5}E_F$. Für $T \neq 0$ läßt sich das Integral ähnlich wie das Fermi-Integral nur näherungsweise lösen. Für kleine Temperaturen (starke Entartung) genügt das erste Glied einer Reihenentwicklung

$$\bar{E}=\frac{3}{5}E_F\left\{1+\frac{5\pi^2}{12}\left(\frac{k_B T}{E_F}\right)^2+\cdots\right\}. \tag{6.18}$$

Hier ist E_F der Wert von ζ bei $T=0$. Aus (6.18) folgt für die *spezifische Wärme* des Elektronengases (pro Elektron)

$$c=\frac{d\bar{E}}{dT}=\frac{\pi^2 k_B}{2}\frac{k_B T}{E_F}. \tag{6.19}$$

Nach der klassischen Statistik (nicht-entartetes Elektronengas) würde jedes Elektron mit $3k_B/2$ zur spezifischen Wärme beitragen. (6.19) zeigt, daß bei starker Entartung nur ein Bruchteil von etwa $k_B T/E_F$ Elektronen beitragen. Dies ist verständlich, da bei einer differentiellen Temperaturerhöhung nur die Elektronen, die sich in einem Bereich der Größenordnung $k_B T$ um E_F herum befinden, freie Zustände finden, in die sie unter Energieaufnahme übergehen können.
Für Metalle ist E_F größenordnungsmäßig mehrere eV. Der Bruchteil $k_B T/E_F$ ist also immer sehr klein. Gerade die Vorhersage, daß die spezifische Wärme der Metallelektronen wesentlich kleiner ist, als die klassische Statistik voraussagt, war ein erster Erfolg der Sommerfeldschen Theorie der wechselwirkungsfreien Metallelektronen.
Auch die lineare Temperaturabhängigkeit der spezifischen Wärme nach Gl. (6.19) wird vom Experiment bestätigt. Geringe Abweichungen im Absolutwert werden auf die schon am Anfang dieses Kapitels erwähnte effektive Masse m^* der Metallelektronen geschoben. Setzt man in (6.19) für E_F Gl. (5.7) ein, so folgt, daß c linear von dieser Masse abhängt.
Zum Abschluß zeigen wir eine weitere Möglichkeit zur Ableitung der Fermi-Verteilung. Dabei führen wir Begriffe der statistischen Mechanik ein, die uns auch später von Nutzen sein werden. Allerdings müssen wir uns hier auf eine sehr knappe Darstellung beschränken. Für Einzelheiten sei auf die Literatur über Statistische Mechanik, z. B. Band V des Lehrbuches von Landau und Lifshitz, verwiesen.
Ausgangspunkt ist die Wahrscheinlichkeit w_n, daß in einem abgeschlossenen System ein Teilsystem (mit gegebenem Volumen, gegebener Temperatur und

Teilchenzahl) sich in einem Quantenzustand E_n befinde. Diese Wahrscheinlichkeit ist die *Gibbssche Verteilung*

$$w_n = A\,e^{-\frac{E_n}{k_B T}}. \tag{6.20}$$

Mit ihr lassen sich statistische Mittelwerte für alle das Teilsystem charakterisierenden Größen bilden:

$$\bar{f} = \sum_n f_n w_n = \frac{\sum_n f_n e^{-\frac{E_n}{k_B T}}}{\sum_n e^{-\frac{E_n}{k_B T}}}. \tag{6.21}$$

Die Konstante A in (6.20) ist mit thermodynamischen Größen durch $\ln A = F/k_B T$ verknüpft.
Der im Nenner von (6.21) stehende Ausdruck wird als *Zustandssumme* Z bezeichnet:

$$Z = \sum_n e^{-\frac{E_n}{k_B T}}. \tag{6.22}$$

Wegen $\sum_n w_n = 1$ folgt dann $Z = e^{-F/k_B T}$ oder

$$F = -k_B T \ln Z. \tag{6.23}$$

Damit lassen sich alle thermodynamischen Funktionen über die freie Energie auf die Zustandssumme zurückführen.
Bei der Verteilung (6.20) ist lediglich Wärmeaustausch des Teilsystems mit seiner Umgebung zugelassen. Findet auch ein Teilchenaustausch statt, so tritt an die Stelle der freien Energie $F(V,T,N)$ das thermodynamische Potential $\Omega(V,T,\zeta)$. Das Teilsystem ist dann durch Volumen, Temperatur und sein chemisches Potential charakterisiert. Wegen $F = \Omega + \zeta N$ folgt dann für die Wahrscheinlichkeit, daß das Teilsystem im Zustand E_{nN} ist und N Teilchen besitzt

$$w_{nN} = e^{\frac{\Omega + \zeta N - E_{nN}}{k_B T}} \tag{6.24}$$

und

$$\Omega = -k_B T \ln Z_N, \qquad Z_N = \sum_{Nn} e^{\frac{\zeta N - E_{nN}}{k_B T}}. \tag{6.25}$$

(6.25) ist Ausgangspunkt zur Berechnung der Fermi-Verteilung (wie auch der klassischen Boltzmann-Verteilung und der später zu behandelnden Bose-Verteilung).
Das abgeschlossene System sei ein Gas wechselwirkungsfreier Teilchen (Bosonen oder Fermionen). Als Teilsystem betrachten wir alle Teilchen im Quantenzustand $E(\boldsymbol{k})$. Es gibt also nur ein $E_n = E(\boldsymbol{k})$. Die Zahl der Teilchen sei $N = n_k$, die Energie des Teilsystems also $E_{nN} = n_k E(\boldsymbol{k})$. Damit wird (6.25)

$$\Omega_k = -k_B T \ln \sum_{n_k} e^{\frac{(\zeta - E(\boldsymbol{k}))\, n_k}{k_B T}}. \tag{6.26}$$

Für *Fermi-Teilchen* kann n_k nur die Werte 0 und 1 annehmen. Es wird also

$$\Omega_k = -k_B T \ln(1 + e^{\frac{\zeta - E(\boldsymbol{k})}{k_B T}}). \tag{6.27}$$

Die *mittlere Teilchenzahl* des Systems ist dann nach der Definition des thermodynamischen Potentials dessen (negative) Ableitung nach ζ:

$$\overline{n}_k = -\frac{\partial \Omega_k}{\partial \zeta} = \frac{1}{1 + e^{\frac{E(\boldsymbol{k}) - \zeta}{k_B T}}}. \tag{6.28}$$

Da n_k auf den Bereich zwischen 0 und 1 beschränkt ist, ist diese mittlere Teilchenzahl identisch mit der Besetzungswahrscheinlichkeit des Quantenzustandes $E(\boldsymbol{k})$. (6.28) gibt also die gesuchte Fermi-Verteilung.

Wir gehen noch einmal zurück zur Zustandssumme (6.22). Sind die E_n Eigenwerte einer Schrödinger-Gleichung $H|n\rangle = E_n|n\rangle$, so läßt sich (6.22) auch in der Form

$$Z = \sum_n \langle n| e^{-\frac{H}{k_B T}} |n\rangle = \operatorname{Spur} e^{-\frac{H}{k_B T}}. \tag{6.29}$$

schreiben.

Den Operator $\rho = (1/Z) e^{-H/k_B T}$ bezeichnet man als den *statistischen Operator*.

Das Matrixelement $\rho_{mn} = \langle m|\rho|n\rangle$ heißt *Dichtematrix*.

Die Mittelwerte (6.21) werden dann

$$\overline{f} = \sum_n \langle n| f\rho |n\rangle = \operatorname{Spur}(f\rho). \tag{6.30}$$

Bei variabler Teilchenzahl ist ρ entsprechend (6.25) umzudefinieren:

$$\rho_N = \frac{1}{Z_N} e^{\frac{\zeta N - H}{k_B T}}, \tag{6.31}$$

wo N hier der Teilchenzahl-*Operator* ist. Für die Mittelwertbildung ist dann in (6.30) ρ_N zu verwenden.

Wir betrachten nun ein Ein-Elektronen-Problem, setzen also für H den Operator der kinetischen Energie $H_0 = -(\hbar^2/2m)\Delta$ der Schrödinger-Gleichung

$$H_0 |\boldsymbol{k}\rangle = E(\boldsymbol{k}) |\boldsymbol{k}\rangle \tag{6.32}$$

ein. Der Teilchenzahl-Operator angewandt auf einen Ein-Teilchen-Zustand reproduziert gerade diesen Zustand, so daß der statistische Ein-Teilchen-Operator der Gleichung

$$\rho_N |\boldsymbol{k}\rangle = \frac{1}{Z_N} e^{\frac{\zeta - E(\boldsymbol{k})}{k_B T}} |\boldsymbol{k}\rangle = \frac{1}{1 + e^{\frac{E(\boldsymbol{k}) - \zeta}{k_B T}}} |\boldsymbol{k}\rangle = \overline{n}_k |\boldsymbol{k}\rangle \tag{6.33}$$

genügt. Damit finden wir die Fermi-Verteilung als Eigenwert des statistischen Operators.

Die Beschreibungsweise mittels statistischer Operatoren ist nicht auf stationäre Systeme beschränkt. Bei zeitabhängigen Systemen genügt ρ der Bewegungsgleichung

$$i\hbar\dot{\rho} = [H, \rho]. \tag{6.34}$$

Ein Beispiel für die Anwendung dieser Gleichung werden wir in Abschnitt 13 kennenlernen.

7. Freie Elektronen im elektrischen Feld

Aus (5.3) findet man für den Erwartungswert des Impulses eines freien Elektrons im Zustand $E(\boldsymbol{k})$ die de Broglie-Beziehung

$$\boldsymbol{p} = \frac{\hbar}{i} \langle \varphi | \operatorname{grad} | \varphi \rangle = \hbar \boldsymbol{k}. \tag{7.1}$$

Die Teilchen-Eigenschaft „Impuls" des Elektrons ist linear mit der Wellen-Eigenschaft „Ausbreitungsvektor" verknüpft.
Die Wellenfunktion (5.3) ist eine spezielle Lösung der Schrödinger-Gleichung. Sie repräsentiert eine ebene Welle, beschreibt also ein Elektron mit scharfem Impuls $\boldsymbol{p} = \hbar \boldsymbol{k}$, dessen Aufenthaltswahrscheinlichkeit im Grundgebiet überall gleich ist.
Für die *Dynamik* freier Elektronen, also die Bewegung unter äußeren Kräften, ist es zweckmäßig, von *Wellenpaketen*, also von der Überlagerung ebener Wellen auszugehen. Dazu dient der allgemeine Ansatz

$$\psi(\boldsymbol{r}, t) = \sum_{\boldsymbol{k}} c(\boldsymbol{k}, t) \varphi(\boldsymbol{k}, \boldsymbol{r}), \tag{7.2}$$

wo durch geeignete Wahl der Amplituden $c(\boldsymbol{k}, t)$ das Wellenpaket im $\boldsymbol{k}$-Raum (Impulsraum) oder im Ortsraum auf kleine Raumgebiete beschränkt werden kann.
Die Bewegung eines Elektrons unter der Wirkung eines elektrischen Feldes $\boldsymbol{E} = -\operatorname{grad} \varphi$ wird dann durch die Bewegung des Schwerpunktes des Wellenpaketes (7.2) beschrieben. Dazu hat man (7.2) in die zeitabhängige Schrödinger-Gleichung

$$(H_0 - e\varphi)\psi(\boldsymbol{r}, t) = i\hbar\dot{\psi}(\boldsymbol{r}, t), \qquad H_0 = -\frac{\hbar^2}{2m}\Delta \tag{7.3}$$

einzusetzen, Orts- und Impulsänderung des Schwerpunktes des Wellenpaketes können wir dann den quantenmechanischen Bewegungsgleichungen entnehmen:

$$\dot{\boldsymbol{r}} = \frac{1}{i\hbar}[\boldsymbol{r}, H], \qquad \dot{\boldsymbol{p}} = \frac{1}{i\hbar}[\boldsymbol{p}, H]. \tag{7.4}$$

Einfacher kommen wir hier zum Ziel durch Übergang vom Hamilton-Operator zur Hamilton-Funktion. Die klassischen Bewegungsgleichungen beschreiben dann gerade die Schwerpunktbewegung.

Wir ersetzen also im Hamilton-Operator H_0 durch $E_0 = p^2/2m = \hbar^2 k^2/2m$ und erhalten als Bewegungsgleichungen

$$\dot{\boldsymbol{r}} = \mathrm{grad}_p H = \mathrm{grad}_p E_0 = \frac{1}{\hbar}\,\mathrm{grad}_k E_0\,, \tag{7.5}$$

$$\dot{\boldsymbol{p}} = -\mathrm{grad}_r H = e\,\mathrm{grad}_r \varphi = -e\boldsymbol{E}\,. \tag{7.6}$$

Beide Gleichungen gelten unabhängig von der Form des Wellenpaketes, also auch für die einzelne ebene Welle $(c(\boldsymbol{k},t) = \delta_{\boldsymbol{k}\boldsymbol{k}_0} e^{-iEt/\hbar})$.
Gl. (7.5) ist nichts anderes als die *Gruppengeschwindigkeit* des Wellenpaketes. Mit $E_0 = \hbar^2 k^2/2m$ folgt $\dot{\boldsymbol{r}} = \boldsymbol{v} = \hbar\boldsymbol{k}/m = \boldsymbol{p}/m$.
Gl. (7.6) sagt aus, daß sich der $\boldsymbol{k}$-Vektor einer einzelnen ebenen Welle $(\boldsymbol{k} = \boldsymbol{p}/\hbar)$ zeitlich proportional zur wirkenden Kraft ändert

$$\boldsymbol{k}(t) = \boldsymbol{k}_0 - \frac{e\boldsymbol{E}}{\hbar}\,t\,. \tag{7.7}$$

In der Beschreibungsweise des letzten Abschnittes stellt sich also die Beschleunigung des Elektronengases im elektrischen Feld als eine starre Verschiebung der Fermi-Kugel im $\boldsymbol{k}$-Raum in Richtung der Komponente von $\boldsymbol{k}$ dar, die in Richtung des elektrischen Feldes zeigt (Abb. 6).

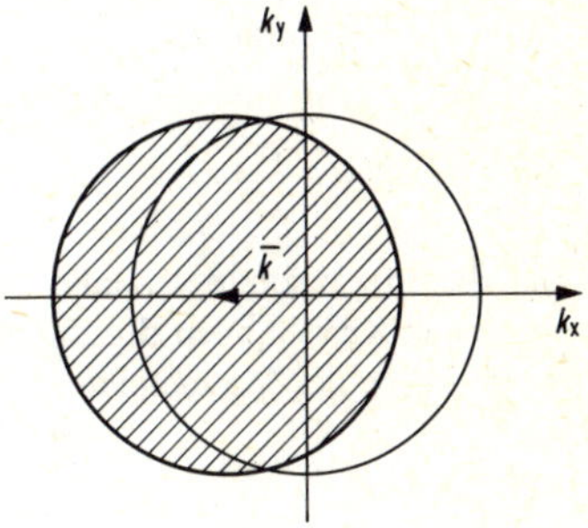

Abb. 6. Der $\boldsymbol{k}$-Vektor eines Elektrons im elektrischen Feld verschiebt sich mit der Zeit linear in der Richtung des elektrischen Feldes. Dies bedeutet eine starre Verschiebung der Fermi-Kugel. Der Mittelpunkt der verschobenen Fermi-Kugel gibt den mittleren $\boldsymbol{k}$-Vektor des Elektronengases $\bar{k} = -\mathrm{e}E_x t/\hbar$

8. Freie Elektronen im Magnetfeld

Wir betrachten die Dynamik eines Elektronengases in einem konstanten Magnetfeld $\boldsymbol{B} = (0, 0, B)$. Zur Darstellung dieses Feldes verwenden wir in den folgenden Gleichungen ein Vektorpotential $\boldsymbol{A} = (0, Bx, 0)$. Das Magnetfeld hat in kartesischen Koordinaten also nur eine z-Komponente, sein Vektorpotential nur eine y-Komponente.

Wir gehen in zwei Schritten vor:
Der erste Schritt ist eine Ergänzung des Ergebnisses des vorhergehenden Abschnittes. Dort hatten wir die Bewegung eines Elektrons im elektrischen Feld als ein zeitliches „Durchlaufen" von Zuständen im $\boldsymbol{k}$-Raum beschrieben. Der $\boldsymbol{k}$-Vektor des Elektrons wird zeitabhängig gemäß Gl. (7.7). Wir fragen zunächst danach, wie dieses Bild zu ergänzen ist, wenn wir zu dem elektrischen Feld ein Magnetfeld nehmen. Dabei setzen wir voraus, daß auch im Magnetfeld das Elektron zu jedem Zeitpunkt durch drei Quantenzahlen k_i beschrieben wird, also einen Quantenzustand im $\boldsymbol{k}$-Raum besetzt.
Im zweiten Schritt prüfen wir diese Annahme durch Lösung der Schrödinger-Gleichung für ein Elektron im Magnetfeld. Wir werden dort finden, daß das Bild des Durchlaufens von $\boldsymbol{k}$-Zuständen im gekoppelten elektrischen und magnetischen Feld zwar eine nützliche Veranschaulichung der Bewegung von Elektronen ist, daß diese Beschreibung jedoch auf kleine Magnetfelder beschränkt ist.
Die Hamilton-Funktion wird hier (das elektrische Feld lassen wir zunächst außer acht)

$$H = \frac{1}{2m}\left(\boldsymbol{p} + \frac{e}{c}\boldsymbol{A}\right)^2 \equiv \frac{1}{2m} P^2 \tag{8.1}$$

und die Bewegungsgleichungen werden entsprechend (7.5) und (7.6)

$$\dot{\boldsymbol{r}} = \operatorname{grad}_p H = \frac{\boldsymbol{P}}{m}, \tag{8.2}$$

$$\dot{\boldsymbol{p}} = -\operatorname{grad}_r H = -\frac{e}{c}\dot{\boldsymbol{r}}\times\boldsymbol{B} - \frac{e}{c}\dot{\boldsymbol{A}} \tag{8.3}$$

oder

$$\dot{\boldsymbol{P}} = -\frac{e}{c}\dot{\boldsymbol{r}}\times\boldsymbol{B}. \tag{8.4}$$

Aus diesen Gleichungen läßt sich leicht ableiten, daß die Elektronen in der x-y-Ebene Kreisbahnen durchlaufen, während ihre Bewegung in z-Richtung, also der Richtung des Magnetfeldes, nicht beeinflußt wird. Denn nach (8.3) ist

$$\dot{p}_x = -\frac{eB}{cm}\left(p_y + \frac{eB}{c}x\right), \quad \dot{p}_y = 0\ (\mathrm{p}_y \equiv \hbar k_y), \quad \dot{p}_z = 0\ (p_z \equiv \hbar k_z) \tag{8.5}$$

und weiter

$$\ddot{x} = -\omega_c\left(\frac{\hbar k_y}{m} + \omega_c x\right), \quad \ddot{y} = \omega_c \ddot{x}, \quad z = 0, \tag{8.6}$$

$$x = x_0 + \cos\omega_c t, \quad y = y_0 + \sin\omega_c t, \quad z = z_0 + \frac{\hbar k_z}{m} t \tag{8.7}$$

mit $x_0 = -\hbar k_y / m\omega_c$ und $\omega_c = eB/mc$.
In (8.1) haben wir Impuls und Vektorpotential zu einem Vektor $\boldsymbol{P}$ zusammengezogen. Beschreiben wir die Bewegung des Elektrons im $\boldsymbol{P}$-Raum, so finden wir

auch hier nach (8.4) und (8.7) Kreisbahnen auf Flächen konstanter Energie in der Ebene senkrecht zu $\boldsymbol{B}$. Eine Übertragung auf die $\boldsymbol{k}$-Raum-Beschreibung stößt auf Schwierigkeiten: Geht man von der Hamilton-Funktion (8.1) zu dem entsprechenden Hamilton-Operator über, so wird $\boldsymbol{P}$ ein Operator, dessen Komponenten *nicht vertauschbar* sind. Die Komponenten von $\boldsymbol{P}/\hbar$ (die den Komponenten von $\boldsymbol{k}$ im magnetfeldfreien Fall entsprechen) können also eigentlich nicht als Achsen eines (klassischen) Raumes zur Beschreibung der Elektronenbewegung dienen. (Für nähere Ausführungen hierzu vgl. z. B. Brauer [9].) Für kleine Magnetfelder kann man diese Bedenken zurückstellen und den $\boldsymbol{P}/\hbar$-Raum dem $\boldsymbol{k}$-Raum des magnetfeldfreien Falles gleichsetzen. Dann ergibt (8.4) zusammen mit (7.7) das Bewegungsgesetz für den $\boldsymbol{k}$-Vektor des Elektrons

$$\hbar\dot{\boldsymbol{k}} = -e\boldsymbol{E} - \frac{e}{c}\boldsymbol{v}\times\boldsymbol{B}. \tag{8.8}$$

Dies entspricht genau der klassischen Aussage, daß die Beschleunigung des Elektrons (Änderung des klassischen Impulses) proportional zur Lorentz-Kraft des gekoppelten elektrischen und magnetischen Feldes ist.
Wir gehen nun zur Lösung der Schrödinger-Gleichung

$$\frac{P^2}{2m}\psi = \frac{1}{2m}\left(-i\hbar\,\mathrm{grad} + \frac{e}{c}\boldsymbol{A}\right)^2\psi = E\psi \tag{8.9}$$

über. Diese Gleichung unterscheidet sich von der entsprechenden Gleichung des magnetfeldfreien Falles dadurch, daß im Vektorpotential die x-Koordinate explizit vorkommt. Wir machen wieder einen Separationsansatz, in dem der y- und der z-Anteil gegenüber dem magnetfeldfreien Fall ungeändert ist. Für den x-Anteil setzen wir eine zunächst unbekannte Funktion $\varphi(x)$ an:

$$\psi = e^{i(k_y y + k_z z)}\varphi(x). \tag{8.10}$$

Für $\varphi(x)$ folgt durch Einsetzen von (8.10) in (8.9) die Bestimmungsgleichung

$$-\frac{\hbar^2}{2m}\varphi'' + \frac{m\omega_c^2}{2}(x-x_0)\varphi = \left(E - \frac{\hbar^2 k_z^2}{2m}\right)\varphi. \tag{8.11}$$

Sie ist formal identisch mit der Schrödinger-Gleichung des eindimensionalen Oszillators (zentriert um x_0). Die Eigenwerte sind dann offensichtlich

$$E_\nu = \frac{\hbar^2 k_z^2}{2m} + (\nu+\tfrac{1}{2})\hbar\omega_c \qquad \nu = 0, 1, 2, \ldots. \tag{8.12}$$

Das ist aber genau das Ergebnis, das wir nach der klassischen Beschreibung zu erwarten haben: Die Energie des Elektrons setzt sich zusammen aus der kinetischen Energie der unbeeinflußten Bewegung in z-Richtung und der gequantelten (!) Energie der oszillatorischen Bewegung in der dazu senkrechten Ebene. Die Quantenenergie ist durch die Kreisfrequenz ω_c bestimmt *(Cyclotron-Resonanz-Frequenz)*.

Gl. (8.12) gibt nur den von der Bewegung der Elektronen herrührenden Anteil der Energie. Hinzu kommt der Beitrag des Elektronenspins. Je nach der Einstellungsrichtung des Spins ist ein Betrag $\pm(g/2)\mu_B B$ zu addieren oder zu subtrahieren. Dabei ist μ_B das Bohrsche Magneton $\mu_B = e\hbar/2mc = \hbar\omega_c/2B$ und g der g-Faktor, der für freie Elektronen den Wert 2 hat, für $m^* \neq m$ jedoch stark von diesem Wert abweichen kann. (8.12) läßt sich dann schreiben

$$E_\pm = \frac{\hbar^2 k_z^2}{2m} + (2\nu+1)\mu_B B \pm \frac{g}{2}\mu_B B. \tag{8.13}$$

Wir betrachten noch kurz die Änderung der Zustandsdichte durch das Magnetfeld. Die Wellenfunktion (8.10) hängt von k_y und k_z und über $\varphi(x)$ nochmals von k_y und von ν ab. Bei gegebenem k_z und ν ist k_y noch frei, der Zustand also entartet. Da wir annehmen müssen, daß x_0 im Grundgebiet liegt (Ausdehnung L_x, L_y und L_z), ist wegen $-L_x/2 < x_0 < L_x/2$ auch k_y beschränkt auf den Bereich zwischen $-m\omega_c L_x/2\hbar$ und $m\omega_c L_x/2\hbar$.

Da auf der k_y-Achse jeweils im Abstand $2\pi/L_y$ ein Zustand (Spin nicht eingerechnet) liegt, kann die y-Komponente von $\boldsymbol{k}$ $(L_y/2)(m\omega_c L_x/\hbar)$ verschiedene Werte annehmen. Da ferner im Intervall dk_z die z-Komponente von $\boldsymbol{k}$ $(L_z/2\pi)dk_z$ verschiedene Werte annehmen kann, folgt für die Zustandsdichte (Division durch $V_g = L_x L_y L_z$ und Hinzufügung eines Faktors 2 wegen des Spins)

$$z(\nu, k_z)dk_z = \frac{2}{(2\pi)^3}\frac{m\omega_c}{\hbar}dk_z. \tag{8.14}$$

Umschreiben von k_z auf E liefert für die Zustandsdichte in einem *Teilband* mit Index ν

$$z(E,\nu)dE = \frac{1}{(2\pi)^2}\frac{m\omega_c}{\hbar}\left(\frac{2m}{\hbar^2}\right)^{\frac{3}{2}}(E-(\nu+\tfrac{1}{2})\hbar\omega_c)^{-\frac{1}{2}}dE \tag{8.15}$$

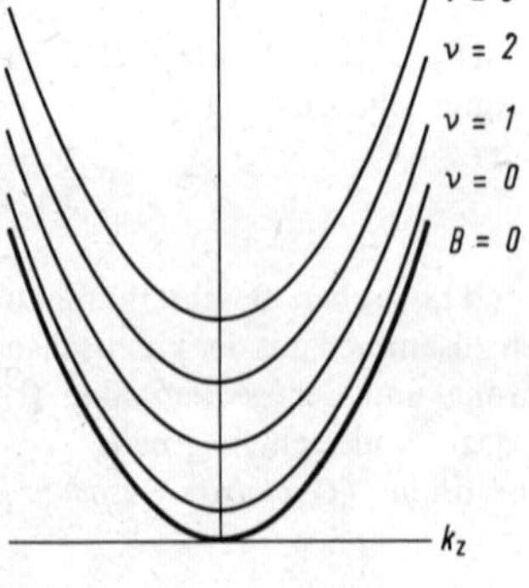

Abb. 7. Eindimensionale magnetische Teilbänder für freie Elektronen nach Gl. (8.12)

und für die gesamte Zustandsdichte durch Summation über alle Teilbänder, die „unterhalb" der Energie E beginnen:

$$z(E)\,dE = \sum_{\nu=1}^{\nu'} z(\nu,E)\,dE. \tag{8.16}$$

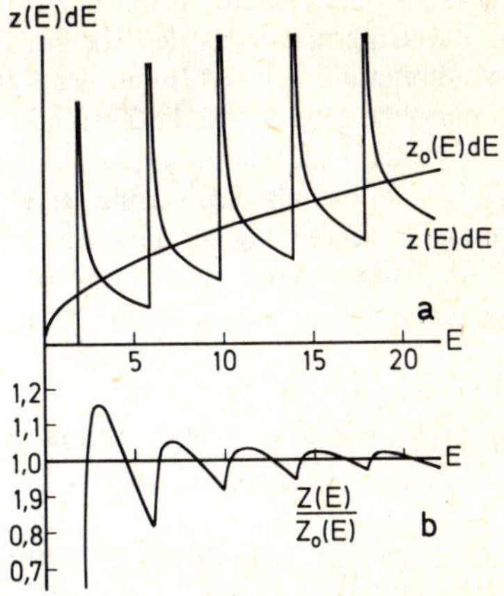

Abb. 8. a) Energieabhängigkeit der Zustandsdichte für $\boldsymbol{B}=0$ und $\boldsymbol{B}\neq 0$. b) Verhältnis der Zahl der Zustände unterhalb einer gegebenen Energie E im Magnetfeld zu der Zahl ohne Magnetfeld

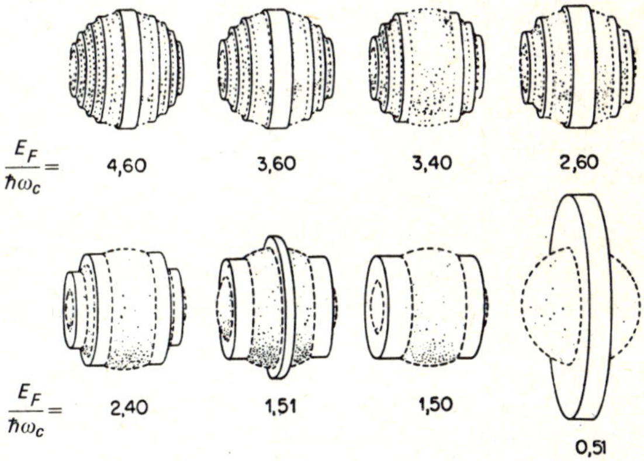

Abb. 9. Die ohne Magnetfeld im $\boldsymbol{k}$-Raum homogen verteilten Zustände liegen im Magnetfeld auf konzentrischen Zylindern. Die in der Abbildung gezeichneten Zylinderflächen enthalten jeweils zusammen die gleiche Anzahl von Zuständen wie die mit eingezeichnete Fermi-Kugel. Für kleine Magnetfelder bleibt die Gestalt der Fermi-Kugel angenähert erhalten, für große Magnetfelder treten krasse Abweichungen auf (nach Adams und Holstein, unveröffentlicht)

Es läßt sich leicht nachprüfen, daß (8.16) die gleichen Zustände wie im magnetfeldfreien Fall zählt, die jetzt nur anders gruppiert sind. Hierzu läßt man $\boldsymbol{B}$ gegen Null gehen. Die Teilbänder verschiedener Quantenzahlen rücken dann immer dichter aneinander und die Summation in (8.16) kann durch eine Integration ersetzt werden. Führt man diese Integration durch und macht dann den Grenzübergang $\boldsymbol{B}=0$, so folgt genau Gl. (6.12).

Diese Umgruppierung der Zustände wird bildlich oft veranschaulicht durch eine Kombination von (8.12) und der $\boldsymbol{k}$-Raum- (bzw. $\boldsymbol{P}/\hbar$-Raum)-Beschreibung. Während ohne Magnetfeld die Zustände im $\boldsymbol{k}$-Raum homogen verteilt sind, liegen mit Magnetfeld die Zustände auf konzentrischen Zylindern, auf denen jeweils die Energiebeziehung (8.12) erfüllt ist. Die Abb. 7–9 zeigen die verschiedenen Aspekte dieser Beschreibung der quantisierten Bewegung freier Elektronen im $\boldsymbol{k}$-Raum.

Für kleine Magnetfelder kann die Umgruppierung der Zustände gemäß (8.13) vernachlässigt werden. Dann gilt die Näherung der Gl. (8.8).

9. Dia- und Paramagnetismus freier Elektronen, der de Haas-van Alphen-Effekt

Die Magnetisierung des freien Elektronengases im Magnetfeld gewinnt man aus der freien Energie durch Differentiation nach dem Magnetfeld: $M=-dF/dB$. Die freie Energie kennen wir aus (6.9), die innere Energie aus (8.13). Nehmen wir noch an, daß die durch (8.13) gegebenen Energieniveaus so dicht liegen, daß wir eine Summation über die Zustände durch eine Integration über die Energie ersetzen können, so folgt

$$M=-\frac{d}{dB}\left\{n\zeta-k_B T\int_0^\infty z(E_+)\ln\left(e^{\frac{\zeta-E_+}{k_B T}}+1\right)dE_+ -k_B T\int_0^\infty z(E_-)\ln\left(e^{\frac{\zeta-E_-}{k_B T}}+1\right)dE_-\right\}. \tag{9.1}$$

Die Auswertung dieser Integrale ist ziemlich kompliziert. Für die Zustandsdichte ist (8.15) (modifiziert durch die Spinaufspaltung $\pm\mu_B B$) einzusetzen. Man beschränkt sich zweckmäßigerweise auf kleine Temperaturen und nimmt in einer Entwicklung ähnlich der in (6.18) nur die ersten Glieder mit. Es folgt dann (ausführliche Ableitung z. B. bei Wagner [101])

$$M=\frac{3n\mu_B^2 B}{2E_F}\left\{1-\frac{1}{3}+\frac{\pi k_B T}{\mu_B B}\left(\frac{E_F}{\mu_B B}\right)^{\frac{1}{2}}\sum_{\nu=1}^{\infty}\frac{(-1)^\nu}{\sqrt{\nu}}\cos(\pi\nu)\frac{\sin\left(\frac{\pi}{4}-\frac{\pi\nu E_F}{\mu_B B}\right)}{\operatorname{Sinh}\frac{\pi^2\nu k_B T}{\mu_B B}}\right\}. \tag{9.2}$$

E_F ist hier wieder der Wert von ζ für $T=0$. Die Klammer in (9.2) enthält drei Glieder. Das *erste Glied* rührt von dem Spinanteil $\pm\mu_B B$ der Energie her. Wir hätten dieses Glied in der gleichen Form erhalten, wenn wir die Bahnquantisierung der Elektronen vernachlässigt, in (9.1) also Zustandsdichte und Energie freier Elektronen ohne Magnetfeld eingesetzt hätten. Dieser Betrag ist positiv (*Paulischer Spin-Paramagnetismus*, Abb. 10).

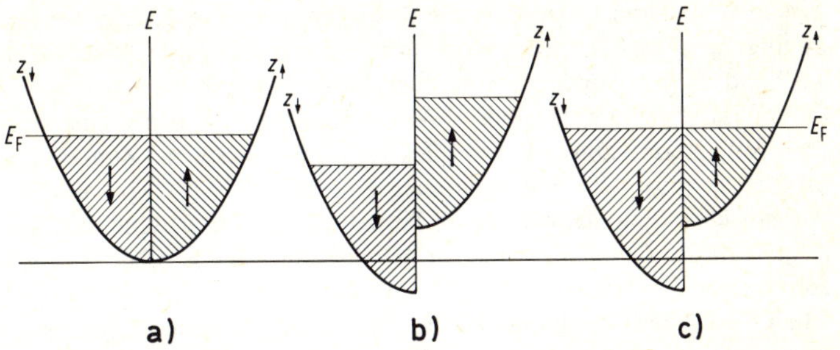

Abb. 10. Paulischer Spinparamagnetismus: Im Magnetfeld kommt zu der kinetischen Energie der Elektronen je nach deren Spinrichtung ein Beitrag $\pm\mu_B B$. Unterhalb der Fermi-Energie E_F liegen dann mehr Zustände einer Spinrichtung als der entgegengesetzten Spinrichtung. In der Abbildung sind die Zustandsdichten getrennt für beide Spinrichtungen gegen die Energie aufgetragen. Die besetzten Zustände sind durch Schraffierung gekennzeichnet. a) Ohne Magnetfeld, b) Verschiebung der Zustände im Magnetfeld, c) besetzte Zustände im Magnetfeld nach Einstellung des Gleichgewichtes

Das *zweite Glied* ist negativ und beträgt genau ein Drittel des ersten. Es repräsentiert in der Näherung nicht zu großer Magnetfelder die Bahnquantisierung der Elektronen *(Landauscher Diamagnetismus)*.

Das dritte Glied ist eine Ergänzung des diamagnetischen Anteils für große Magnetfelder. Wegen des Sinh im Nenner konvergiert die Reihe so schnell, daß meist das erste Glied allein betrachtet werden kann. Dieser Anteil hat oszillatorischen Charakter. Die Magnetisierung (also auch die magnetische Suszeptibilität) ist periodisch in $1/B$ mit der temperaturunabhängigen Periode $2\mu_B/E_F$. Diese Oszillationen sind nur bei hohen Magnetfeldern und tiefer Temperatur zu beobachten *(de Haas-van Alphen-Effekt)*.

Das Zustandekommen des de Haas-van Alphen-Effektes ist leicht einzusehen. Sei $E_F \gg \mu_B B$ (oder anders ausgedrückt $E_F \gg \hbar\omega_c$). Dann besetzt das Elektronengas zahlreiche magnetische Teilbänder. Die Verteilung auf die einzelnen Zustände erfolgt gemäß der Zustandsdichte (Abb. 8) bis zu einer Grenzenergie E_F, die zwischen der Schwellenergie des ν-ten und des $\nu-1$-ten Teilbandes liegen möge. Mit wachsendem Magnetfeld wächst nach (8.15) die Energie und die Anzahl der Zustände jedes Teilbandes. Die Schwellenergie wächst ebenfalls. Da die Gesamtzahl der Elektronen vorgegeben ist, erfolgt mit wachsendem Magnetfeld eine ständige Umlagerung der Elektronen. Wenn die Schwellenergie $E_\nu = (\nu + \frac{1}{2})\hbar\omega_c$ von einem Wert kleiner E_F auf einen Wert größer E_F wächst, fallen die im ν-ten Band enthaltenen Elektronen in Zustände des $\nu - 1$-ten Bandes zurück. Die Gesamtenergie sinkt. Mit wachsendem Magnetfeld steigt sie wieder an bis die nächste Schwellenergie $E_{\nu-1}$ den Wert E_F durchläuft. E_F wird dabei selbst (schwach) periodisch. Der Abstand der einzelnen Schwellenergien ist $\hbar\omega_c$. Die Bedingung $\hbar\omega_c = 2\mu_B B \gg k_B T$ ist also notwendig, da sonst die Elektronenverteilung in der Umgebung von E_F so stark verschmiert ist, daß die Oszillationen ausgeglättet werden. Wenn die Bedingung $E_F \gg \hbar\omega_c$ nicht mehr erfüllt ist, werden alle Elektronen im tiefsten Teilband aufgenommen, und die Oszillationen hören auf *(quantum limit)*.

Gl. (9.2) läßt sich auf den Fall erweitern, daß die Elektronen eine von der wahren Elektronenmasse abweichende effektive Masse besitzen. Zum Paulischen paramagnetischen Anteil kommt dann ein Faktor $(m/m^*)^2$. Para- und diamagnetischer Anteil stehen dann nicht mehr im Verhältnis 1:3. Im dritten Glied kommt zu dem Argument des Cosinus ein Faktor m^*/m. Schließlich ist überall in μ_B m durch m^* zu ersetzen.

Alle Glieder der Gleichung (9.2) lassen sich mit experimentellen Ergebnissen vergleichen. In vielen Fällen ist die Übereinstimmung bei Annahme einer geeigneten effektiven Masse gut. Wenn wir hier nicht auf den Vergleich mit dem Experiment eingehen, so deswegen, weil aus später ersichtlichen Gründen gerade der de Haas-van Alphen-Effekt besonders geeignet ist, *Abweichungen* von dem Modell freier Elektronen festzustellen. Wir verschieben deshalb die weitere Diskussion auf Abschnitt 23.

III Das Elektronengas mit Wechselwirkung: Quasi-Elektronen und Plasmonen

10. Einführung

Das Konzept der freien Elektronen bedarf in zweierlei Hinsicht der Erweiterung. Einmal muß die Elektron-Elektron-Wechselwirkung berücksichtigt werden, zum anderen muß die Wechselwirkung mit dem homogenen positiv geladenen Untergrund des Jellium-Modells durch eine Wechselwirkung mit dem periodischen Potential des Ionengitters ersetzt werden.

Beide Erweiterungen gleichzeitig durchzuführen, ist zu kompliziert. Wir werden deshalb in diesem Kapitel die Elektron-Elektron-Wechselwirkung im Rahmen des Jellium-Modells betrachten. Für die Betrachtung der Wechselwirkung mit dem periodischen Potential werden wir dagegen im folgenden Kapitel nur die Teile der Elektron-Elektron-Wechselwirkung mitnehmen, die nach Gl. (3.20) in das lokale Potential der Ein-Elektronen-Näherung eingefügt werden können.

Gl. (3.20) enthält ein gemitteltes Potential der Hartree-Fock-Näherung. Durch diese Mittelung gehen wesentliche Züge dieser Näherung verloren. Wir werden deshalb im Abschnitt 11 die Elektron-Elektron-Wechselwirkung der Hartree-Fock-Näherung genauer untersuchen und dabei einige Fragen beantworten, die in Abschnitt 3 offen geblieben sind. Wir werden in diesem Zusammenhang zum ersten Male den Begriff eines Quasi-Teilchens einführen. Dabei ergibt sich auch die Gelegenheit, eines der wichtigsten Hilfsmittel zur Beschreibung von Wechselwirkungen in Viel-Teilchen-Systemen, die Teilchenzahl-Darstellung (Anhang A) anzuwenden.

In Abschnitt 12 werden wir dann über die Hartree-Fock-Näherung hinausgehen und den vollen Hamilton-Operator des Elektronengases mit Wechselwirkung betrachten. Durch die Aufteilung der Coulomb-Wechselwirkung in einen kurzreichweitigen und einen langreichweitigen Anteil werden wir finden, daß das Quasi-Elektron dieser Näherung sich wesentlich von dem Hartree-Fock-Elektron unterscheidet, und daß zusätzliche elementare Anregungen, Plasmonen auftreten, die Kollektivschwingungen des Elektronengases darstellen.

In Abschnitt 13 schließlich gewinnen wir die gleichen Ergebnisse nochmals mittels eines anderen für spätere Anwendungen wichtigen Verfahrens.

Zuvor wollen wir jedoch die Ausführungen des ersten Abschnittes zum Begriff des *Quasi-Teilchens* um einige weitere Bemerkungen ergänzen.

Wir hatten in Abschnitt 5 als elementare Anregungen des wechselwirkungsfreien Elektronengases *Elektronen* außerhalb der Fermi-Kugel und *Löcher* innerhalb der Fermi-Kugel kennengelernt. Diese *Teilchen* besetzen Zustände $|\boldsymbol{k}\rangle$, die durch ebene Wellen darstellbar sind. Elektronen und Löcher unterliegen der Fermi-Statistik.

Wir nehmen nun die Coulomb-Wechselwirkung der Elektronen untereinander hinzu, gehen also vom wechselwirkungsfreien *Fermi-Gas* zur *Fermi-Flüssigkeit* über. Lassen wir die Wechselwirkung von Null an „adiabatisch" anwachsen, so können wir erwarten, daß eine eineindeutige Zuordnung zwischen den Teilchenzuständen und den neuen *Quasi-Teilchen-Zuständen* möglich ist (*normale* Fermi-Flüssigkeit).

Elektronen in diesen neuen Zuständen sind dann *Quasi-Teilchen* mit gegenüber dem wechselwirkungsfreien Fall geänderten Eigenschaften. Einiges hierzu haben wir schon in Abschnitt 1 gesagt. Wichtig ist aber die weitere Frage, wie weit die Quasi-Teilchen des wechselwirkenden Systems überhaupt wohldefinierte elementare Anregungen sind.

Betrachten wir ein Elektron außerhalb der Fermi-Kugel. Durch die Wechselwirkung kann es in einem „Stoßprozeß" Energie und Impuls mit einem Elektron in der Fermi-Kugel austauschen. Vor dem Stoß sei die Energie des Elektrons $E(\boldsymbol{k})$ und des Stoßpartners $E_1(\boldsymbol{k}_1)$, nach dem Stoß seien die Energien $E_2(\boldsymbol{k}_2)$ und $E_3(\boldsymbol{k}_3)$. Dabei ist $E, E_2, E_3 > E_F$, $E_1 < E_F$. Ein Quasi-Elektron bleibt also nicht in einem gegebenen Zustand des isolierten Systems. Es besteht eine definierte Wahrscheinlichkeit für einen Übergang in einen anderen Zustand. Im Bilde des Elektrons als isolierter elementarer Anregung über dem Vakuumzustand „gefüllte Fermi-Kugel" bedeutet dies, daß das Quasi-Teilchen eine endliche *Lebensdauer* hat, nach der es zerfällt (in dem hier betrachteten Fall in zwei Quasi-Elektronen und ein Quasi-Loch). Da bei dem Prozeß der Energiesatz $E+E_1=E_2+E_3$ und der Impulssatz $\boldsymbol{k}+\boldsymbol{k}_1=\boldsymbol{k}_2+\boldsymbol{k}_3$ erfüllt sein müssen, ist die Wahrscheinlichkeit des Prozesses stark E-abhängig. Schon der Energiesatz allein zeigt, daß E_1 für $E=E_F+\delta E$ auf einen Bereich δE unterhalb der Fermi-Oberfläche und E_2 und E_3 auf einen Bereich δE oberhalb der Fermi-Oberfläche beschränkt sind. Mit kleiner werdendem δE wird die Zerfallswahrscheinlichkeit kleiner, die Lebensdauer größer, und für $\delta E=0$ wird die Lebensdauer unendlich! Für große δE dagegen wird die Lebensdauer klein, die Energie des Zustandes wegen der Energie-Zeit-Unschärferelation stark verbreitert. Das Konzept des Quasi-Teilchens wird dann sinnlos. Quasi-Teilchen in einem wechselwirkenden Elektronengas sind nur in der Umgebung der Fermi-Oberfläche wohldefiniert und dort als praktisch wechselwirkungsfrei zu betrachten. Die Fermi-Energie selbst bleibt scharf. Die Fermi-Verteilung (6.10) bestimmt auch die Verteilung der Quasi-Elektronen oberhalb und Quasi-Löcher unterhalb E_F, wobei zu beachten ist, daß die in (6.10) eingehende Energie der Quasi-Teilchen-Zustände von der Energie der Zustände des wechselwirkungsfreien Gases verschieden sein wird.

Die Lebensdauer elementarer Anregungen werden wir am Beispiel der Phononen in Kapitel XI quantitativ diskutieren.

Der hier geschilderte Gesichtspunkt spielt eine wichtige Rolle in der *Landauschen Theorie der Quantenflüssigkeiten*, aus der der Begriff des Quasi-Teilchens ursprünglich stammt. Diese – von Landau zur Erklärung der Eigenschaften des ^3He und ^4He bei tiefen Temperaturen entwickelte – Theorie zeigt auch, daß es Wechselwirkungen gibt, die eine eineindeutige Zuordnung zwischen den Zuständen des wechselwirkungsfreien Gases und der Quantenflüssigkeit nicht zulassen (Superflüssigkeit). Eine solche Wechselwirkung werden wir in Kapitel X bei der Supraleitung kennenlernen.

Von der Landauschen Theorie ausgehend läßt sich eine konsequente Theorie des wechselwirkenden Elektronengases aufbauen. Wir verweisen hierfür auf die Literatur, besonders auf die Bücher von Pines und Nozières [82] und von Abrikosov et al. [78].

Als Literatur zu den folgenden Abschnitten weisen wir vor allem auf das Buch von Pines [16] (auch [57.1]) und die Darstellung bei Ziman [20, 21] hin. Auch viele andere im Literaturverzeichnis genannte Lehrbücher und Monographien können herangezogen werden. Zum experimentellen Nachweis der Plasmonen vgl. z. B. Raether [61.38].

11. Das Elektronengas in Hartree-Fock-Näherung

Die Hartree-Fock-Gleichung (3.11) wird – wie das wechselwirkungsfreie Elektronengas – durch ebene Wellen (5.4) gelöst. Dies sieht man sofort, wenn man die Wellenfunktion (5.4) in (3.11) einsetzt. Man erhält dann mit (2.7) (Jellium-Modell) und mit der Abkürzung $\boldsymbol{r}'-\boldsymbol{r}=\boldsymbol{r}''$

$$\left\{-\frac{\hbar^2}{2m}\Delta+e^2\sum_{k(\neq j)}\frac{1}{V_g}\int\frac{d\tau''}{r''}-e^2\sum_{\substack{k(\neq j)\\ \parallel}}\frac{1}{V_g}\int\frac{e^{i(\boldsymbol{k}_k-\boldsymbol{k}_j)\cdot\boldsymbol{r}''}}{r''}d\tau''+H_+\right\}\psi=E\psi. \tag{11.1}$$

Die Integrale in (11.1) lassen sich leicht auswerten, wenn man die Gleichung

$$\int\frac{e^{-i\boldsymbol{k}\cdot\boldsymbol{r}-\beta r}}{r}d\tau=\frac{4\pi}{\beta^2+k^2} \tag{11.2}$$

benutzt. Für $\beta=0$ folgt hieraus die Fourier-Transformation des Coulomb-Potentials e^2/r, die wir später benötigen:

$$\frac{e^2}{r}=\sum_{\boldsymbol{k}}V_{\boldsymbol{k}}e^{i\boldsymbol{k}\cdot\boldsymbol{r}} \quad \text{mit} \quad V_{\boldsymbol{k}}=\frac{e^2}{V_g}\int\frac{e^{-i\boldsymbol{k}\cdot\boldsymbol{r}}}{r}d\tau=\frac{4\pi}{V_g}\frac{e^2}{k^2}. \tag{11.3}$$

Das erste Integral in (11.1) ist die Wechselwirkung des j-ten Elektrons mit den $n-1$ anderen, in dieser Darstellung gleichmäßig auf das Grundgebiet verteilten Elektronen. Das Glied H_+ gibt die Wechselwirkung des gleichen Elektrons mit dem positiven Hintergrund (N gleichmäßig verschmierte positive Ladungen). Beide Glieder kompensieren sich bis auf den geringfügigen Beitrag der Wechselwirkung

mit einer auf V_g verteilten negativen Ladung. Die *Hartree-Gleichung*, die sich nur durch das dritte Glied links von (11.1) unterscheidet, führt also hier auf das freie Elektronengas zurück. Das in der *Hartree-Fock-Näherung* hinzukommende dritte Glied bedeutet dagegen eine Wechselwirkung, der wir uns jetzt zuwenden.
In diesem Glied treten nach (11.2) keine Divergenzen auf, da der divergierende Term $k=j$ ausgeschlossen ist. Es ergibt sich eine Summe über Terme der Form $\text{const}/(k_k-k_j)^2$ $(k \neq j)$, die leicht aufsummiert werden kann. Man wählt dazu das Grundgebiet so groß, daß die Summation über die diskreten $\boldsymbol{k}$ durch eine Integration über die Fermi-Kugel ersetzt werden kann $((1/V_g)\sum_{\boldsymbol{k}} \ldots = \int z(\boldsymbol{k}) \ldots d\tau_{\boldsymbol{k}})$.

Es folgt dann aus (11.1) als Energieeigenwert eines Elektrons der Wellenzahl $\boldsymbol{k}$

$$E(\boldsymbol{k}) = \frac{\hbar^2 k^2}{2m} - \frac{e^2}{2\pi^2} \int\limits_{(k_F)} \frac{d\tau_{\boldsymbol{k}'}}{(\boldsymbol{k}'-\boldsymbol{k})^2} = \frac{\hbar^2 k^2}{2m} - \frac{e^2 k_F}{2\pi} \left(2 + \frac{k_F^2 - k^2}{k k_F} \ln \left|\frac{k+k_F}{k-k_F}\right|\right). \tag{11.4}$$

Hierbei haben wir noch angenommen, daß je $N/2$ Elektronen gleichen Spin haben. Dies ist gerade der Fall, wenn wir annehmen, daß in der Fermi-Kugel alle Zustände besetzt, außerhalb alle Zustände unbesetzt sind.
Da die Wellenfunktionen der Hartree-Fock-Elektronen ebene Wellen sind, gilt auch hier die Beziehung $\boldsymbol{p}=\hbar\boldsymbol{k}$. (11.4) zeigt dann, daß Energie und Impuls eines Hartree-Fock-Elektrons nicht durch die klassische Beziehung $E=p^2/2m$ miteinander verbunden sind.
Um dies besser zu verstehen, betrachten wir die Austausch-Ladungsdichte (3.17), die hier nach (11.1) die Form

$$\rho_j^{HF}(\boldsymbol{r},\boldsymbol{r}') = -\frac{e}{V_g} \sum_{k||} e^{i(\boldsymbol{k}_j-\boldsymbol{k}_k)\cdot(\boldsymbol{r}-\boldsymbol{r}')} \tag{11.5}$$

hat. Wir ersetzen wieder die Summation durch eine Integration über die Fermi-Kugel, nehmen an, daß in der Fermi-Kugel je $N/2$ Elektronen gleichen Spin haben und erhalten (wieder mit $\boldsymbol{r}'-\boldsymbol{r}=\boldsymbol{r}''$)

$$\rho_j^{HF}(\boldsymbol{r}'') = \frac{3}{2} \frac{eN}{V_g} e^{i\boldsymbol{k}_j\cdot\boldsymbol{r}''} \frac{1}{(k_F r'')^3} \{k_F r'' \cos k_F r'' - \sin k_F r''\}. \tag{11.6}$$

Dies hängt noch von dem $\boldsymbol{k}$-Vektor des j-ten Elektrons ab. Eine Mittelung im Sinne von (3.19) ergibt schließlich

$$\bar{\rho}^{HF}(\boldsymbol{r}) = \frac{9}{2} \frac{eN}{V_g} \frac{(k_F r \cos k_F r - \sin k_F r)^2}{(k_F r)^6}. \tag{11.7}$$

Damit wird die Ladungsverteilung, die ein Hartree-Fock-Elektron „sieht“

$$\rho - \bar{\rho}^{HF} = \frac{eN}{V_g}\left(1 - \frac{9}{2} \frac{(k_F r \cos k_F r - \sin k_F r)^2}{(k_F r)^6}\right). \tag{11.8}$$

Diese Funktion ist in Abb. 11 aufgetragen. Die Konzentration der Elektronen gleichen Spins ist also in der Umgebung des betrachteten Elektrons erniedrigt, während die Elektronen entgegengesetzten Spins gleichmäßig verteilt sind. Man drückt diesen Sachverhalt dadurch aus, daß man sagt, das Elektron sei von einem *Austausch-Loch* umgeben, das gerade die Ladung $+e$ trägt. Das Pauli-Prinzip sorgt für eine *Korrelation* der Elektronen gleichen Spins.

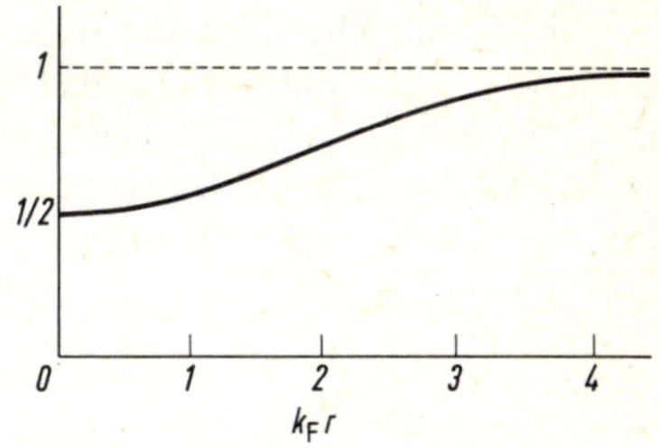

Abb. 11. Austauschloch in der Umgebung eines Elektrons in der Hartree-Fock-Näherung (Gl. (11.8))

Bei seiner Bewegung bleibt das Elektron von seinem Austausch-Loch umgeben. Da dies eine ständige Umordnung der umgebenden Elektronen gleichen Spins erfordert, ist es nicht verwunderlich, daß die Energie-Impuls-Beziehung des freien Elektrons für ein Hartree-Fock-Elektron nicht mehr gilt. Die Klammer in (11.4) hat einen Wert zwischen 4 (bei $k=0$) und 2 (bei $k=k_F$), das zweite Glied ist also stets negativ. Formal läßt sich die Beziehung $E=\hbar^2 k^2/2m$ aufrechterhalten, wenn man die Elektronenmasse m durch eine *scheinbare Masse* m^* ersetzt, die dann nach (11.4) von k abhängt und immer größer als m ist. Durch das Mitschleppen des Austausch-Loches ist die träge Masse des Elektrons größer geworden. Das *Hartree-Fock-Elektron* ist also ein *Quasi-Teilchen* (Quasi-Elektron) mit Eigenschaften, die durch die hier benutzte Näherung bestimmt sind.

Durch die Austausch-Wechselwirkung wird auch die mittlere Energie des Elektronengases geändert. Durch Integration von (11.4) über die Fermi-Kugel folgt für den Beitrag des ersten Gliedes gerade wieder $\frac{3}{5}E_F$ (Gl. (6.18)). Das zweite Glied liefert den Beitrag $E_{\text{exch}} = -3e^2 k_F/4\pi = \frac{3}{2}E^F_{\text{exch}}$, wo E^F_{exch} der Wert der Austauschenergie an der Fermi-Oberfläche ist.

Wir hatten in Abschnitt 3 die Hartree-Fock-Näherung aus einem Variationsverfahren abgeleitet mit dem Ziel, Schrödinger-Gleichungen für die Ein-Elektronen-Wellenfunktionen des Ansatzes (3.7) zu bekommen. Einen anderen Aspekt dieser Näherung erkennt man, wenn man den Hamilton-Operator des Elektronengases mit Wechselwirkung (3.1) in die Teilchenzahl-Darstellung umschreibt, also den Operator

$$H = \sum_i \frac{p_i^2}{2m} + \frac{1}{2} \sum_{ii'}{}' \frac{e^2}{|\boldsymbol{r}_i - \boldsymbol{r}_{i'}|} \tag{11.9}$$

gemäß Anhang A umformt.

Bevor wir dies tun, erwähnen wir eine andere, für spätere Anwendungen günstige Umformung des Wechselwirkungsgliedes in (11.9). Wegen (11.3) wird

$$\frac{1}{2}\sum_{ii'}{}' \frac{e^2}{|\boldsymbol{r}_i-\boldsymbol{r}_{i'}|}=\sum_{\boldsymbol{k}}{}' \frac{V_{\boldsymbol{k}}}{2}\sum_{ii'}{}' e^{i\boldsymbol{k}\cdot(\boldsymbol{r}_i-\boldsymbol{r}_{i'})}=\sum_{\boldsymbol{k}}{}' \frac{V_{\boldsymbol{k}}}{2}\Big\{\sum_i e^{i\boldsymbol{k}\cdot\boldsymbol{r}_i}\sum_{i'} e^{-i\boldsymbol{k}\cdot\boldsymbol{r}_{i'}}-N\Big\}. \tag{11.10}$$

Der letzte Term in der Klammer rührt daher, daß bei der ursprünglichen Summation das Glied $i=i'$ ausgeschlossen war.
In der Summe über die $\boldsymbol{k}$ divergiert das Glied $\boldsymbol{k}=0$. Dieses Glied ist aber im Jellium-Modell gerade auszuschließen. V_0 gibt die Selbstenergie des Elektronengases, die durch die Wechselwirkungsenergie der Elektronen mit dem positiven Hintergrund und dessen Selbstenergie kompensiert wird.
Für die Summen in (11.10) schreibt man meist

$$\sum_i e^{-i\boldsymbol{k}\cdot\boldsymbol{r}_i}=n_{\boldsymbol{k}}. \tag{11.11}$$

$n_{\boldsymbol{k}}$ ist offensichtlich die $\boldsymbol{k}$-te Fourier-Komponente der (auf das Einheitsvolumen $V_g=1$ bezogenen) Elektronendichte $n(\boldsymbol{r})=\sum_n \delta(\boldsymbol{r}-\boldsymbol{r}_n)$. Der Hamilton-Operator schreibt sich dann

$$H=\sum_i \frac{p_i^2}{2m}+\sum_{\boldsymbol{k}}{}' \frac{V_{\boldsymbol{k}}}{2}(n_{\boldsymbol{k}}^* n_{\boldsymbol{k}}-N). \tag{11.12}$$

Wir formen nun (11.9) bzw. (11.12) in die Teilchenzahl-Darstellung um. Nach (A. 31) und (A. 33) wird

$$H=\sum_{\substack{\lambda\lambda'\\ \sigma\sigma'}}\left\langle \lambda'\left|-\frac{\hbar^2}{2m}\Delta\right|\lambda\right\rangle c_{\lambda'}^+ c_\lambda+\frac{1}{2}\sum_{\substack{\lambda\lambda'\mu\mu'\\ \sigma_\lambda\sigma_{\lambda'}\\ \sigma_\mu\sigma_{\mu'}}}\left\langle \lambda'\mu'\left|\frac{e^2}{|\boldsymbol{r}-\boldsymbol{r}'|}\right|\lambda\mu\right\rangle c_{\lambda'}^+ c_{\mu'}^+ c_\mu c_\lambda. \tag{11.13}$$

Die Eigenfunktionen in den Matrixelementen sind ebene Wellen $|\lambda\rangle=(1/\sqrt{V_g})\,e^{i\boldsymbol{k}_\lambda\cdot\boldsymbol{r}}$ multipliziert mit einer Spinfunktion. Da der Spin im Hamilton-Operator explizit nicht vorkommt, kann über die Spins in (11.13) sofort summiert werden. Wegen der Orthogonalität der Spinfunktionen gibt dies einen Faktor $\delta_{\sigma_\lambda\sigma_{\lambda'}}$ im ersten Glied und einen Faktor $\delta_{\sigma_\lambda\sigma_{\lambda'}}\,\delta_{\sigma_\mu\sigma_{\mu'}}$ im zweiten Glied. Die Matrixelemente lassen sich dann elementar auswerten und (11.13) wird

$$H=\sum_{\lambda\sigma_\lambda} E_\lambda c_\lambda^+ c_\lambda+\tfrac{1}{2}\sum_{\substack{\lambda\mu\nu\\ \sigma_\lambda\sigma_\mu}}{}' V_\nu c_{\lambda-\nu}^+ c_{\mu+\nu}^+ c_\mu c_\lambda \tag{11.14}$$

mit $\boldsymbol{k}_\lambda-\boldsymbol{k}_{\lambda'}=\boldsymbol{k}_\nu$ ($\boldsymbol{k}_\nu\neq 0$) und

$$E_\lambda=\frac{\hbar^2 k_\lambda^2}{2m},\qquad V_\nu=\frac{4\pi}{V_g}\frac{e^2}{k_\nu^2}=\frac{4\pi}{V_g}\frac{e^2}{(\boldsymbol{k}_\lambda-\boldsymbol{k}_{\lambda'})^2}. \tag{11.15}$$

Den Erwartungswert der Energie im Grundzustand erhalten wir durch Bildung des entsprechenden Matrixelementes. Als Wellenfunktion des Grundzustandes müssen wir dabei die Funktion benutzen, die eine gefüllte Fermi-Kugel des Radius $k_F = (3\pi^2 N/V_g)^{\frac{1}{3}}$ beschreibt.

Es ist zweckmäßig (wenn auch nicht notwendig), hier anstatt gemäß (A. 18) aus dem Vakuumzustand eine Wellenfunktion durch Anwendung von N Erzeugungsoperatoren aufzubauen, den Grundzustand selbst als „Vakuumzustand" $|0\rangle$ zu definieren. Dazu müssen nur die c_k^+ und c_k eine etwas andere Bedeutung erhalten:

Für $k > k_F$ seien die c_k^+ und c_k nach wie vor Erzeugungs- bzw. Vernichtungsoperatoren für Elektronen. Innerhalb der Fermi-Kugel ($k \leqslant k_F$) soll c_k ein „Loch" erzeugen und c_k^+ ein „Loch" vernichten. Es ist also dann

$$\begin{aligned} \langle 0|c_\lambda^+ c_\lambda|0\rangle &= 1 \quad \text{für } k_\lambda \leqslant k_F \\ &= 0 \quad \text{für } k_\lambda > k_F. \end{aligned} \tag{11.16}$$

(11.16) kann gelesen werden als Matrixelement eines Prozesses, bei welchem aus dem Grundzustand ein Loch in der Fermi-Kugel erzeugt und dann wieder vernichtet wurde, so daß dieser Prozeß zum Ausgangszustand zurückführt.

Entsprechend beschreibt ein Matrixelement $\langle 0|(V_\nu/2) c_{\lambda-\nu}^+ c_{\mu+\nu}^+ c_\mu c_\lambda|0\rangle$ Prozesse, bei denen durch die Wechselwirkung V_ν zwei Löcher λ und μ erzeugt und zwei Löcher $\lambda-\nu$ und $\mu+\nu$ vernichtet werden. Damit das zum Grundzustand zurückführt, muß entweder ν gleich Null oder $\mu=\lambda-\nu$ und $\sigma_\lambda=\sigma_\mu$ sein.

Solche Matrixelemente kommen als Beiträge des zweiten Gliedes von (11.14) zur Energie des Grundzustandes vor. Das Glied $\nu=0$ (d. h. $k_\nu=0$) ist in der Summe (11.14) aber ausgeschlossen. Es bleibt also nur der zweite Fall $\mu=\lambda-\nu$, $\sigma_\lambda=\sigma_\mu$, der (mit $n_\lambda=1$ für $k_\lambda \leqslant k_F$, $=0$ für $k_\lambda > k_F$) den Beitrag

$$\left\langle 0 \left| \frac{V_\nu}{2} c_{\lambda-\nu}^+ c_\lambda^+ c_{\lambda-\nu} c_\lambda \right| 0 \right\rangle \delta_{\sigma_\lambda \sigma_\mu} = -\frac{V_\nu}{2} n_{\lambda-\nu} n_\lambda \delta_{\sigma_\lambda \sigma_\mu} \tag{11.17}$$

gibt. Der vom zweiten Glied in (11.14) herrührende Beitrag zur Energie des Grundzustandes wird dann

$$\Delta E = -\frac{1}{2} \sum_{\substack{\lambda\nu \\ \sigma_\nu}} V_\nu n_{\lambda-\nu} n_\lambda = -\frac{e^2}{2} \frac{4\pi}{V_g} \sum_{\substack{\lambda\mu \\ \sigma_\lambda}} \frac{1}{(\boldsymbol{k}_\lambda - \boldsymbol{k}_\mu)^2}, \tag{11.18}$$

wobei das zweite Glied rechts nur über $k_\lambda, k_\mu \leqslant k_F$ zu summieren ist. Ersetzt man noch die eine Summation durch eine Integration im $\boldsymbol{k}$-Raum, so folgt

$$\Delta E = \sum_{\lambda\sigma_\lambda} \left(-\frac{e^2}{2\pi^2} \int\limits_{(k_F)} \frac{d\tau_\mu}{(\boldsymbol{k}_\lambda - \boldsymbol{k}_\mu)^2} \right), \tag{11.19}$$

also genau eine Summe über die Austauschenergie (11.4) aller Elektronen. Damit ist gezeigt, daß der Beitrag (11.19) gerade die Hartree-Fock-Austauschenergie ist. Aus der Forderung $\sigma_\lambda=\sigma_\mu$ für den durch (11.17) beschriebenen Prozeß folgt gleichzeitig, daß dieser Beitrag nur von der Wechselwirkung von Elektronen gleichen Spins herrührt.

Wechselwirkungen zwischen Elektronen und Matrixelemente der hier betrachteten Art werden häufig bildlich durch *Graphen* dargestellt. Elektronen mit gegebenem Impuls $\boldsymbol{k}_\lambda$ werden in diesen Diagrammen durch Linien dargestellt (Abb. 12a), Wechselwirkungen zwischen Elektronen durch gestrichelte Linien. Pfeile an den Elektronenlinien zeigen die Zeitrichtung. So wird z. B. die durch (11.14) beschriebene Wechselwirkung durch zwei Elektronenlinien $\boldsymbol{k}_\lambda$ und $\boldsymbol{k}_\mu$ vor der Wechselwirkung und zwei Elektronenlinien $\boldsymbol{k}_\lambda - \boldsymbol{k}_\nu$ und $\boldsymbol{k}_\mu + \boldsymbol{k}_\nu$ nach der Wechselwirkung dargestellt (Abb. 12b). Zwei zeitlich aufeinanderfolgende Wechselwirkungsprozesse mit Impulsübertrag $\boldsymbol{k}_\nu$ bzw. $\boldsymbol{k}_\sigma$ beschreibt das Diagramm der Abb. 12c.

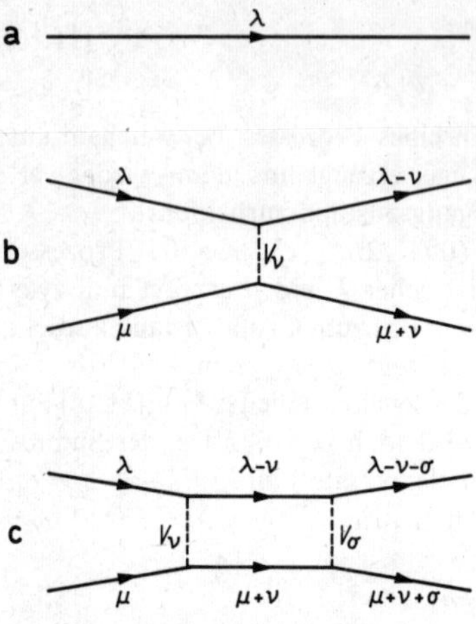

Abb. 12. Graphen zur Elektron-Elektron-Wechselwirkung: a) wechselwirkungsfreies Elektron mit Impuls $\boldsymbol{k}_\lambda$, b) Wechselwirkung zwischen zwei Elektronen, bei der der Impuls $\boldsymbol{k}_\nu$ ausgetauscht wird, c) zwei aufeinanderfolgende Wechselwirkungen b)

In Abb. 13 benutzen wir diese Diagramme, um die Matrixelemente (11.16) und (11.17) darzustellen. Dazu beachten wir, daß Ausgangs- und Endzustand jeweils der Grundzustand sind. Die nach rechts auslaufenden Elektronenlinien müssen also gleich den von links einlaufenden Elektronenlinien sein. Dies stellt man dar, indem man die einlaufenden und die auslaufenden Linien verbindet. Aus Abb. 12a wird dann die in sich geschlossene Linie der Abb. 13a. Die einfache Wechselwirkung der Abb. 12b kann geschlossen werden, indem man entweder die oberen und unteren Elektronenlinien paarweise verknüpft oder die rechte obere und linke untere bzw. linke obere und rechte untere Linie verknüpft. Dies sind gerade die beiden oben diskutierten Fälle $\boldsymbol{k}_\nu = 0$ und $\boldsymbol{k}_\nu = \boldsymbol{k}_\lambda - \boldsymbol{k}_\mu$ (Abb. 13b).

Gl. (11.17) liefert in (11.14) einen Beitrag zur Energie des Grundzustandes durch einfache Wechselwirkungsprozesse. Mehrfache Wechselwirkungsprozesse führen dann zu weiteren Beiträgen, die ebenfalls leicht durch solche Diagramme dargestellt werden können. Der zweifache Wechselwirkungsprozeß der Abb. 12c liefert offensichtlich zwei Beiträge je nach der Verknüpfung der einlaufenden und auslaufenden Elektronenlinien (Abb. 13c). Dies entspricht der Anregung beider Elektronen in einen höheren Zustand und dem Zurückfallen in den Grundzustand. Den Beitrag zur Energie des Grundzustandes liefert hierbei das Produkt zweier Matrixelemente:

$$\left\langle 0 \left| \frac{V_\sigma}{2} c^+_{\lambda-\nu-\sigma} c^+_{\mu+\nu+\sigma} c_{\mu+\nu} c_{\lambda-\nu} \right| i \right\rangle \left\langle i \left| \frac{V_\nu}{2} c^+_{\lambda-\nu} c^+_{\mu+\nu} c_\mu c_\lambda \right| 0 \right\rangle . \tag{11.20}$$

Dies ergibt für $\nu = -\sigma$ und $\nu + \sigma = \lambda - \mu$ typische Glieder des Beitrages zweiter Ordnung einer Störungsrechnung, wenn man die Energiedifferenz $E_i - E_0$ als Nenner hinzufügt und über alle (virtuellen) Zwischenzustände summiert. Beiträge höherer Ordnung lassen sich mit Hilfe weiterer Diagramme leicht konstruieren.

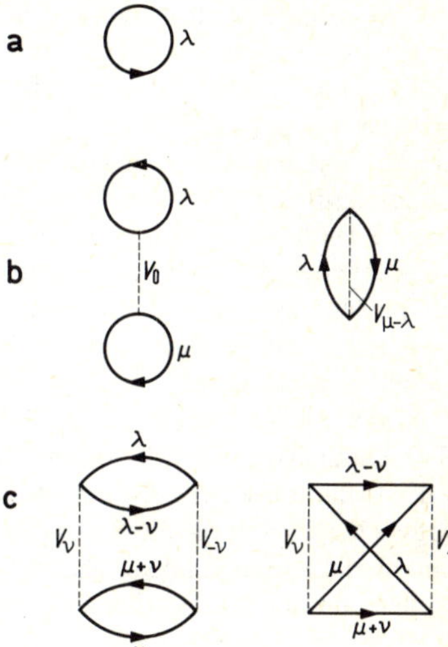

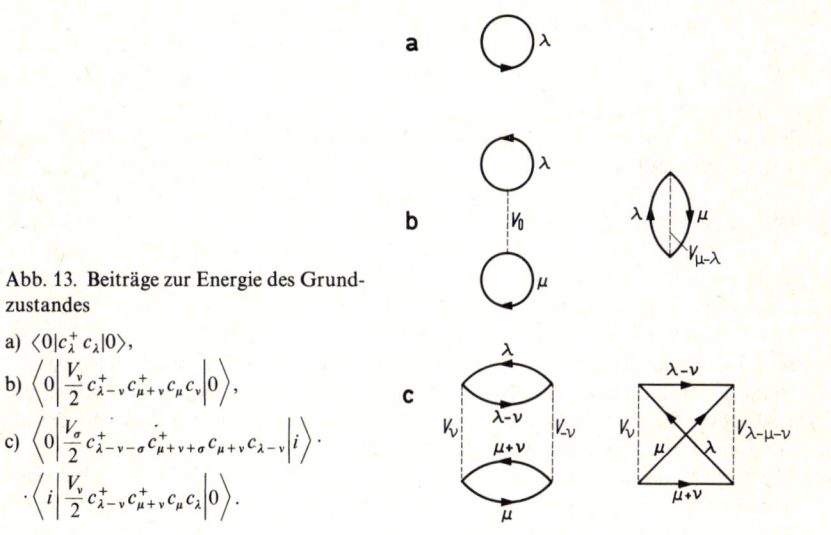

Abb. 13. Beiträge zur Energie des Grundzustandes

a) $\langle 0 | c^+_\lambda c_\lambda | 0 \rangle$,

b) $\left\langle 0 \left| \frac{V_\nu}{2} c^+_{\lambda-\nu} c^+_{\mu+\nu} c_\mu c_\nu \right| 0 \right\rangle$,

c) $\left\langle 0 \left| \frac{V_\sigma}{2} c^+_{\lambda-\nu-\sigma} c^+_{\mu+\nu+\sigma} c_{\mu+\nu} c_{\lambda-\nu} \right| i \right\rangle \cdot$
$\cdot \left\langle i \left| \frac{V_\nu}{2} c^+_{\lambda-\nu} c^+_{\mu+\nu} c_\mu c_\lambda \right| 0 \right\rangle$.

Die Graphen der Abb. 13 sind Beispiele von Diagrammen, wie sie in der Viel-Körper-Theorie zahlreich angewendet werden. Dort dienen sie nicht nur zur Veranschaulichung störungstheoretischer Matrixelemente. Unter den feldtheoretischen Hilfsmitteln der modernen Festkörperphysik spielen sie eine große Rolle. Wir können in diesem Rahmen nicht darauf eingehen und benutzen die Diagramme nur zur Veranschaulichung der Wechselwirkungen im Elektronengas. Für nähere Einzelheiten sei auf die im Literaturverzeichnis angeführten Lehrbücher und Monographien zur Viel-Körper-Theorie hingewiesen.
Wir wollen an dieser Stelle auch nicht auf die Beiträge höherer Ordnung zur Energie des Grundzustandes eingehen. Die Graphen der Abb. 13a und b liefern

die Energie des Grundzustandes in der Hartree-Fock-Näherung. Auf die Berechnung der *Korrelationsenergie*, wie man die Energiedifferenz zwischen der tatsächlichen Energie des Grundzustandes und der Energie der Hartree-Fock-Näherung nennt, kommen wir im dritten Band zu sprechen. Der Weg über die in Abb. 13a, b und c begonnene störungstheoretische Entwicklung führt dabei nicht zum Ziel (vgl. hierzu Pines [16]).

12. Abschirmung, Plasmonen

Die Hartree-Fock-Näherung hat gezeigt, daß es günstig ist, die durch das Pauli-Prinzip hervorgerufene Korrelation zwischen Elektronen gleichen Spins in das Elektron zu inkorporieren, das Elektron als ein Quasi-Teilchen aufzufassen, das sein Austausch-Loch mit sich schleppt. Die Eigenschaften des Elektrons (insbesondere seine Energie-Impuls-Beziehung) werden dadurch geändert.

Bei diesem Bild haben wir die Coulomb-Wechselwirkung der Elektronen untereinander aus der expliziten Beschreibung fortgelassen. Wir müssen sie deshalb jetzt genauer betrachten.

Wir denken uns das Elektronengas für einen Moment als eine gleichmäßig verteilte Ladungsdichte. Bringen wir nun an einen Punkt $\boldsymbol{r}$ eine zusätzliche negative Ladung, so geschieht zweierlei: Durch die Coulomb-Abstoßung wird Ladung aus der unmittelbaren Umgebung des punktförmig gedachten Elektrons verdrängt. Diese Umordnung ist gleichbedeutend mit einer positiven Ladungswolke um das Elektron relativ zum Elektronengas. Das wiederum bedeutet eine *Abschirmung* der Ladung des Elektrons.

Die Umordnung wird aber nur der Endzustand eines dynamischen Vorganges sein. Die Ladungswolke wird zunächst zurückgestoßen. Wegen der langen Reichweite des Coulomb-Potentials wird die Umordnung zunächst zu weit gehen, die Ladungswolke wird zurückfluten usw.: Im Elektronengas treten *Kollektivschwingungen* auf, die Kompressionswellen des Elektronengases entsprechen.

Wir wollen nun untersuchen, inwieweit diese zwei Eigenschaften eines Elektronengases: Abschirmung der Coulomb-Wechselwirkung der einzelnen Ladungsträger, Kollektivschwingungen aufgrund der großen Reichweite des Coulomb-Potentials explizit durch die Schrödinger-Gleichung des wechselwirkenden Elektronengases beschrieben werden können. Wir gehen dazu von der Hamilton-Funktion aus. Den Übergang zur Quantenmechanik vollziehen wir erst später. Es sei also

$$H = \sum_i \frac{p_i^2}{2m} + \frac{e^2}{2} \sum_{\substack{i,j \\ i \neq j}} \frac{1}{|\boldsymbol{r}_i - \boldsymbol{r}_j|}. \tag{12.1}$$

Die explizite Einführung einer Abschirmung würde dadurch möglich sein, daß wir im zweiten Glied einen Faktor $e^{-k_c|\boldsymbol{r}_i - \boldsymbol{r}_j|}$ mit einer zunächst unbestimmten Abschirmkonstanten hinzufügen. Damit würden wir aber den langreichweitigen Anteil des Coulomb-Potentials vernachlässigen und müßten seine Wirkung getrennt untersuchen. Ein günstigerer Weg ist folgender: Wir schreiben das zweite Glied zunächst als Fourier-Reihe

$$\frac{e^2}{2}\sum_{\substack{ij\\(i\neq j)}}\frac{1}{|\boldsymbol{r}_i-\boldsymbol{r}_j|}=\frac{2\pi e^2}{V_g}\sum_{\substack{ij\\(i\neq j)}}\sum_{\boldsymbol{k}}{}'\frac{e^{i\boldsymbol{k}\cdot(\boldsymbol{r}_i-\boldsymbol{r}_j)}}{k^2}, \tag{12.2}$$

wo wir wieder das Glied $k=0$ weggelassen haben. Bei abgeschirmtem Coulomb-Potential wäre hier nach (11.2) k^2 durch $k^2+k_c^2$ zu ersetzen. Fast die gleiche Reihe bekommt man aber, wenn man (12.2) beibehält, die Summe aber auf die Glieder $k>k_c$ beschränkt. Abb. 14 zeigt das volle Coulomb-Potential und die

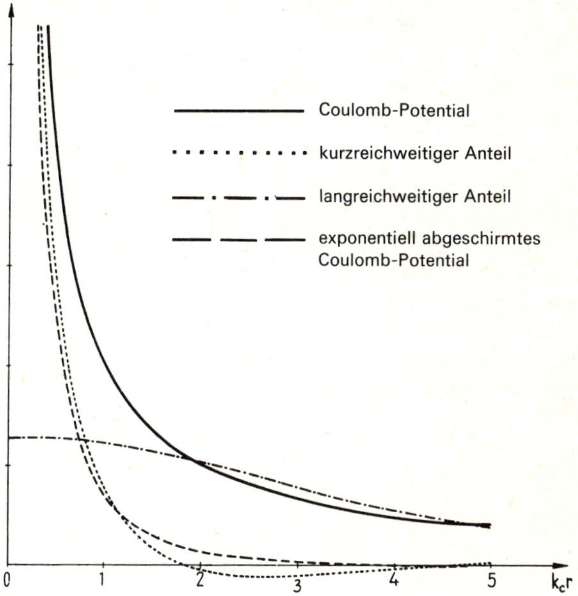

Abb. 14. Das Coulomb-Potential und seine Aufteilung in einen kurzreichweitigen Anteil ($k>k_c$) und einen langreichweitigen Anteil ($k<k_c$). Zum Vergleich ist ein mit dem Faktor $\exp(-k_c r)$ abgeschirmtes Potential eingetragen (nach Haug [11])

Aufteilung von (12.2) in einen kurzreichweitigen ($k>k_c$) und einen langreichweitigen ($k<k_c$) Anteil. Man erkennt, daß diese Aufteilung ein vernünftiger Ansatz ist.

Wir gehen also im weiteren aus von der Hamilton-Funktion

$$H=\sum_i\frac{p_i^2}{2m}+\frac{2\pi e^2}{V_g}\sum_{ij}\left(\sum_{k<k_c}{}'+\sum_{k>k_c}\right)\frac{e^{i\boldsymbol{k}\cdot(\boldsymbol{r}_i-\boldsymbol{r}_j)}}{k^2}-2\pi\frac{N}{V_g}e^2\sum_{\boldsymbol{k}}{}'\frac{1}{k^2}, \tag{12.3}$$

wo wir das Glied $i=j$ in der zweiten Summe mitnehmen und durch das dritte Glied wieder abziehen.

Neben der Abschirmung wollen wir die Kollektivschwingungen erfassen, die die Bewegung der Elektronen in dem von ihren eigenen Coulomb-Potentialen erzeugten Feld wiedergeben. Dieses Feld beschreiben wir durch das Vektorpotential $\boldsymbol{A}(\boldsymbol{r}_i)$, wo $\boldsymbol{r}_i$ der Ort des i-ten Elektrons ist. $\boldsymbol{A}(\boldsymbol{r}_i)$ setzen wir sofort als Fourier-Reihe an

$$\boldsymbol{A}(\boldsymbol{r}_i)=\sqrt{\frac{4\pi c^2}{V_g}}\sum_{\boldsymbol{k}}{}' \frac{\boldsymbol{k}}{k} Q_{\boldsymbol{k}} e^{i\boldsymbol{k}\cdot\boldsymbol{r}_i}, \tag{12.4}$$

wobei wir berücksichtigt haben, daß $\boldsymbol{A}$ ein wirbelfreies Feld ist. Der Faktor vor der Summe ist aus Gründen der Zweckmäßigkeit zugefügt. Da $\boldsymbol{A}$ reell sein soll, gilt für die Fourier-Koeffizienten $(\boldsymbol{k}/k)Q_{\boldsymbol{k}}^*=(-\boldsymbol{k}/k)Q_{-\boldsymbol{k}}$, also $Q_{\boldsymbol{k}}^*=-Q_{-\boldsymbol{k}}$. Das elektrische Feld folgt aus (12.4) zu

$$\boldsymbol{E}=-\frac{1}{c}\dot{\boldsymbol{A}}=\sqrt{\frac{4\pi}{V_g}}\sum_{\boldsymbol{k}}\frac{\boldsymbol{k}}{k}\dot{Q}_{\boldsymbol{k}} e^{i\boldsymbol{k}\cdot\boldsymbol{r}_i}=-\sqrt{\frac{4\pi}{V_g}}\sum_{\boldsymbol{k}}\frac{\boldsymbol{k}}{k} P_{\boldsymbol{k}}^* e^{i\boldsymbol{k}\cdot\boldsymbol{r}_i}, \tag{12.5}$$

wo wir noch $\dot{Q}_{\boldsymbol{k}}=P_{\boldsymbol{k}}^*$ $(P_{\boldsymbol{k}}^*=-P_{\boldsymbol{k}})$ gesetzt haben.

Die $Q_{\boldsymbol{k}}$ und $P_{\boldsymbol{k}}$ können als (kanonisch konjugierte) Kollektivkoordinaten der Felder aufgefaßt werden, die die Coulomb-Wechselwirkung der Elektronen beschreiben. Wir können also die Hamilton-Funktion (12.1) auch in diesen Feldern ausdrücken, indem wir die $\boldsymbol{p}_i$ durch $\boldsymbol{p}_i+(e/c)\boldsymbol{A}(\boldsymbol{r}_i)$ und das Wechselwirkungsglied durch die Energie $(1/8\pi)\int E^2 d\tau$ ersetzen. Nachdem wir alle Zusatzglieder als Fourier-Reihen geschrieben haben, können wir auch beide Möglichkeiten vereinen und die Anteile $k>k_c$ stehen lassen und nur die Anteile $k<k_c$ durch die Felder beschreiben. Das führt auf

$$\begin{aligned} H=&\sum_i \frac{1}{2m}\left(\boldsymbol{p}_i+\sqrt{\frac{4\pi c^2}{V_g}}\sum_{k<k_c}\frac{\boldsymbol{k}}{k} Q_{\boldsymbol{k}} e^{i\boldsymbol{k}\cdot\boldsymbol{r}_i}\right)^2+\frac{2\pi e^2}{V_g}\sum_{ij}\sum_{k>k_c}\frac{e^{i\boldsymbol{k}\cdot(\boldsymbol{r}_i-\boldsymbol{r}_j)}}{k^2} \\ &-2\pi\frac{N}{V_g}e^2\sum_{\boldsymbol{k}}{}'\frac{1}{k^2}+\frac{1}{2V_g}\sum_{k,k'<k_c}{}'\frac{\boldsymbol{k}\cdot\boldsymbol{k}'}{kk'}P_{\boldsymbol{k}}P_{\boldsymbol{k}'}\int e^{i(\boldsymbol{k}+\boldsymbol{k}')\cdot\boldsymbol{r}_i}d\tau_i. \end{aligned} \tag{12.6}$$

Hier kann das letzte Glied wegen $\int e^{i(\boldsymbol{k}+\boldsymbol{k}')\cdot\boldsymbol{r}}d\tau=V_g\delta_{\boldsymbol{k},-\boldsymbol{k}'}$ noch in $\frac{1}{2}\sum_{k<k_c}P_{\boldsymbol{k}}^*P_{\boldsymbol{k}}$ umgeformt werden.

Wir gehen nun von der Hamilton-Funktion zum Hamilton-Operator über und fassen die $\boldsymbol{p}_i$ und $\boldsymbol{r}_i$ und die $P_{\boldsymbol{k}}$ und $Q_{\boldsymbol{k}}$ als kanonisch konjugierte Operatoren auf, die den Vertauschungsrelationen $[p_{i\nu}r_{j\mu}]=i\hbar\delta_{ij}\delta_{\mu\nu}$ und $[P_{\boldsymbol{k}}Q_{\boldsymbol{k}'}]=i\hbar\delta_{\boldsymbol{k},\boldsymbol{k}'}$ genügen. Dann wird noch im ersten Glied der Klammer

$$\boldsymbol{p}_i e^{i\boldsymbol{k}\cdot\boldsymbol{r}_i}+e^{i\boldsymbol{k}\cdot\boldsymbol{r}_i}\boldsymbol{p}_i=2\boldsymbol{p}_i e^{i\boldsymbol{k}\cdot\boldsymbol{r}_i}-\hbar\boldsymbol{k}e^{i\boldsymbol{k}\cdot\boldsymbol{r}_i} \tag{12.7}$$

und damit nach einigen Umformungen $(\omega_p^2 \equiv 4\pi n e^2/m)\,(n = N/V_g)$

$$
\begin{aligned}
H = {} & \sum_i \frac{p_i^2}{2m} + \frac{2\pi e^2}{V_g} \sum_{ij} \sum_{k>k_c} \frac{e^{i\boldsymbol{k}\cdot(\boldsymbol{r}_i - \boldsymbol{r}_j)}}{k^2} - 2\pi n e^2 \sum_{k>k_c} \frac{1}{k^2} \\
& + \frac{1}{2} \sum_{k<k_c}{}' \left(P_{\boldsymbol{k}}^* P_{\boldsymbol{k}} + \omega_p^2 Q_{\boldsymbol{k}}^* Q_{\boldsymbol{k}} - \frac{4\pi n e^2}{k^2} \right) \\
& + \sqrt{\frac{4\pi e^2}{V_g}} \sum_{k<k_c} Q_{\boldsymbol{k}} \frac{\boldsymbol{k}}{k} \sum_i \left(\frac{\boldsymbol{p}_i - \frac{\hbar \boldsymbol{k}}{2}}{m} \right) e^{i\boldsymbol{k}\cdot\boldsymbol{r}_i} \\
& + \frac{2\pi e^2}{V_g m} \sum_{\substack{k,k'<k_c \\ -\boldsymbol{k} \neq \boldsymbol{k}'}} \frac{\boldsymbol{k}\cdot\boldsymbol{k}'}{k k'} Q_{\boldsymbol{k}} Q_{\boldsymbol{k}'} \sum_i e^{i(\boldsymbol{k}+\boldsymbol{k}')\cdot\boldsymbol{r}_i} .
\end{aligned}
\tag{12.8}
$$

Bevor wir diesen Hamilton-Operator interpretieren, muß noch folgendes bemerkt werden. Durch die Einführung der $Q_{\boldsymbol{k}}$ und $P_{\boldsymbol{k}}$ neben den $\boldsymbol{r}_i$ und $\boldsymbol{p}_i$ ist die Zahl der Freiheitsgrade des Systems erhöht worden. Es müssen also ebenso viele Nebenbedingungen existieren, die beide Sätze von Koordinaten verknüpfen. Hierzu kann man die Nebenbedingung $\operatorname{div} \boldsymbol{E} - 4\pi\rho = 0$ heranziehen. Entwickeln wir die Ladungsdichte ρ ebenfalls in eine Fourier-Reihe mit Koeffizienten (11.11), so folgt für jede Fourier-Komponente dieser Nebenbedingung

$$
P_{\boldsymbol{k}} - i \sqrt{\frac{4\pi e^2}{V_g k^2}} \sum_j e^{i\boldsymbol{k}\cdot\boldsymbol{r}_j} = 0 . \tag{12.9}
$$

Dies sind gerade so viele Gleichungen, wie wir zusätzliche Paare $Q_{\boldsymbol{k}}$, $P_{\boldsymbol{k}}$ eingeführt haben. Beim Übergang zur Quantenmechanik wird (12.9) eine Operator-Gleichung. Wir haben dann zu fordern, daß der Operator der linken Seite in (12.9) angewandt auf eine Wellenfunktion verschwindet.

Gl. (12.8) zerfällt in drei Anteile. Die erste Zeile gibt den Hamilton-Operator eines *Elektronengases mit abgeschirmter Wechselwirkung* wieder. Die zweite Zeile beschreibt die Kollektivschwingungen des Elektronengases *(Plasmaschwingungen)*. Sie hat die Gestalt einer Summe über Hamilton-Operatoren einzelner harmonischer Oszillatoren der Frequenz ω_p. Wir deuten die Energiequanten dieser Oszillatoren als die Schwingungsquanten des Gases, die *Plasmonen* genannt werden. Die dritte und vierte Zeile gibt dann die *Wechselwirkung* zwischen abgeschirmten Elektronen und Plasmonen. Man erkennt dies daran, daß in den Gliedern der dritten und vierten Zeile die Kollektiv-Koordinaten $Q_{\boldsymbol{k}}$ neben den Elektronen-Koordinaten $\boldsymbol{r}_i$ auftreten. Das Glied der vierten Zeile wird meist weggelassen mit der Begründung, daß bei der Summation über die $\boldsymbol{r}_i$ die Orte der Elektronen statistisch verteilt sind und dadurch die Summe verschwindet. Diese Näherung wird als *random phase approximation* bezeichnet.

Mit den abgeschirmten Elektronen haben wir neue Quasi-Elektronen und mit den Plasmonen eine weitere elementare Anregung im Sinne des Abschnitts 1 kennengelernt. Mit den Eigenschaften solcher Kollektivanregungen werden wir

uns am Beispiel der Phononen in Kapitel V näher befassen. Hier wollen wir einige Aspekte der elementaren Anregungen und weitere Aussagen über die Wechselwirkungsglieder in (12.8) dadurch gewinnen, daß wir (12.8) in die Teilchenzahl-Darstellung (Anhang A) umformen.
Zunächst betrachten wir das erste Glied. Es wird

$$H_{\mathrm{el},1} = \sum_i \frac{p_i^2}{2m} = -\frac{\hbar^2}{2m}\sum_i \Delta_i = -\frac{\hbar^2}{2m}\sum_{\lambda\lambda'} \langle\lambda'|\Delta|\lambda\rangle c_{\lambda'}^+ c_\lambda. \tag{12.10}$$

Das Matrixelement wird, wenn man ebene Wellen einsetzt

$$\langle\lambda'|\Delta|\lambda\rangle = -k_\lambda^2\,\delta_{\lambda'\lambda}. \tag{12.11}$$

Also wird

$$H_{\mathrm{el},1} = \sum_{\boldsymbol{k}} \frac{\hbar^2 k^2}{2m} c_{\boldsymbol{k}}^+ c_{\boldsymbol{k}}. \tag{12.12}$$

Da wir in diesem Abschnitt den Zustand einschließlich des Spins durch $\boldsymbol{k}$ definiert haben, bedeutet die Summe in (12.12) auch eine Summierung über den Spin. Wir geben sie hier und im weiteren – solange der Spin unwichtig ist – nicht gesondert an.
(12.12) ist der Hamilton-Operator des wechselwirkungsfreien Elektronengases.
Die Elektron-Elektron-Wechselwirkung wird durch das zweite und dritte Glied gegeben. Es wird

$$\begin{aligned} H_{\mathrm{el},2} &= \sum_{k>k_c} \frac{2\pi e^2}{V_g k^2} \sum_{\substack{ij\\ i\neq j}} e^{i\boldsymbol{k}\cdot(\boldsymbol{r}_i-\boldsymbol{r}_j)} \\ &= \sum_{k>k_c} \frac{2\pi e^2}{V_g k^2} \sum_{\lambda'\mu'\lambda\mu} \langle\lambda'\mu'|e^{i\boldsymbol{k}\cdot(\boldsymbol{r}_1-\boldsymbol{r}_2)}|\lambda\mu\rangle c_{\lambda'}^+ c_{\mu'}^+ c_\mu c_\lambda \end{aligned} \tag{12.13}$$

oder wegen

$$\langle\cdots\rangle = \frac{1}{V_g}\int e^{i(\boldsymbol{k}_\lambda+\boldsymbol{k}-\boldsymbol{k}_{\lambda'})\cdot\boldsymbol{r}_1} e^{i(\boldsymbol{k}_\mu-\boldsymbol{k}-\boldsymbol{k}_{\mu'})\cdot\boldsymbol{r}_2}\,d\tau_1\,d\tau_2 = \delta_{\boldsymbol{k}_{\lambda'},\boldsymbol{k}_\lambda+\boldsymbol{k}}\,\delta_{\boldsymbol{k}_{\mu'},\boldsymbol{k}_\mu-\boldsymbol{k}}, \tag{12.14}$$

$$H_{\mathrm{el},2} = \sum_{k>k_c} \frac{2\pi e^2}{V_g k^2} \sum_{\lambda\mu} c_{\boldsymbol{k}_\lambda+\boldsymbol{k}}^+ c_{\boldsymbol{k}_\mu-\boldsymbol{k}}^+ c_{\boldsymbol{k}_\mu} c_{\boldsymbol{k}_\lambda}. \tag{12.15}$$

Damit wird $H_{\mathrm{el},2}$ die Energie einer abgeschirmten Coulomb-Wechselwirkung, beschrieben durch Einzelprozesse, bei denen vom μ-ten Elektron der Impuls $\boldsymbol{k}$ auf das λ-te Elektron übertragen wird (Vernichtung zweier Elektronen mit Impuls $\boldsymbol{k}_\mu$ und $\boldsymbol{k}_\lambda$, Erzeugung zweier Elektronen mit Impuls $\boldsymbol{k}_\lambda+\boldsymbol{k}$ und $\boldsymbol{k}_\mu-\boldsymbol{k}$).
Das vierte Glied in (12.7) haben wir im Anhang bereits umgeformt. Es beschreibt in dieser Darstellung die Energie (abzüglich der Selbstenergie) eines Gases wechselwirkungsfreier Bosonen, eben der als Plasmonen bezeichneten Quanten der Kollektivschwingungen.

Im fünften Glied ersetzen wir nach (A. 3) Q_k durch $\sqrt{\hbar/2\omega_p}\,(a_k+a_{-k}^+)$. Der Faktor $(1/2m)\sum_i(2\boldsymbol{k}\cdot\boldsymbol{p}_i+\hbar k^2)e^{i\boldsymbol{k}\cdot\boldsymbol{r}_i}$ wird nach (A. 31) zu

$$\sum_{\lambda'\lambda} c_{\lambda'}^+ c_\lambda\left(\frac{\boldsymbol{k}\cdot\boldsymbol{k}_\lambda}{m}+\frac{\hbar^2 k^2}{2m}\right)\delta_{\boldsymbol{k}_{\lambda'},\boldsymbol{k}_\lambda+\boldsymbol{k}}.$$

Dann wird

$$H_{\text{el-pl}}=\sum_{k<k_c}\sqrt{\frac{\pi e^2\hbar^3}{2V_g\omega_p m^2 k^2}}\sum_{k_\lambda}(2\boldsymbol{k}\cdot\boldsymbol{k}_\lambda+k^2)\,(a_{\boldsymbol{k}}c_{\boldsymbol{k}_\lambda+\boldsymbol{k}}^+c_{\boldsymbol{k}_\lambda}+a_{-\boldsymbol{k}}^+c_{\boldsymbol{k}_\lambda+\boldsymbol{k}}^+c_{\boldsymbol{k}_\lambda}). \tag{12.16}$$

Die Elektron-Plasmon-Wechselwirkung stellt sich hier dar durch Prozesse, bei denen der Impuls $\boldsymbol{k}$ an ein Elektron unter Absorption eines Plasmons ($\boldsymbol{k}$) (1. Glied) oder Emission eines Plasmons ($-\boldsymbol{k}$) (2. Glied) übertragen wird.

Das letzte Glied in (12.7) hatten wir in der random phase approximation weggelassen. Die Teilchenzahl-Darstellung gibt dieser Näherung hier eine neue Deutung. Das Glied $Q_{\boldsymbol{k}}Q_{\boldsymbol{k}'}\sum_i e^{i(\boldsymbol{k}+\boldsymbol{k}')\boldsymbol{r}_i}$ gibt bis auf einen numerischen Faktor

$$(a_{\boldsymbol{k}}+a_{-\boldsymbol{k}}^+)(a_{\boldsymbol{k}'}+a_{-\boldsymbol{k}'}^+)c_{\boldsymbol{k}_{\lambda'}}^+c_{\boldsymbol{k}_\lambda}\langle\lambda'|e^{i(\boldsymbol{k}+\boldsymbol{k}')\cdot\boldsymbol{r}_i}|\lambda\rangle. \tag{12.17}$$

Das Matrixelement sorgt wieder für Impulserhaltung ($\boldsymbol{k}+\boldsymbol{k}'+\boldsymbol{k}_\lambda-\boldsymbol{k}_{\lambda'}=0$), und der relevante Teil von (12.17) wird

$$(a_{\boldsymbol{k}}a_{\boldsymbol{k}'}+a_{-\boldsymbol{k}}^+a_{-\boldsymbol{k}'}^++a_{-\boldsymbol{k}}^+a_{\boldsymbol{k}'}+a_{\boldsymbol{k}}a_{-\boldsymbol{k}}^+)c_{\boldsymbol{k}+\boldsymbol{k}'+\boldsymbol{k}_\lambda}^+c_{\boldsymbol{k}_\lambda}. \tag{12.18}$$

Dieses Glied beschreibt also Prozesse, bei denen der Impuls $\boldsymbol{k}+\boldsymbol{k}'$ auf das λ-te Elektron übertragen wird unter gleichzeitiger Absorption zweier Plasmonen $\boldsymbol{k},\boldsymbol{k}'$ oder Emission zweier Plasmonen $-\boldsymbol{k}$, $-\boldsymbol{k}'$ oder Absorption und Emission je eines Plasmons. Die Vernachlässigung dieser Wechselwirkung bedeutet also die Vernachlässigung aller Prozesse, an denen mehr als ein Elektron und ein Plasmon teilnehmen.

Wir schließen unsere Betrachtungen mit einigen Bemerkungen zu den hier entwickelten Begriffen. Je nach der verwendeten Approximation fanden wir andere elementare Anregungen unseres Systems. Elektronen in der Hartree-Fock-Näherung sind freie Quasi-Teilchen, die von einem Austausch-Loch umgeben sind. Elektronen in der Formulierung dieses Abschnittes sind Quasi-Teilchen mit abgeschirmter Coulomb-Wechselwirkung und weiterer Wechselwirkung mit Plasmonen. Plasmonen sind Kollektivschwingungen des Elektronengases. Durch ihre Wechselwirkung mit den Elektronen können sie zerfallen. Sie haben also nur eine endliche Lebensdauer.

Es ist nun möglich, durch eine Transformation des Hamilton-Operators das Wechselwirkungsglied $H_{\text{el-pl}}$ bis auf vernachlässigbare Restglieder wegzutransformieren (vgl. dazu Pines [16], Haug [11] u. a.). Elektronen und Plasmonen sind dann praktisch ohne gegenseitige Wechselwirkung. Bei dieser Transformation ändern sich natürlich die Elektronen- und Plasmonenanteile des Hamilton-Operators. Quasi-Elektronen und Kollektivanregungen ändern damit ihre Eigenschaften. So wird die Energie der Plasmonen $\boldsymbol{k}$-abhängig, und $\hbar\omega_p$ ist nur noch der Grenzwert für $\boldsymbol{k}$ gegen Null. Der Operator der kinetischen Energie der (abgeschirmten) Elektronen erhält einen Zusatzfaktor, der als eine geänderte effektive Masse der Quasi-Elektronen gedeutet werden kann. Ein additives Glied in der Elektron-Elektron-Wechselwirkung beschreibt schließlich einen langreichweitigen Restanteil durch virtuellen Austausch von Plasmonen. Die erhöhte Elektronenmasse und die virtuelle Plasmonenanregung kann man auffassen als die Wirkung einer (virtuellen) Plasmonenwolke, die das Elektron mit sich schleppt. Wir finden hier also ein weiteres Merkmal, das das Quasi-Teilchen „Elektron mit wechselwirkendem Elektronengas" von einem wechselwirkungsfreien Elektron unterscheidet.

Bei allen diesen Überlegungen haben wir die Auftrennung in Einzel- und Kollektivanregungen des Elektronengases durch einen Parameter k_c charakterisiert. Dieser Parameter ist noch frei. Man bestimmt ihn bei der Berechnung der Korrelationsenergie des Elektronengases durch Vergleich mit experimentell bekannten Werten.

Eine Abschätzung von k_c folgt aus einem Vergleich der Dispersionsbeziehung der Plasmonen und der Paaranregungen des Elektronengases. Nach Abschnitt 5 (Abb. 3) ist die Maximalenergie einer Paaranregung bei gegebenem κ: $E_{\max} = (\hbar^2/2m)((\kappa + k_F)^2 - k_F^2) = \hbar^2\kappa^2/2m + \hbar\kappa v_F$ (mit $v_F = \hbar k_F/m$ der Geschwindigkeit eines Elektrons an der Oberfläche der Fermi-Kugel). Die Energie eines Plasmons andererseits ist $E_{\mathrm{pl}} = \hbar\omega_p$, wozu in nächster Näherung ein Glied proportional κ^2 kommt. Für $\kappa < \kappa_p$ (mit κ_p aus $E_{\max}(\kappa_p) = E_{\mathrm{pl}}(\kappa_p)$) ist $E_{\mathrm{pl}} > E_{\max}$ (Abb. 15). Plasmonen können also weder von einzelnen Paaranregungen des

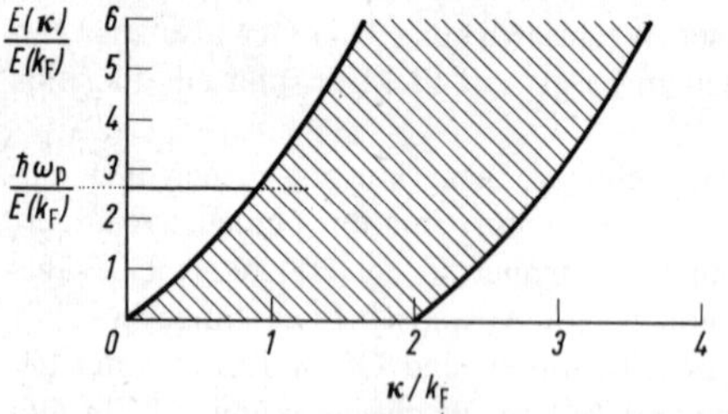

Abb. 15. Paaranregungen nach Abb. 3 und Plasmonenzweig

Elektronengases angeregt werden, noch können sie in solche zerfallen. Für $\kappa > \kappa_p$ ($E_{\max} > E_{\mathrm{pl}}$) folgt das Gebiet, in dem Paaranregungen möglich sind. κ_p gibt also grob die Grenze zwischen den Kollektivanregungen und den Teilchenanregungen des Elektronengases. Setzt man $\kappa_p = k_c$, so folgt für kleine κ die häufig benutzte Abschätzung $k_c \approx \omega_p/v_F$. k_c hängt dann noch über ω_p und v_F von der Dichte des Elektronengases ab.

Die Unmöglichkeit der Anregung von Plasmonen in dem stabilen Bereich $k < k_c$ durch Teilchenanregungen des Gases selbst bedeutet auch, daß bei der Diskussion der Teilchenanregungen Plasmoneneffekte meist außer acht gelassen werden können. Solche Effekte werden wichtig, wenn von außen hinreichend Energie zugeführt wird, wie etwa beim Durchgang schneller Elektronen durch einen Festkörper. Schnelle Elektronen erleiden charakteristische Energieverluste im Festkörper durch Plasmonenanregung.

13. Die Dielektrizitätskonstante des Elektronengases

Das Problem der abgeschirmten Elektron-Elektron-Wechselwirkung kann auch von einem ganz anderen Gesichtspunkt aus behandelt werden, von dem dielektrischen Verhalten des Elektronengases unter einer äußeren Störung.
Dazu gehen wir aus von einem homogenen wechselwirkungsfreien Elektronengas der Konzentration $n=N/V_g$. Schalten wir eine äußere Störung $V_a(\boldsymbol{r},t)$ ein, so werden Konzentrationsschwankungen des Elektronengases induziert $(n=n_0+\delta n)$, die über die Poisson-Gleichung

$$\Delta V_i(\boldsymbol{r},t) = -4\pi e^2 \delta n(\boldsymbol{r},t) \tag{13.1}$$

mit einem inneren Potential verbunden sind. Das gesamte auf ein Elektron wirkende Potential ist dann $V(\boldsymbol{r},t)=V_a(\boldsymbol{r},t)+V_i(\boldsymbol{r},t)$. Der Anteil V_i beschreibt die abschirmende Wirkung des Elektronengases auf das herausgegriffene Elektron. Das Verhältnis zwischen V_a und V kann als Dielektrizitätskonstante des Elektronengases definiert werden. Es wird sich herausstellen, daß dieses Verhältnis frequenz- und wellenzahlabhängig ist. Dementsprechend wird in dieser Betrachtungsweise die Elektron-Elektron-Wechselwirkung durch eine *frequenz- und wellenzahlabhängige Dielektrizitätskonstante* beschrieben.
Das Elektronengas beschreiben wir im Gleichgewicht (Index 0) durch den statistischen Operator ρ_0 der Gl. (6.31). Nach (6.32) und (6.33) gilt

$$H_0|\boldsymbol{k}\rangle = -\frac{\hbar^2}{2m}\Delta|\boldsymbol{k}\rangle = E(\boldsymbol{k})|\boldsymbol{k}\rangle, \quad \rho_0|\boldsymbol{k}\rangle = f_0(\boldsymbol{k})|\boldsymbol{k}\rangle, \tag{13.2}$$

wo f_0 die Fermi-Verteilung ist
Bei Gegenwart der zeitabhängigen äußeren Störung ist $H=H_0+V(\boldsymbol{r},t)$, $\rho=\rho_0+\delta\rho$, und für ρ gilt nach (6.34)

$$i\hbar\delta\dot{\rho}|\boldsymbol{k}\rangle = [H,\rho]|\boldsymbol{k}\rangle = ([H_0,\delta\rho]+[V,\rho_0])|\boldsymbol{k}\rangle, \tag{13.3}$$

wobei wir in (13.3) rechts Glieder der Ordnung $V\delta\rho|\boldsymbol{k}\rangle$ als klein weggelassen haben (Linearisierung der Gl. (6.34)).
Als nächsten Schritt bilden wir Matrixelemente zwischen zwei Zuständen $|\boldsymbol{k}'\rangle$ und $|\boldsymbol{k}\rangle$. (13.3) wird damit

$$i\hbar\langle\boldsymbol{k}'|\delta\dot{\rho}|\boldsymbol{k}\rangle = (E(\boldsymbol{k}')-E(\boldsymbol{k}))\langle\boldsymbol{k}'|\delta\rho|\boldsymbol{k}\rangle - (f_0(\boldsymbol{k}')-f_0(\boldsymbol{k}))\langle\boldsymbol{k}'|V|\boldsymbol{k}\rangle. \tag{13.4}$$

Das Matrixelement $\langle \boldsymbol{k}'|V|\boldsymbol{k}\rangle$ ist die $\boldsymbol{q}$-te Fourier-Komponente des Potentials

$$V_{\boldsymbol{q}}(t)=\frac{1}{V_g}\int e^{-i\boldsymbol{q}\cdot\boldsymbol{r}}\,V(\boldsymbol{r},t)\,d\tau \tag{13.5}$$

mit $\boldsymbol{q}=\boldsymbol{k}'-\boldsymbol{k}$.

An dieser Stelle ist es zweckmäßig, eine definierte Zeitabhängigkeit der äußeren Störung anzusetzen. Man wählt hierfür

$$V_a(\boldsymbol{r},t)=V_a(\boldsymbol{q},\omega)\,e^{i(\boldsymbol{q}\cdot\boldsymbol{r}-\omega t)}\,e^{\alpha t}, \tag{13.6}$$

d.h. eine Fourier-Komponente einer allgemeinen zeitabhängigen Störung. Der Faktor $e^{\alpha t}$ sorgt dafür, daß das System der bei $t=-\infty$ „eingeschalteten" und dann exponentiell anwachsenden Störung adiabatisch folgt. Im Endergebnis können wir dann den Limes α gegen Null nehmen.

Für das Abschirmpotential V_i und damit für V selbst können wir die gleiche $\boldsymbol{r}$- und t-Abhängigkeit ansetzen. Da dann auch $\delta\rho$ dieses Zeitverhalten haben wird, folgt aus (13.4)

$$\big(E(\boldsymbol{k}+\boldsymbol{q})-E(\boldsymbol{k})+i\hbar(i\omega-\alpha)\big)\langle \boldsymbol{k}+\boldsymbol{q}|\delta\rho|\boldsymbol{k}\rangle=\big(f_0(\boldsymbol{k}+\boldsymbol{q})-f_0(\boldsymbol{k})\big)\,V_{\boldsymbol{q}}(t) \tag{13.7}$$

und $V_{\boldsymbol{q}}(t)$ wird $(V_a(\boldsymbol{q},\omega)+V_i(\boldsymbol{q},\omega))\,e^{-i\omega t+\alpha t}$.

Bisher haben wir die Poisson-Gleichung (13.1) nicht ausgenutzt. Für die $\boldsymbol{q}$-te Fourier-Komponente von (13.1) wird

$$-q^2\,V_{i\boldsymbol{q}}(t)=-4\pi e^2\,\delta n_{\boldsymbol{q}}. \tag{13.8}$$

$\delta n_{\boldsymbol{q}}$ müssen wir noch mit den Matrixelementen von $\delta\rho$ verknüpfen. Dazu benutzen wir, daß nach (6.30) die Teilchenkonzentration $\delta n(\boldsymbol{r},t)$ gegeben ist durch

$$\begin{aligned}\delta n(\boldsymbol{r}_0,t)&=\mathrm{Spur}\big(\delta(\boldsymbol{r}-\boldsymbol{r}_0)\delta\rho\big)=\sum_{\boldsymbol{k}\boldsymbol{k}'}\langle \boldsymbol{k}|\delta(\boldsymbol{r}-\boldsymbol{r}_0)|\boldsymbol{k}'\rangle\langle \boldsymbol{k}'|\delta\rho|\boldsymbol{k}\rangle\\ &=\frac{1}{V_g}\sum_{\boldsymbol{k}\boldsymbol{k}'}e^{i(\boldsymbol{k}'-\boldsymbol{k})\cdot\boldsymbol{r}_0}\langle \boldsymbol{k}'|\delta\rho|\boldsymbol{k}\rangle\\ &=\frac{1}{V_g}\sum_{\boldsymbol{q}}e^{i\boldsymbol{q}\cdot\boldsymbol{r}_0}\sum_{\boldsymbol{k}}\langle \boldsymbol{k}+\boldsymbol{q}|\delta\rho|\boldsymbol{k}\rangle=\sum_{\boldsymbol{q}}e^{i\boldsymbol{q}\cdot\boldsymbol{r}_0}\delta n_{\boldsymbol{q}}.\end{aligned} \tag{13.9}$$

Die letzte Zeile in (13.9) gibt die gesuchte Verknüpfung. (13.7), (13.8) und (13.9) zusammen führen dann auf

$$V_i(\boldsymbol{q},\omega)=V(\boldsymbol{q},\omega)-V_a(\boldsymbol{q},\omega)=\frac{4\pi e^2}{V_g q^2}\sum_{\boldsymbol{k}}\frac{f_0(\boldsymbol{k}+\boldsymbol{q})-f_0(\boldsymbol{k})}{E(\boldsymbol{k}+\boldsymbol{q})-E(\boldsymbol{k})-\hbar\omega-i\hbar\alpha}\,V(\boldsymbol{q},\omega). \tag{13.10}$$

Gl. (13.10) verknüpft die Fourier-Komponenten des äußeren Potentials $V_a(\boldsymbol{q},\omega)$ mit denen des örtlichen Potentials $V(\boldsymbol{q},\omega)$. Die am Anfang dieses Abschnittes genannte Dielektrizitätskonstante können wir dann definieren durch

$$V(\boldsymbol{q},\omega)=\frac{V_a(\boldsymbol{q},\omega)}{\varepsilon(\boldsymbol{q},\omega)} \tag{13.11}$$

mit

$$\varepsilon(\boldsymbol{q},\omega)=1-\lim_{\alpha\to 0}\frac{4\pi e^2}{V_g q^2}\sum_{\boldsymbol{k}}\frac{f_0(\boldsymbol{k}+\boldsymbol{q})-f_0(\boldsymbol{k})}{E(\boldsymbol{k}+\boldsymbol{q})-E(\boldsymbol{k})-\hbar\omega-i\hbar\alpha}. \tag{13.12}$$

Gl. (13.12) heißt die *Lindhardsche Gleichung* für die Dielektrizitätskonstante des Elektronengases.

Diese Gleichung liefert die wichtigsten der auf andere Weise im letzten Abschnitt abgeleiteten Ergebnisse:

Zunächst zerlegen wir die Dielektrizitätskonstante in ihren Realteil und ihren Imaginärteil. Mit Hilfe der Beziehung

$$\lim_{\alpha\to 0}\frac{1}{z-i\alpha}=P\left(\frac{1}{z}\right)-i\pi\delta(z)\qquad\left(P\left(\frac{1}{z}\right)=\text{Hauptwert von }\frac{1}{z}\right) \tag{13.13}$$

findet man

$$\varepsilon_1(\boldsymbol{q},\omega)=1-\frac{4\pi e^2}{V_g q^2}\sum_{\boldsymbol{k}}P\left\{\frac{f_0(\boldsymbol{k}+\boldsymbol{q})-f_0(\boldsymbol{k})}{E(\boldsymbol{k}+\boldsymbol{q})-E(\boldsymbol{k})-\hbar\omega}\right\}, \tag{13.14}$$

$$\varepsilon_2(\boldsymbol{q},\omega)=\frac{4\pi^2 e^2}{V_g q^2}\sum_{\boldsymbol{k}}(f_0(\boldsymbol{k}+\boldsymbol{q})-f_0(\boldsymbol{k}))\delta(E(\boldsymbol{k}+\boldsymbol{q})-E(\boldsymbol{k})-\hbar\omega). \tag{13.15}$$

Der Imaginärteil der Dielektrizitätskonstanten ist mit der Absorptionskonstanten des Elektronengases verknüpft. Aus der δ-Funktion in (13.15) erkennt man, daß Absorption immer dann auftritt, wenn die Energie der einfallenden Welle $\hbar\omega$ gleich der Energiedifferenz zwischen zwei Zuständen $\boldsymbol{k}$ und $\boldsymbol{k}+\boldsymbol{q}$ ist. Mit der Absorption sind also Paar-Anregungen der in Abb. 3 und 15 beschriebenen Art verknüpft. Die in der δ-Funktion enthaltene Energieerhaltung beschränkt auch hier die Paar-Anregungen des Elektronengases auf das schraffierte Gebiet in den Abbildungen 3 und 15. Oberhalb dieses Gebietes ist $\hbar\omega>(\hbar^2/2m)(k_F+q)q$. Dieses Gebiet verschwindender Absorption ist dadurch charakterisiert, daß $\hbar\omega$ größer als jede im Energienenner von (13.14) auftretende Differenz $E(\boldsymbol{k}+\boldsymbol{q})-E(\boldsymbol{k})$ ist. In diesem Bereich läßt sich (13.14) leicht umformen. Dazu trennt man die Summe über $\boldsymbol{k}$ in zwei Anteile, führt im ersten Anteil $\boldsymbol{k}+\boldsymbol{q}$ und im zweiten Anteil $-\boldsymbol{k}$ als neuen Summationsindex ein, fügt dann beide Teile wieder zusammen und vernachlässigt alle Energiedifferenzen zwischen Zuständen $\boldsymbol{k}+\boldsymbol{q}$ und $\boldsymbol{k}$. Man erhält dann in erster Näherung

$$\varepsilon_1(\omega)=1-\frac{4\pi e^2 n}{m\omega^2}=1-\frac{\omega_p^2}{\omega^2}. \tag{13.16}$$

Bei der Plasma-Resonanzfrequenz ω_p wird $\varepsilon_1(\omega)$ gleich Null. Das heißt gemäß der Definition der Dielektrizitätskonstanten in Gl. (13.11), daß bereits eine infinitesimal kleine äußere Störung starke innere Felder hervorruft: Das Elektronengas vollführt Kollektivschwingungen.

Damit haben wir aus (13.12) die Plasmaschwingungen und die Paaranregungen gemäß Abb. 15 gewonnen. Wir zeigen zum Abschluß das abschirmende Verhalten des Elektronengases. Dabei können wir uns auf den statischen Fall beschränken, also ω gleich Null setzen.

Wir beginnen mit einer Näherung für kleine $\boldsymbol{q}$. Die Energie und die Verteilungsfunktion entwickeln wir gemäß

$$E(\boldsymbol{k}+\boldsymbol{q})=E(\boldsymbol{k})+\boldsymbol{q}\cdot\operatorname{grad}_k E+\ldots,\quad f_0(\boldsymbol{k}+\boldsymbol{q})=f_0(\boldsymbol{k})+\frac{\partial f_0}{\partial E}\boldsymbol{q}\cdot\operatorname{grad}_k E+\ldots \tag{13.17}$$

und erhalten

$$\begin{aligned}\varepsilon_1(\boldsymbol{q},0)&=1+\frac{4\pi e^2}{q^2}\frac{1}{V_g}\sum_{\boldsymbol{k}}\left(-\frac{\partial f_0}{\partial E}\right)=1+\frac{4\pi e^2}{q^2}\int d\tau_{\boldsymbol{k}}\, z(\boldsymbol{k})\delta(E-E_F)\\&=1+\frac{4\pi e^2}{q^2}z(E_F).\end{aligned} \tag{13.18}$$

Ersetzen wir noch in (13.18) nach (6.12) und (5.7) $z(E_F)$ durch E_F und n, so folgt schließlich

$$\varepsilon_1(\boldsymbol{q},0)=1+\frac{6\pi e^2 n}{q^2 E_F}=1+\frac{\lambda^2}{q^2}. \tag{13.19}$$

Zur Diskussion dieser Gleichung nehmen wir an, daß $V_a(\boldsymbol{r})$ das Potential eines bei $\boldsymbol{r}=0$ befindlichen Elektrons sei: $V_a(\boldsymbol{r})=-e^2/r$ $(V_a(\boldsymbol{q})=-4\pi e^2/V_g q^2)$. Dann wird nach (13.11), (13.19), (11.2) und (11.3)

$$V(\boldsymbol{q})=-\frac{4\pi e^2}{q^2+\lambda^2}\cdot\frac{1}{V_g}\quad\text{also}\quad V(\boldsymbol{r})=-\frac{e^2}{r}e^{-\lambda r}. \tag{13.20}$$

Die Ladung wird also exponentiell abgeschirmt. Die Abschirmkonstante ist λ.

Dieses Resultat ist auf kleine $\boldsymbol{q}$ beschränkt. Für beliebige $\boldsymbol{q}$ tritt an die Stelle von (13.18) der Ausdruck:

$$\varepsilon_1(\boldsymbol{q},0)=1+\frac{4\pi e^2}{q^2}z(E_F)\left\{\frac{1}{2}+\frac{1-\eta^2}{4\eta}\ln\left|\frac{1+\eta}{1-\eta}\right|\right\},\quad \eta=\frac{q}{2k_F}. \tag{13.21}$$

Wir wollen ihn hier nicht näher diskutieren.

Ebenso wollen wir hier nicht auf die weiteren Näherungen für $\varepsilon(\boldsymbol{q},\omega)$ eingehen. Für alle diese Fragen, die zu einem vertieften Verständnis der Elektron-Elektron-Wechselwirkung führen, sei auf die Literatur verwiesen, besonders auf die Monographien von Kittel [12], Pines [16], Ziman [21] und auf den Review-Artikel von Resibois in [49].

IV Das periodische Potential: Kristall-Elektronen

14. Einführung

Grundlage dieses Kapitels ist die *Ein-Elektronen-Näherung* der Gl. (3.20). Diese Gleichung beschreibt ein Elektron in einem *periodischen Potential.* Neben dem Potential der Gitterionen ist im periodischen Potential die gemittelte Coulomb- und Austausch-Wechselwirkung der Hartree-Fock-Näherung enthalten.

Im Vordergrund der Diskussion steht die Symmetrie des Kristallgitters und ihr Einfluß auf die Gestalt der Eigenwerte und Eigenfunktionen der Schrödinger-Gleichung (3.20). Als wesentlichstes Ergebnis wird sich zeigen, daß das Energiespektrum der Ein-Elektronen-Zustände in Bänder aufgespalten ist, zwischen denen Energiebereiche ohne besetzbare Zustände liegen (*Bandstruktur* des Energiespektrums).

Das Zustandekommen dieser Energiebänder kann man von zwei Seiten her verstehen: Beim Zusammenfügen freier Atome zum Kristall spalten die diskreten Terme des freien Atoms in Gruppen von Termen auf, die dann jeweils ein Energieband bilden. Oder: Durch das periodische Potential des Gitters wird das kontinuierliche Energiespektrum eines freien Elektronengases bei charakteristischen Energien unterbrochen, da Elektronen bestimmter Energie (und mit bestimmtem Impuls) bei ihrem Durchgang durch das Gitter Bragg-Reflexionen erleiden. Beide Beschreibungsmöglichkeiten – ausgehend von fest gebundenen oder von völlig freien Elektronen – treffen sich im *Bändermodell* des Festkörpers.

Wir werden im Anschluß an die Behandlung des freien Elektronengases in Kapitel II und III hier die zweite Beschreibungsmöglichkeit wählen. Nach einer Diskussion der wichtigsten Symmetrien der Kristallgitter in Abschnitt 15 und der Formulierung der Schrödinger-Gleichung des Bändermodells (Abschnitt 16) werden wir in Abschnitt 17 ein „freies“ Elektronengas betrachten, das aber Bragg-Reflexionen unterworfen ist. Dabei werden wir die wichtigen Beschreibungsmittel des $\boldsymbol{k}$-Raums, das reziproke Gitter und seine Brillouin-Zonen einführen. Eine allgemeine Betrachtung der Periodizität des Gitters und der Translationsinvarianz des Hamilton-Operators führt dann zur Definition der Bandstruktur-Funktion $E_n(\boldsymbol{k})$ und zu den Darstellungsmöglichkeiten dieser Funktion im $\boldsymbol{k}$-Raum. Diese Ergebnisse benutzen wir in Abschnitt 19 zur Beschreibung der Bandstruktur eines Elektronengases in einem schwachen periodischen Potential. Nachdem wir so einen Begriff für die Bedeutung des Bändermodells bekommen haben, studieren wir in Abschnitt 20 die allgemeinen

Eigenschaften der Funktion $E_n(\boldsymbol{k})$. Wir werden sehen, daß die Lösungen der Schrödinger-Gleichung für ein Elektron im periodischen Potential Quasi-Teilchen (*Kristall-Elektronen* oder *Bloch-Elektronen*) beschreiben. In die Eigenschaften dieser Quasi-Teilchen ist der Einfluß des periodischen Potentials einbezogen. Für die Dynamik der Kristall-Elektronen, d.h. für ihre Bewegung unter äußeren Kräften bedeutet dies: Anstatt die Bewegung einzelner Elektronen unter der kombinierten Wirkung äußerer Felder, des Kristallpotentials und der wechselseitigen Coulomb-Kräfte zu betrachten, führt man den Begriff des Kristall-Elektrons ein. Dieses unterliegt nur noch den äußeren Kräften, reagiert als Quasi-Teilchen mit einer effektiven Masse $m^*(E)$ und einer durch die Bandstruktur gegebenen Energie-Impuls-Beziehung aber anders auf diese Kräfte als ein freies Elektron. Dies diskutieren wir (neben anderen Fragen) in Abschnitt 21.
Nachdem wir uns bis dahin nur um ein einzelnes Elektron im periodischen Potential gekümmert haben, wenden wir uns dem Problem der Gesamtheit der Valenzelektronen in Festkörpern zu. Wir besetzen (wie beim freien Elektronengas des Kapitels II) die Energiezustände der Ein-Elektronen-Näherung gemäß der Fermi-Statistik mit allen Valenzelektronen. Die hierbei benötigte Zustandsdichte $z(E)dE$ geben wir in Abschnitt 22. In den beiden darauf folgenden Abschnitten erläutern wir ausführlich an Beispielen die Bandstruktur in Metallen und in Isolatoren und Halbleitern.
Die darauffolgenden Abschnitte bringen eine vertiefte Diskussion der Bandstruktur. Dazu werden auch gruppentheoretische Hilfsmittel herangezogen. Wir schließen das Kapitel mit dem wichtigen Begriff des Pseudopotentials.
Dieses Kapitel ist umfangreicher als die anderen Kapitel des Buches. Das liegt nicht nur daran, daß die Ein-Elektronen-Näherung hinreichend ist, einen großen Teil der Festkörperphänomene zu beschreiben – wie wir in den beiden folgenden Bänden sehen werden. Teile dieses Kapitels dienen auch zur Einführung und Einübung von Begriffen und Methoden, die in späteren Kapiteln gebraucht werden. Dort können wir uns dann um so kürzer fassen.
Die Grundlagen des Bändermodells werden in vielen Lehrbüchern und Monographien geschildert. Wir verweisen neben der Darstellung bei Brauer [9], Kittel [12], Harrison [10] und Ziman [20] vor allem auf die Bücher von Brillouin, Callaway, Harrison und Jones [90–93]. Gute Darstellungen findet man auch in [48, 56, 57.1, 57.13, 60.XIX]. Spezialliteratur zu einzelnen Fragen ist darüber hinaus in den Abschnitten 23, 24 und 28 angegeben. Eine speziell auf Halbleiter zugeschnittene Darstellung des Inhaltes dieses Kapitels findet man auch in dem Taschenbuch [95].

15. Die Symmetrien des Kristallgitters

Ein Kristall ist gekennzeichnet durch einen regelmäßigen Aufbau. Seine kleinste Struktureinheit ist die *Elementarzelle*. Die identisch aneinandergereihten Elementarzellen erfüllen lückenlos den ganzen Raum und geben Anlaß zur Periodizität des Kristallgitters.

Diese Periodizität hat zur Folge, daß das Gitter invariant ist gegenüber *Translationen* um Strecken, die ein ganzes Vielfaches einer Gitterperiode sind. Das gilt natürlich nur für einen ideal aufgebauten unendlichen Kristall oder für einen Kristall, der durch zyklische Randbedingungen (vgl. Abschnitt 5) künstlich endlich gemacht wurde. Diesen Fall wollen wir im weiteren annehmen.

Die als *primitive Translationen* bezeichneten Deckoperationen lassen sich stets in der Form

$$\boldsymbol{R}_n = n_1 \boldsymbol{a}_1 + n_2 \boldsymbol{a}_2 + n_3 \boldsymbol{a}_3 \qquad (15.1)$$

mit ganzzahligen n_i schreiben. Die $\boldsymbol{a}_i$ sind dabei (nicht komplanare) *Basisvektoren*, die einen Punkt des Gitters – etwa den Mittelpunkt einer Elementarzelle – mit drei äquivalenten Punkten verbindet.

Die Gesamtheit aller $\boldsymbol{R}_n$ führt zu allen äquivalenten Punkten des Gitters. Die $\boldsymbol{R}_n$ bilden das *Punktgitter* des Kristalls.

Bei einem gegebenen Punktgitter sind die erzeugenden $\boldsymbol{a}_i$ nicht eindeutig wählbar. Abb. 16 zeigt am Beispiel eines quadratischen zwei-dimensionalen Punktnetzes vier verschiedene Arten der Wahl der beiden $\boldsymbol{a}_i$. In diesen (und beliebig vielen weiteren) Fällen lassen sich durch Kombination der beiden $\boldsymbol{a}_i$ gemäß (15.1) alle Gitterpunkte erreichen. Man wählt zweckmäßig einen Satz möglichst „kurzer" Vektoren, in der Figur also das Paar oben links.

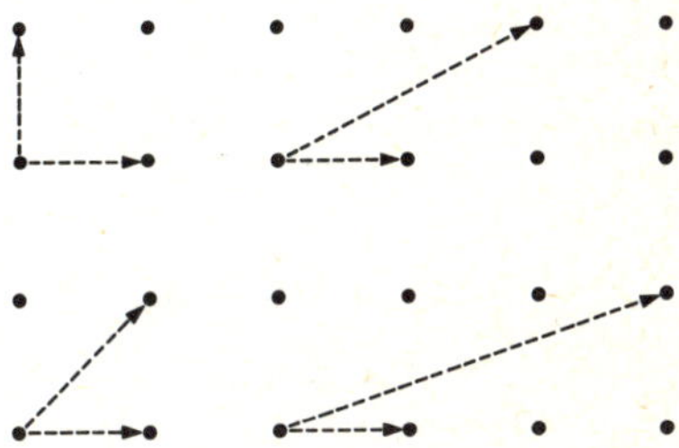

Abb. 16. Mögliche Definitionen der beiden Basisvektoren im quadratischen Punktnetz

Die Zahl der möglichen Punktgitter ist beschränkt. Im Zwei-dimensionalen gibt es fünf verschiedene Punkt*netze*. Sie sind durch Angabe der Beträge der Vektoren $\boldsymbol{a}_1$ und $\boldsymbol{a}_2$ und durch den von beiden Vektoren eingeschlossenen Winkel gegeben. Man überzeugt sich leicht, daß nur die folgenden Möglichkeiten zu verschiedenen Punktnetzen führen: $a_1 \neq a_2$, beliebiger Winkel; $a_1 = a_2$, beliebiger Winkel; $a_1 \neq a_2$, rechter Winkel; $a_1 = a_2$, rechter Winkel; $a_1 = a_2$, Winkel von 60°. Im drei-dimensionalen Raum gibt es vierzehn verschiedene Punkt*gitter*.

Die von den $\boldsymbol{a}_i$ aufgespannten Parallelepipede bilden die Elementarzellen des Gitters. Diese sind an ihren acht Ecken mit Gitterpunkten besetzt. Jedes Eck ist acht Parallelepipeden gemeinsam. Jede Zelle enthält also einen Gitterpunkt. Wir werden die so konstruierten Zellen später nicht benötigen, da sich eine andere Aufteilung des Gitters als zweckmäßiger erweist. Dazu legt man einen Gitterpunkt in die Mitte der neu zu konstruierenden Elementarzelle. Die Begrenzungsflächen erhält man dadurch, daß man den Gitterpunkt mit allen seinen Nachbarn verbindet und in der Mitte der Verbindungslinien senkrechte Ebenen errichtet. Durch diese, in Abb. 17

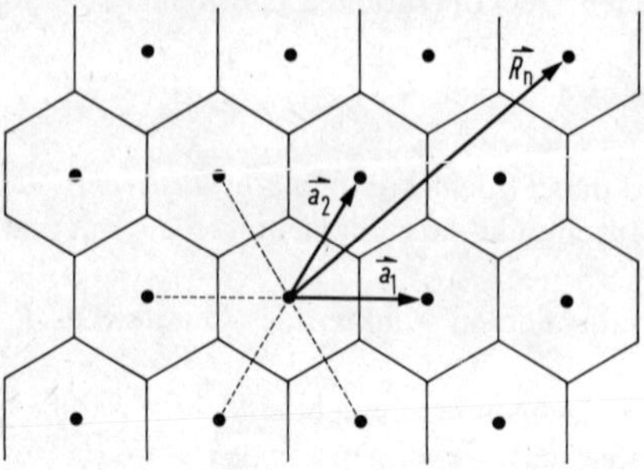

Abb. 17. Wigner-Seitz-Zellen des hexagonalen Punktnetzes

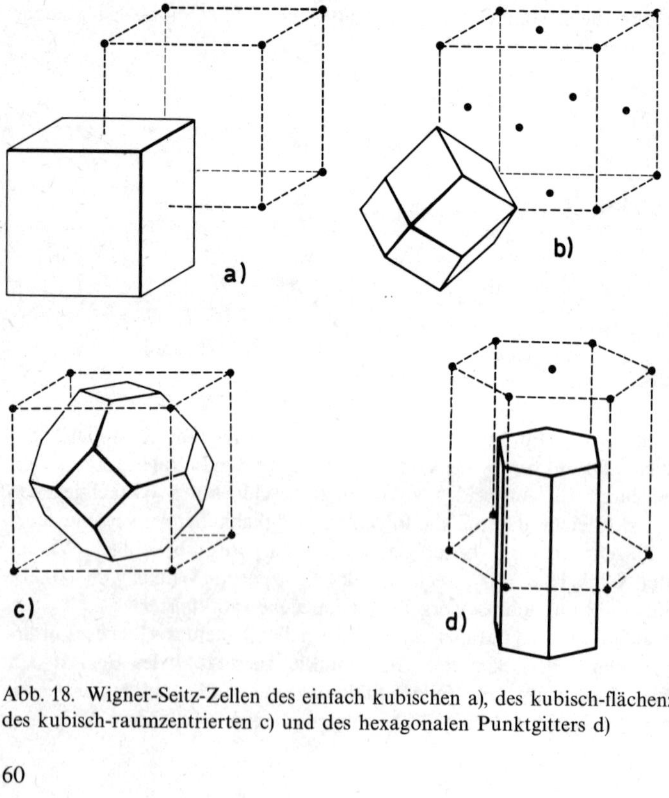

Abb. 18. Wigner-Seitz-Zellen des einfach kubischen a), des kubisch-flächenzentrierten b), des kubisch-raumzentrierten c) und des hexagonalen Punktgitters d)

verdeutlichte Konstruktion grenzt man alle Orte ein, die zu dem benachbarten Gitterpunkt näher liegen als zu allen anderen. Diese so konstruierten *Wigner-Seitz-Zellen* enthalten also jeweils einen Gitterpunkt und haben somit das gleiche Volumen wie die durch die $\boldsymbol{a}_i$ aufgespannten Parallelepipede. Abb. 18 zeigt die Wigner-Seitz-Zellen der vier wichtigsten Punktgitter.

Die Wigner-Seitz-Zellen zeichnen sich durch die Eigenschaft aus, daß sie gegenüber weiteren Symmetrieoperationen des Gitters invariant sind, nämlich allen Drehungen, Spiegelungen und der Inversion der Koordinaten, die den Mittelpunkt der Zelle fest und das Gitter invariant lassen.

Die Symmetrien der Wigner-Seitz-Zelle brauchen in einem realen Kristall nicht erhalten zu bleiben. Die Anordnung der Atome innerhalb einer Wigner-Seitz-Zelle, die *Basis*, kann vielmehr diese Symmetrien einschränken.

Alle Symmetrieoperationen, die einen ideal aufgebauten, unendlich ausgedehnten Kristall invariant lassen, werden in der *Raumgruppe* des Kristalls zusammengefaßt. Die Raumgruppe enthält neben den primitiven Translationen (15.1) Drehungen und Spiegelungen (Drehspiegelungen) um vorgegebene Gitterpunkte und Achsen, die Koordinateninversion, ferner Schraubungen und Gleitspiegelungen. Die letztgenannten Symmetrieoperationen sind Kombinationen von Drehspiegelungen und (nicht-primitiven!) Translationen, die einzeln für sich das Gitter nicht invariant lassen.

Alle diese Symmetrieoperationen lassen sich beschreiben durch eine orthogonale Transformation der Form

$$\boldsymbol{r}' = \alpha \boldsymbol{r} + \boldsymbol{a} \equiv \{\alpha | \boldsymbol{a}\} \boldsymbol{r}, \qquad (15.2)$$

wo α eine Drehspiegelung und $\boldsymbol{a}$ eine Translation bedeuten. In der symbolischen Schreibweise rechts in (15.2) werden primitive Translationen dargestellt durch $\{E|\boldsymbol{R}_n\}$ (E = Einheitsoperation, „Drehung“ um Null Grad), Drehspiegelungen ohne Translation durch $\{\alpha|\boldsymbol{O}\}$, Schraubungen und Gleitspiegelungen durch $\{\alpha|\boldsymbol{a}\}$ mit $\boldsymbol{a} \neq \boldsymbol{R}_n$.

Die Elemente der Raumgruppe bilden eine *Gruppe* im mathematischen Sinn. Da wir im weiteren häufig auf den Gruppenbegriff zurückgreifen werden, sei hier kurz definiert[1]:

Als Gruppe bezeichnet man eine (endliche oder unendliche) Menge von Elementen, die folgenden Axiomen genügen:

1. Es existiert eine Verknüpfung, so daß zwei Elementen A und B ein drittes Element C der Gruppe zugeordnet ist: $AB = C$. Dabei ist im allgemeinen $AB \neq BA$.
2. Die Verknüpfung ist assoziativ: $A(BC) = (AB)C$.
3. Es existiert ein Einheitselement E, so daß $AE = A$.
4. Es existiert zu jedem Element A ein reziprokes Element A^{-1}, so daß $AA^{-1} = E$.

Die Operationen der Raumgruppe genügen offensichtlich diesen Gruppenaxiomen.

[1] Eine ausführliche Diskussion der gruppentheoretischen Hilfsmittel in der Festkörperphysik erfolgt in Anhang B des zweiten Bandes.

Das Einheitselement ist $\{E|\boldsymbol{O}\}$. Aus (15.2) folgt ferner für das reziproke Element und das Produkt zweier Elemente

$$\{\alpha|\boldsymbol{a}\}^{-1}=\{\alpha^{-1}|-\alpha^{-1}\boldsymbol{a}\}, \tag{15.3}$$

$$\{\alpha|\boldsymbol{a}\}\{\beta|\boldsymbol{b}\}=\{\alpha\beta|\alpha\boldsymbol{b}+\boldsymbol{a}\}. \tag{15.4}$$

Alle primitiven Translationen $\{E|\boldsymbol{R}_n\}$ bilden für sich allein bereits eine Gruppe, d.h. sie erfüllen die Gruppenaxiome. Die *Translationsgruppe* der $\{E|\boldsymbol{R}_n\}$ ist eine *Untergruppe* der Raumgruppe. Das Ergebnis zweier sukzessiver Translationen ist unabhängig von der Reihenfolge, das Ergebnis zweier Drehungen kann je nach Reihenfolge verschieden ausfallen. Die Translationsgruppe ist also kommutativ *(abelsch)*, die Raumgruppe im allgemeinen nicht.
Für einen unendlichen Kristall ist die Zahl der Elemente der Translationsgruppe unendlich. Beschränkt man den Kristall auf ein Grundgebiet mit zyklischen Randbedingungen, so wird die Translationsgruppe endlich und enthält so viele Translationen wie das Grundgebiet Wigner-Seitz-Zellen enthält. Wir beschränken uns im weiteren auf diesen Fall.
Auch die Menge aller Drehspiegelungen α einer Raumgruppe bildet eine Gruppe, die *Punktgruppe* des Kristalls. Sie ist nicht unbedingt Untergruppe der Raumgruppe, da in der Raumgruppe einzelne α nur gekoppelt mit nicht-primitiven Translationen vorkommen können. Trotzdem hat die Punktgruppe eine entscheidende Bedeutung: Die Operationen der Punktgruppe lassen das Punktgitter (und damit die Wigner-Seitz-Zelle) invariant, d.h. neben den $\boldsymbol{R}_n$ sind alle $\alpha\boldsymbol{R}_n$ primitive Translationen. Dies folgt sofort aus dem ersten Gruppenaxiom, nach dem jedes Produkt von Elementen einer Gruppe wieder Element der Gruppe sein muß, also auch

$$\{\alpha|\boldsymbol{a}\}\{E|\boldsymbol{R}_n\}\{\alpha|\boldsymbol{a}\}^{-1}=\{E|\alpha\boldsymbol{R}_n\}. \tag{15.5}$$

Die Forderung, daß eine Punktgruppe das zugehörige Punktgitter, also auch die Wigner-Seitz-Zelle, eines Kristalls invariant lassen muß, bedeutet, daß sie die Gruppe oder zumindest eine Untergruppe der Symmetriegruppe des Punktgitters ist. Hierdurch wird die Zahl der möglichen Punktgruppen begrenzt. Im zwei-dimensionalen gibt es zehn Punktgruppen (nämlich eine ohne Symmetrieelement, je eine mit 2-, 3-, 4- und 6zähliger Drehachse und fünf weitere mit zusätzlich je einer Spiegelgerade). Im drei-dimensionalen gibt es 32 Punktgruppen, die die *Kristallklassen* bestimmen. Eine Punktgruppe kann jeweils mit einem Punktgitter gekoppelt werden. Die Punktgruppe, das Punktgitter und die mit Elementen der Punktgruppe gekoppelten nicht-primitiven Translationen bestimmen die Raumgruppe völlig.
Aus den 10 Punktgruppen und fünf Punktnetzen lassen sich im zwei-dimensionalen 17 Raumgruppen (Netzgruppen), aus den 32 Punktgruppen und 14 Punktgittern im drei-dimensionalen 230 Raumgruppen aufbauen. Welche Raumgruppe ein gegebener Kristall hat, hängt hiernach ab von seiner Translationssymmetrie und von der Anordnung der Atome in der Wigner-Seitz-Zelle, also von seiner Basis.
Eine Raumgruppe, die eine volle Punktgruppe als Untergruppe enthält, heißt *symmorph.* Sie enthält keine nicht-primitiven Translationen. Jedes Element

$\{\alpha|\boldsymbol{a}\}=\{\alpha|\boldsymbol{R}_n\}$ läßt sich zerlegen in eine Drehspiegelung $\{\alpha|\boldsymbol{O}\}$ und eine primitive Translation $\{E|\boldsymbol{R}_n\}$. Reale Gitter, deren Basis die Symmetrie der Wigner-Seitz-Zelle nicht einschränkt, heißen *Bravais-Gitter*. Sie sind offensichtlich symmorph. Es gibt 14 Bravais-Gitter, die mit den oben genannten Punktgittern identisch sind.

16. Die Schrödinger-Gleichung für Elektronen in einem periodischen Potential

Wir gehen jetzt zurück zu Gl. (3.20), die wir in der Form

$$H\psi(\boldsymbol{r}) = \left\{-\frac{\hbar^2}{2m}\Delta + V(\boldsymbol{r})\right\}\psi(\boldsymbol{r}) = E\psi(\boldsymbol{r}) \tag{16.1}$$

schreiben. $V(\boldsymbol{r})$ soll hier den gemittelten Wechselwirkungsterm der Hartree-Fock-Näherung, also neben dem Potential der Gitterionen bereits Anteile der Elektron-Elektron-Wechselwirkung enthalten.

Der Gitteranteil des Potentials ist in dieser Näherung fester, in ihren Gleichgewichtslagen ruhender Ionen offensichtlich invariant gegenüber allen Operationen der Raumgruppe. Dies gilt auch für den Wechselwirkungsterm der Hartree-Fock-Näherung (Rothaansches Theorem, Beweis z.B. bei [9]). Für freie Elektronen ist dies evident: In der entsprechenden Gleichung (11.1) hängen die Wechselwirkungsglieder überhaupt nicht von $\boldsymbol{r}$ ab.

Wir nehmen also an, daß für $V(\boldsymbol{r})$ in (16.1) und damit für den ganzen Hamilton-Operator

$$V(\{\alpha|\boldsymbol{a}\}\boldsymbol{r}) = V(\boldsymbol{r}), \qquad H(\{\alpha|\boldsymbol{a}\}\boldsymbol{r}) = H(\boldsymbol{r}) \tag{16.2}$$

gilt.

Die Symmetrie-Eigenschaften des Hamilton-Operators geben uns bereits Auskunft über die Struktur der möglichen Lösungen (Eigenfunktionen und Eigenwerte) der Gleichung (16.1). Wir betrachten in den folgenden Abschnitten getrennt die Folgerungen aus der Translationsinvarianz, die uns die Grundlagen des Bändermodells geben werden, und die Folgerungen aus der Invarianz gegenüber anderen Symmetrieoperationen der Raumgruppe (Abschnitte 18 bzw. 25).

17. Freie Elektronen im Kristallgitter, Bragg-Reflexionen

Zur Diskussion des Einflusses der *Gittersymmetrie* betrachten wir in diesem Abschnitt zunächst ein wechselwirkungsfreies Elektronengas in einem gitterperiodischen Potential, dessen Stärke wir als verschwindend gering ansehen. Es erscheint zunächst widersinnig, das Potential gegen Null gehen zu lassen, da damit jeder Einfluß auf ein Elektron als negativ geladenes Partikel zu verschwinden scheint. Man muß jedoch beachten, daß die Elektronen auch Welleneigenschaften haben, daß sie also an einem regelmäßig angeordneten Gitter *Bragg-Reflexionen* erleiden. Diese Streuung von Elektronenwellen ist nur von der Richtung der einfallenden Wellen und der regelmäßigen Anordnung der Gitteratome, nicht aber von der Stärke des Gitterpotentials abhängig. Wir erfassen also den Einfluß der Symmetrie am besten, wenn wir den idealisierten Grenzfall $V(\boldsymbol{r})$ gegen Null betrachten. Dem Fall $V \neq 0$ wenden wir uns im Abschnitt 19 zu.

Für weitere Erörterungen ist es zweckmäßig, den Begriff des *reziproken Gitters* einzuführen. Darunter versteht man das von den Vektoren

$$\boldsymbol{K}_m = m_1 \boldsymbol{b}_1 + m_2 \boldsymbol{b}_2 + m_3 \boldsymbol{b}_3 \tag{17.1}$$

aufgespannte Punktgitter, wo die m_i ganzzahlig sind, und die $\boldsymbol{b}_i$ mit den $\boldsymbol{a}_i$ der Gl. (15.1) durch folgende Relation verbunden sind:

$$\boldsymbol{a}_i \cdot \boldsymbol{b}_j = 2\pi\delta_{ij} \quad i,j = 1,2,3\,. \tag{17.2}$$

Ein Vektor $\boldsymbol{b}_i$ steht also senkrecht auf den beiden Vektoren $\boldsymbol{a}_j$ und $\boldsymbol{a}_k$ ($i,j,k = 1,2,3$ und zyklisch). Es ist dann $\boldsymbol{b}_i = c\,\boldsymbol{a}_j \times \boldsymbol{a}_k$, und aus $\boldsymbol{a}_i \cdot \boldsymbol{b}_i = c\,\boldsymbol{a}_i \cdot (\boldsymbol{a}_j \times \boldsymbol{a}_k) = 2\pi$ folgt

$$\boldsymbol{b}_i = 2\pi \frac{\boldsymbol{a}_j \times \boldsymbol{a}_k}{\boldsymbol{a}_i \cdot (\boldsymbol{a}_j \times \boldsymbol{a}_k)}, \qquad \boldsymbol{a}_i = 2\pi \frac{\boldsymbol{b}_j \times \boldsymbol{b}_k}{\boldsymbol{b}_i \cdot (\boldsymbol{b}_j \times \boldsymbol{b}_k)}\,. \tag{17.3}$$

Beide Gitter, das Punktgitter der $\boldsymbol{R}_n$ und das der $\boldsymbol{K}_m$, sind zueinander reziprok.

Durch (17.1) und (17.2) wird jedem Punktgitter ein reziprokes Gitter zugeordnet. Die von den $\boldsymbol{b}_i$ aufgespannten Parallelepipede sind Elementarzellen des reziproken Gitters. Entsprechend lassen sich Wigner-Seitz-Zellen im reziproken Gitter konstruieren. Sie heißen *Brillouin-Zonen.*

Man überzeugt sich leicht, daß die Brillouin-Zone des kubischen Gitters bis auf einen Maßstabsfaktor gleich der Wigner-Seitz-Zelle ist (Abb. 18a). Das gleiche gilt für das hexagonale Gitter (Abb. 18d). Dagegen ist die Gestalt der Brillouin-Zone des kubisch-flächenzentrierten Gitters gleich der Wigner-Seitz-Zelle des kubisch-raumzentrierten Gitters und umgekehrt (Abb. 18b, c).

Aus (15.1), (17.1) und (17.2) folgt

$$\boldsymbol{R}_n \cdot \boldsymbol{K}_m = 2\pi(n_1 m_1 + n_2 m_2 + n_3 m_3) = 2\pi N, \tag{17.4}$$

wo N eine ganze Zahl ist. Alle $\boldsymbol{R}_n$, die für ein gegebenes $\boldsymbol{K}_m$ diese Gleichung erfüllen, liegen in einer *Netzebene* mit der Normalenrichtung $\boldsymbol{K}_m$.

Jeder Vektor $\boldsymbol{K}_m$ (bzw. seine Komponenten $\{m_1, m_2, m_3\}$) kann also zur Angabe einer Netzebenenschar des Gitters der $\boldsymbol{R}_n$ benutzt werden. Da allein die Richtung von $\boldsymbol{K}_m$ interessiert, sind die m_i nur bis auf einen gemeinsamen Faktor definiert. Wählt man diesen so, daß das Wertetripel der m_i möglichst kleine ganze Zahlen enthält, $\boldsymbol{K}_m$ also (bei gegebener Richtung) die kürzeste primitive Translation im reziproken Gitter ist, so bezeichnet man die m_i als *Millersche Indizes.* Eine Netzebene mit Millerschen Indizes $(m_1\, m_2\, m_3)$ wird nach (17.4) von Achsen in Richtung $\boldsymbol{a}_1, \boldsymbol{a}_2, \boldsymbol{a}_3$ im Abstand Nn_1/m_1, Nn_2/m_2, Nn_3/m_3 (bzw. einem Vielfachen davon) geschnitten. Negative Millersche Indizes werden vereinfachend $\bar{m}_i$ (statt $-m_i$)

geschrieben. Die Netzebenen senkrecht zu den Achsen eines kubischen Kristalls, also zu den Achsen eines kartesischen Koordinatensystems, haben dann die Indizes (100), (010), (001), $(\bar{1}00)$, $(0\bar{1}0)$, $(00\bar{1})$. Die Gesamtheit aller symmetrieäquivalenten Netzebenen wird in geschweiften Klammern angegeben. Alle äquivalenten Netzebenen senkrecht zu den kubischen Achsen bilden also die Gesamtheit $\{100\}$.

In ähnlicher Weise werden *Richtungen* in einem Kristall durch drei Indizes gekennzeichnet. Dazu zerlegt man einen Vektor der gewünschten Richtung in seine drei Komponenten längs $\boldsymbol{a}_1$, $\boldsymbol{a}_2$ und $\boldsymbol{a}_3$. Die kleinsten drei ganzen Zahlen, die in gleichem Verhältnis zueinander stehen wie diese drei Komponenten, bilden die gesuchten Indizes. Sie werden in eckigen Klammern geschrieben: $[hkl]$. In vielen Kristallen – aber nicht allgemein – stimmen diese Indizes mit den Millerschen Indizes der zu dieser Richtung senkrechten Netzebenenschar überein.

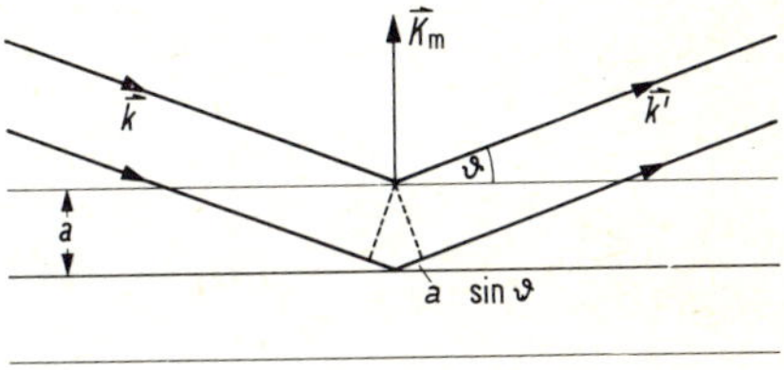

Abb. 19. Zur Ableitung der Bragg-Bedingung. Von links oben fällt eine ebene Welle ein, die an einer durch die Normalenrichtung $\boldsymbol{K}_m$ definierten Netzebenenschar reflektiert wird

Wir betrachten jetzt anhand von Abb. 19 das Zustandekommen von Bragg-Reflexionen. Eine Welle der Fortschreitungsrichtung $\boldsymbol{k}$ falle von links oben ein. Sie wird an einer Netzebenenschar dann reflektiert, wenn der Laufweg zweier paralleler Strahlen, die an benachbarten Ebenen reflektiert werden, ein Vielfaches der Wellenlänge ist. Nach der Konstruktion der Abb. 19 ist dies der Fall, wenn

$$2a\sin\vartheta = N\lambda \qquad (N = \text{ganze Zahl}) \tag{17.5}$$

ist. Ersetzt man in (17.5) $\sin\vartheta$ durch $-\boldsymbol{K}_m \cdot \boldsymbol{k}/K_m k$, λ durch $2\pi/k$, $2\pi N/a$ durch K_m (a = Abstand zweier Netzebenen), so folgt

$$k^2 = (\boldsymbol{k} + \boldsymbol{K}_m)^2 \qquad \text{oder auch } \boldsymbol{k}' = \boldsymbol{k} + \boldsymbol{K}_m \tag{17.6}$$

als Bedingung für die Bragg-Reflexion. Elektronenwellen, deren Wellenzahlvektor $\boldsymbol{k}$ diese Bedingung erfüllt, können sich im Kristall nicht ausbreiten. Sie werden in eine andere Richtung reflektiert.

Es gibt eine sehr einfache und für das folgende wichtige Konstruktion, um diese Bedingung zu veranschaulichen. Dazu legen wir in den dem Vektor $\boldsymbol{k}$ zugeordneten Raum *(k-Raum)* das reziproke Gitter der $\boldsymbol{K}_m$. Zieht man nun – von einem Gitterpunkt als Nullpunkt ausgehend – Verbindungslinien zu allen anderen $\boldsymbol{K}_m$, so erfüllen die Ebenen, die senkrecht im Mittelpunkt der Verbindungslinien errichtet werden, gerade die Bedingungen (17.6).

Diese Konstruktion ist in Abb. 20 für das zwei-dimensionale hexagonale Punktnetz der Abb. 17 durchgeführt. Man erkennt, daß mit wachsendem $\boldsymbol{k}$ das Netz der Bragg-Reflexionen immer dichter wird. Alle Reflexionen treten erst für $\boldsymbol{k}$-Werte auf, die auf der Berandung oder außerhalb der oben definierten Brillouin-Zone liegen.

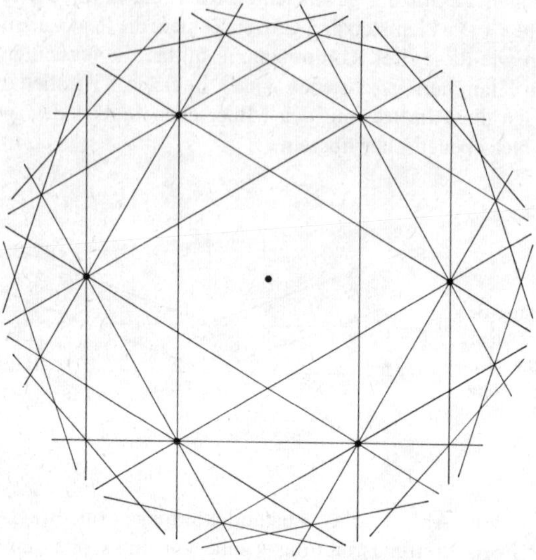

Abb. 20. Brillouin-Zonen für das hexagonale Punktnetz

Auch die durch die Bedingungen (17.6) eingegrenzten Bereiche heißen Brillouin-Zonen, allerdings in einem etwas anderen Sinne: Betrachten wir Abb. 20, so erkennen wir: Die sechs, an das innere Sechseck angrenzenden Dreiecke haben zusammen genau den Flächeninhalt des Sechsecks. Sie lassen sich durch Verschiebung um ein jeweils geeignet gewähltes $\boldsymbol{K}_m$ mit dem inneren Sechseck zur Deckung bringen („auf die 1. Brillouin-Zone *reduzieren*"). Die nach außen angrenzenden Dreiecke haben wieder den gleichen Flächeninhalt. Um sie zu reduzieren, muß man sie zunächst aufteilen. Die dabei entstehenden zwölf rechtwinkligen Dreiecke lassen sich dann wieder durch geeignet gewählte $\boldsymbol{K}_m$ auf das innere Sechseck schieben usw. Jeweils die Gesamtheit der Flächenstücke (im dreidimensionalen der Raumstücke), die sich auf die (1.) Brillouin-Zone reduzieren lassen, heißen 2., 3., 4. ... Brillouin-Zone. Dies ist für unser zwei-dimensionales Beispiel in Abb. 21 dargestellt. In Abb. 21a ist die Energiefläche $E = \hbar^2 (k_x^2 + k_y^2)/2m$ gezeigt und gleich gemäß Abb. 20 in Zonen unterteilt. Diese Zonen sind in Abb. 21b auf die erste Brillouin-Zone reduziert und der Übersichtlichkeit halber energetisch auseinandergezogen. Man erkennt, daß in dieser Form jede Zone ein zusammenhängendes Gebilde – wenn auch mit unstetigen Ableitungen an inneren Grenzlinien – darstellt. Wir werden in den nächsten Abschnitten jedes dieser Gebilde als ein *Energieband* des Bändermodells identifizieren.

Abb. 21. a) Energieparaboloid freier Elektronen ($E \sim k^2$) über der $\boldsymbol{k}$-Ebene für das hexagonale Punktnetz. Energieparaboloid und $\boldsymbol{k}$-Ebene sind gemäß Abb. 20 in Brillouin-Zonen bzw. Teile von Brillouin-Zonen unterteilt, b) Reduktion des Paraboloids auf die 1. Brillouin-Zone

18. Folgerungen aus der Translationsinvarianz

Bevor wir die Ergebnisse des letzten Abschnittes auf den Fall eines nicht verschwindenden Potentials $V(\boldsymbol{r})$ erweitern, müssen wir die Struktur der Lösungen der Schrödinger-Gleichung (16.1) näher studieren. Die zunächst wichtigsten Ergebnisse erhalten wir als Konsequenz der Forderung, daß der Hamilton-Operator dieser Gleichung invariant gegenüber primitiven Translationen ist.
Zur quantitativen Erfassung dieser Invarianz ordnen wir jeder primitiven Translation $\boldsymbol{R}_l$ einen Operator $T_{\boldsymbol{R}_l}$ zu durch die Gleichung

$$T_{\boldsymbol{R}_l} f(\boldsymbol{r}) = f(\boldsymbol{r} + \boldsymbol{R}_l). \qquad (18.1)$$

Die $T_{\boldsymbol{R}_l}$ wirken also auf Funktionen von $\boldsymbol{r}$ derart, daß sie den Ortsvektor im Argument durch $\boldsymbol{r}+\boldsymbol{R}_l$ ersetzen.

Nach (16.2) ist H invariant gegenüber allen $T_{\boldsymbol{R}_l}$. Die Anwendung des Operators $T_{\boldsymbol{R}_l}$ auf (16.1) liefert

$$T_{\boldsymbol{R}_l}(H\psi_n) = T_{\boldsymbol{R}_l}(E_n\psi_n) \quad \text{also} \quad H(T_{\boldsymbol{R}_l}\psi_n) = E_n(T_{\boldsymbol{R}_l}\psi_n). \tag{18.2}$$

Alle $T_{\boldsymbol{R}_l}\psi_n$ sind gleichzeitig mit ψ_n Eigenfunktionen zum gleichen Eigenwert E_n.

Ist E_n *nicht entartet*, gehört also zu ihm nur eine Eigenfunktion ψ_n, so muß $T_{\boldsymbol{R}_l}\psi_n$ bis auf einen Faktor gleich ψ_n sein. Da weiter $|T_{\boldsymbol{R}_l}\psi_n|^2 = |\psi_n|^2$ sein muß, hat dieser Faktor den Betrag Eins:

$$T_{\boldsymbol{R}_l}\psi_n = \lambda^{(l)}\psi_n \quad \text{mit } |\lambda^{(l)}|^2 = 1. \tag{18.3}$$

(18.3) ist eine Eigenwertgleichung für den Operator $T_{\boldsymbol{R}_l}$. Wegen $|\lambda^{(l)}|^2 = 1$ läßt sich $\lambda^{(l)}$ in der Form $e^{i\alpha_l}$ schreiben. Da weiter aus $\boldsymbol{R}_l + \boldsymbol{R}_m = \boldsymbol{R}_p$ auch $T_{\boldsymbol{R}_l} T_{\boldsymbol{R}_m} = T_{\boldsymbol{R}_p}$ und $e^{i(\alpha_l+\alpha_m)} = e^{i\alpha_p}$ folgt, liegt es nahe, die α_l als Produkt eines allen α gemeinsamen Vektors $\boldsymbol{k}$ und des zugeordneten $\boldsymbol{R}_l$ zu schreiben:

$$\lambda^{(l)} = e^{i\boldsymbol{k}\cdot\boldsymbol{R}_l}. \tag{18.4}$$

Dabei ist $\boldsymbol{k}$ ein noch nicht festgelegter Vektor im $\boldsymbol{k}$-Raum (Raum des reziproken Gitters), hängt also – zunächst – nicht mit dem Wellenzahlvektor freier Elektronen zusammen.

Ist E_n *f-fach entartet*, gehören also f zueinander orthogonale Eigenfunktionen $\psi_{n\kappa}$ zum selben Eigenwert E_n, so muß die Funktion, die durch Anwendung eines $T_{\boldsymbol{R}_l}$ auf ein $\psi_{n\kappa}$ entsteht, sich als Linearkombination aller $\psi_{n\kappa}$ darstellen lassen:

$$T_{\boldsymbol{R}_l}\psi_{n\kappa} = \sum_{\kappa'=1}^{f} \lambda^{(l)}_{\kappa\kappa'}\psi_{n\kappa'}. \tag{18.5}$$

Durch (18.5) wird jedem Operator $T_{\boldsymbol{R}_l}$ der Translationsgruppe eine Matrix $\lambda^{(l)}_{\kappa\kappa'}$ zugeordnet. Diese Matrizen genügen offensichtlich den gleichen Multiplikationsregeln wie die $T_{\boldsymbol{R}_l}$:

$$T_{\boldsymbol{R}_l} T_{\boldsymbol{R}_m} = T_{\boldsymbol{R}_p} \rightarrow \sum_{\kappa'=1}^{f} \lambda^{(l)}_{\kappa\kappa'}\lambda^{(m)}_{\kappa'\kappa''} = \lambda^{(p)}_{\kappa\kappa''}. \tag{18.6}$$

Die $\lambda_{\kappa\kappa'}$ bilden also ebenfalls eine Gruppe, die man als eine f-dimensionale *Darstellung der Translationsgruppe* zur Basis der $\psi_{n\kappa}$ bezeichnet.

Anstelle der f Eigenfunktionen $\psi_{n\kappa}$ kann man durch Linearkombination einen neuen Satz von f orthogonalen Eigenfunktionen herstellen, der eine Basis für eine *äquivalente* Darstellung bildet. Nach einem Satz der Gruppentheorie kann unter allen äquivalenten Darstellungen einer abelschen Gruppe – wie es die Translationsgruppe ist – immer eine Darstellung gefunden werden, deren Matrizen auf Diagonalform sind:

$$\Lambda^{(l)}_{\kappa\kappa'} = \Lambda^{(l)}_{\kappa\kappa}\delta_{\kappa\kappa'}. \tag{18.7}$$

Gl. (18.5) lautet dann

$$T_{\boldsymbol{R}_l}\psi_{n\kappa}=\sum_{\kappa'}\Lambda^{(l)}_{\kappa\kappa'}\psi_{n\kappa'}=\sum_{\kappa'}\Lambda^{(l)}_{\kappa\kappa}\delta_{\kappa\kappa'}\psi_{n\kappa'}=\Lambda^{(l)}_{\kappa\kappa}\psi_{n\kappa}. \tag{18.8}$$

Entsprechend den Überlegungen bei Gl. (18.3) folgt $|\Lambda^{(l)}_{\kappa\kappa}|^2=1$, also $\Lambda^{(l)}_{\kappa\kappa} = e^{i\boldsymbol{k}_\kappa\cdot\boldsymbol{R}_l}$.

Zu jedem ψ gibt es also immer ein $\boldsymbol{k}$, so daß ψ als Eigenfunktion eines Translationsoperators $T_{\boldsymbol{R}_l}$ zum Eigenwert $e^{i\boldsymbol{k}\cdot\boldsymbol{R}_l}$ gehört. ψ ist also durch dieses $\boldsymbol{k}$ *klassifiziert*: $\psi=\psi(\boldsymbol{k},\boldsymbol{r})$.

Die Gleichungen (18.3) und (18.8) fassen wir zusammen zum *Blochschen Theorem*:

Die nicht-entarteten Lösungen der Schrödinger-Gleichung und geeignet gewählte Linearkombinationen der entarteten Lösungen sind gleichzeitig Eigenfunktionen $\psi_n(\boldsymbol{k},\boldsymbol{r})$ der Translationsoperatoren $T_{\boldsymbol{R}_l}$ zum Eigenwert $e^{i\boldsymbol{k}\cdot\boldsymbol{R}_l}$:

$$T_{\boldsymbol{R}_l}\psi_n(\boldsymbol{k},\boldsymbol{r})=e^{i\boldsymbol{k}\cdot\boldsymbol{R}_l}\psi_n(\boldsymbol{k},\boldsymbol{r}). \tag{18.9}$$

Da die $\psi_n(\boldsymbol{k},\boldsymbol{r})$ gleichzeitig die Eigenfunktionen des Hamilton-Operators sind, hängen auch die Eigenwerte E_n von $\boldsymbol{k}$ ab:

$$E_n=E_n(\boldsymbol{k}). \tag{18.10}$$

Dabei ist für entartetes E_n: $E_n(\boldsymbol{k}_\kappa)=E_n(\boldsymbol{k}_{\kappa'})$.

Aus dem Blochschen Theorem folgt

$$\psi_n(\boldsymbol{k},\boldsymbol{r}+\boldsymbol{R}_l)=e^{i\boldsymbol{k}\cdot\boldsymbol{R}_l}\psi_n(\boldsymbol{k},\boldsymbol{r}). \tag{18.11}$$

Geht man mit dem Ansatz

$$\psi_n(\boldsymbol{k},\boldsymbol{r})=e^{i\boldsymbol{k}\cdot\boldsymbol{r}}u_n(\boldsymbol{k},\boldsymbol{r}) \tag{18.12}$$

in Gl. (18.11), so folgt für die linke Seite: $e^{i\boldsymbol{k}\cdot(\boldsymbol{r}+\boldsymbol{R}_l)}u_n(\boldsymbol{k},\boldsymbol{r}+\boldsymbol{R}_l)$ und für die rechte Seite: $e^{i\boldsymbol{k}\cdot(\boldsymbol{r}+\boldsymbol{R}_l)}u_n(\boldsymbol{k},\boldsymbol{r})$. Es ist also

$$u_n(\boldsymbol{k},\boldsymbol{r}+\boldsymbol{R}_l)=u_n(\boldsymbol{k},\boldsymbol{r}). \tag{18.13}$$

u_n ist *gitterperiodisch*. Die $\psi_n(\boldsymbol{k},\boldsymbol{r})$ werden in der Schreibweise der Gl. (18.12) als *Bloch-Funktionen* bezeichnet. Die durch sie beschriebenen „Kristall-Elektronen" werden entsprechend auch *Bloch-Elektronen* genannt.

Die Gestalt der Eigenfunktionen gibt ein erstes Anzeichen für die physikalische Bedeutung der $\boldsymbol{k}$. Setzt man $u=\text{const}$, so wird $\psi=c\cdot e^{i\boldsymbol{k}\cdot\boldsymbol{r}}$. In diesem Fall verhält sich das Elektron wie ein freies Teilchen und wird durch eine ebene Welle dargestellt, wo $\boldsymbol{k}$ der Wellenzahlvektor ist. Unser $\boldsymbol{k}$ geht also beim Übergang zum freien Elektron in den Wellenzahlvektor $\boldsymbol{k}$ über. Überträgt man diese Bedeutung auf den Kristall, so entspricht (18.11) der Aussage, daß das Kristall-Elektron durch eine *gitterperiodisch modulierte ebene Welle* repräsentiert wird.

Bevor wir diese Interpretation weiter verfolgen, ziehen wir weitere Schlüsse aus dem Blochschen Theorem:

Wir legen in den Raum des Vektors $\boldsymbol{k}$, den $\boldsymbol{k}$-Raum, gemäß Abschnitt 17 ein reziprokes Gitter $\boldsymbol{K}_m$. Nach (17.4) wird $\boldsymbol{K}_m \cdot \boldsymbol{R}_l$ ein ganzes Vielfaches von 2π. Die Anwendung eines $T_{\boldsymbol{R}_l}$ auf $\psi(\boldsymbol{k}+\boldsymbol{K}_m, \boldsymbol{r})$ ergibt dann

$$T_{\boldsymbol{R}_l}\psi(\boldsymbol{k}+\boldsymbol{K}_m, \boldsymbol{r}) = e^{i(\boldsymbol{k}+\boldsymbol{K}_m)\cdot \boldsymbol{R}_l}\psi(\boldsymbol{k}+\boldsymbol{K}_m, \boldsymbol{r}) = e^{i\boldsymbol{k}\cdot \boldsymbol{R}_l}\psi(\boldsymbol{k}+\boldsymbol{K}_m, \boldsymbol{r}). \tag{18.14}$$

Durch $T_{\boldsymbol{R}_l}$ wird also einem $\psi(\boldsymbol{r})$ nicht *ein* $\boldsymbol{k}$ zugeordnet, sondern alle $\boldsymbol{k}' = \boldsymbol{k}+\boldsymbol{K}_m$. Alle diese Punkte im $\boldsymbol{k}$-Raum sind äquivalent:

$$\psi_n(\boldsymbol{k}, \boldsymbol{r}) = \psi_n(\boldsymbol{k}+\boldsymbol{K}_m, \boldsymbol{r}). \tag{18.15}$$

Das Ergebnis (18.15) können wir wie folgt interpretieren:
Zur Klassifizierung der Lösungen der Schrödinger-Gleichung nach dem Vektor $\boldsymbol{k}$ genügt für $\boldsymbol{k}$ der Wertebereich einer Brillouin-Zone des $\boldsymbol{k}$-Raumes. Entsprechend ist die Funktion $E_n(\boldsymbol{k})$ auf diese erste Brillouin-Zone beschränkt (Abb. 22a). Diese

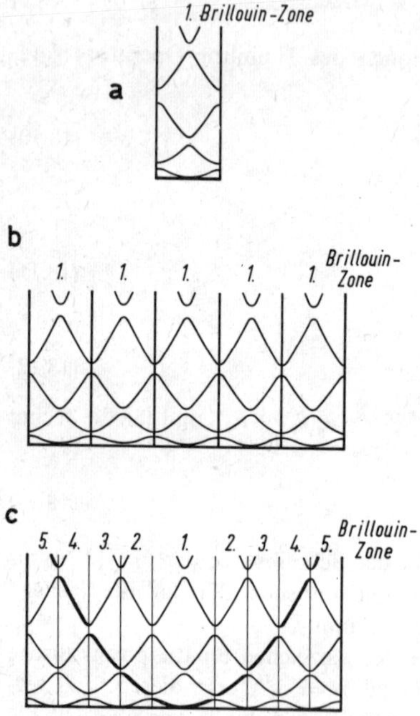

Abb. 22. Die verschiedenen Darstellungsmöglichkeiten der Bandstruktur im $\boldsymbol{k}$-Raum am Beispiel einer einfachen ein-dimensionalen Bandstruktur: a) reduziertes Zonenschema, b) wiederholtes Zonenschema, c) ausgedehntes Zonenschema

Darstellung der Funktion $E_n(\boldsymbol{k})$ im $\boldsymbol{k}$-Raum wird als *reduziertes Zonen-Schema* (reduced zone scheme) bezeichnet. In der Brillouin-Zone gibt $E_n(\boldsymbol{k})$ dann für jeden Vektor $\boldsymbol{k}$ ein diskretes Energiespektrum $(n=1,2,3\ldots)$. Für festgehaltenes n ist $E_n(\boldsymbol{k})$ innerhalb der Brillouin-Zone eine stetige und (außer in Entartungspunkten) differenzierbare Funktion von $\boldsymbol{k}$. Sie wird als ein *Band* bezeichnet. Die Gesamtheit aller Bänder, also die Funktionen $E_n(\boldsymbol{k})$ selbst, heißt demgemäß *Bandstruktur*. Den Beweis, daß $E_n(\boldsymbol{k})$ in der Brillouin-Zone stetig und differenzierbar ist, holen wir in Abschnitt 20 nach.

Wegen der Äquivalenz eines $\boldsymbol{k}$ mit allen $\boldsymbol{k}+\boldsymbol{K}_m$ können wir die Energie $E_n(\boldsymbol{k})$ auch als *periodische* (und wegen des Index n vieldeutige) Funktion im $\boldsymbol{k}$-Raum ansehen. Periodizitätsvolumina der Gestalt der Brillouin-Zone schließen dann aneinander (Abb. 22b). Diese Darstellungsweise heißt *wiederholtes Zonen-Schema* (repeated zone scheme).

Schließlich können wir, vom wiederholten Zonen-Schema ausgehend $E_n(\boldsymbol{k})$ dadurch eindeutig machen, daß wir gemäß Abschnitt 17 den $\boldsymbol{k}$-Raum in die 1., 2., 3.... Brillouin-Zone teilen und jeweils in der m-ten Zone nur den Anteil $E_m(\boldsymbol{k})$ betrachten. Dies ist das *ausgedehnte Zonen-Schema* (extended zone scheme) (Abb. 22c).

Wir werden von diesen drei Möglichkeiten der Darstellung der Bandstruktur eines Festkörpers in den folgenden Abschnitten häufig Gebrauch machen.

19. Näherung für fast freie Elektronen

Im letzten Abschnitt haben wir gesehen, daß die beiden Darstellungen der Funktion $E(\boldsymbol{k})=\hbar^2 k^2/2m$ für freie Elektronen im Kristallgitter in Abb. 21 zwei mögliche Schemata sind, die den gleichen physikalischen Sachverhalt beschreiben. In Abb. 21a wird der *nicht-reduzierte* $\boldsymbol{k}$*-Vektor* benutzt, die Energie also im ausgedehnten Zonenschema dargestellt. In Abb. 21b wird jeder $\boldsymbol{k}$-Vektor der Abb. 21a um jeweils ein geeignetes $\boldsymbol{K}_m$ so verkürzt, daß er in die 1. Brillouin-Zone zu liegen kommt. Das ist die Darstellung des reduzierten Zonenschemas mit dem *reduzierten* $\boldsymbol{k}$*-Vektor*. Daneben gibt es die Möglichkeit des wiederholten Zonenschemas, bei dem alle Punkte $\boldsymbol{k}+\boldsymbol{K}_m$ im $\boldsymbol{k}$-Raum als physikalisch äquivalent angesehen werden. Abb. 21 läßt sich in diesem Schema dadurch ergänzen, daß man über jedem Punkt $\boldsymbol{K}_m$ (und nicht nur über $\boldsymbol{K}_m=0$) Energieparaboloide errichtet. Diese Paraboloide schneiden sich dann gerade dort, wo Bragg-Reflexionen auftreten, und die in die 1. Brillouin-Zone hereinragenden Teilflächen der Paraboloide bilden die Flächen des reduzierten Zonenschemas.

An allen Stellen, an denen sich Paraboloide schneiden, also überall, wo Bragg-Reflexionen auftreten, ist für freie Elektronen die Funktion $E_n(\boldsymbol{k})$ entartet. Wir wollen nun sehen, ob unter einer Störung diese Entartungen aufspalten. Die Störung ist hier das endliche Gitterpotential $V(\boldsymbol{r})$. Bei dieser Fragestellung genügt es, die Störung als klein anzusehen, also die üblichen Methoden der Störungsrechnung anzuwenden.

$V(\boldsymbol{r})$ ist eine gitterperiodische Funktion. Wir können sie in die folgende Fourier-Reihe entwickeln:

$$V(\boldsymbol{r}) = \sum_{m(\neq 0)} V(\boldsymbol{K}_m) e^{i\boldsymbol{K}_m \cdot \boldsymbol{r}}. \qquad (19.1)$$

Das Glied mit $m=0$ ist der Mittelwert des Potentials, den wir hier als unwesentlich weglassen.

Entsprechend setzen wir für den gitterperiodischen Anteil $u(\boldsymbol{k},\boldsymbol{r})$ der Bloch-Funktion eine Fourier-Reihe an:

$$\psi(\boldsymbol{k},\boldsymbol{r}) = \frac{1}{\sqrt{V_g}} e^{i\boldsymbol{k}\cdot\boldsymbol{r}} \sum_m u(\boldsymbol{K}_m) e^{i\boldsymbol{K}_m\cdot\boldsymbol{r}}. \tag{19.2}$$

Hier stellt das Glied mit $m=0$ die ungestörte ebene Welle dar.
Solange das Potential schwach ist, sind die anderen Glieder der Entwicklung nur kleine Störungen. Wir setzen also (zunächst!) an: $u(0) \approx 1$, alle anderen $u(\boldsymbol{K}_m)$ klein gegen $u(0)$.
Setzen wir dann (19.1) und (19.2) in die Schrödinger-Gleichung (16.1) ein, so folgt

$$\frac{1}{\sqrt{V_g}} \sum_m \left\{ \frac{\hbar^2}{2m} (\boldsymbol{k}+\boldsymbol{K}_m)^2 - E(\boldsymbol{k}) + \sum_l V(\boldsymbol{K}_l) e^{i\boldsymbol{K}_l\cdot\boldsymbol{r}} \right\} u(\boldsymbol{K}_m) e^{i(\boldsymbol{k}+\boldsymbol{K}_m)\cdot\boldsymbol{r}} = 0. \tag{19.3}$$

Multiplikation mit $(1/\sqrt{V_g}) e^{-i(\boldsymbol{k}+\boldsymbol{K}_n)\cdot\boldsymbol{r}}$ und Integration über das Grundgebiet ergibt wegen $(1/V_g) \int e^{i\boldsymbol{K}\cdot\boldsymbol{r}} d\tau = \delta_{\boldsymbol{K},0}$

$$\left(\frac{\hbar^2}{2m} (\boldsymbol{k}+\boldsymbol{K}_m)^2 - E(\boldsymbol{k}) \right) u(\boldsymbol{K}_n) + \sum_m V(\boldsymbol{K}_n - \boldsymbol{K}_m) u(\boldsymbol{K}_m) = 0. \tag{19.4}$$

In erster Näherung setzen wir $E(\boldsymbol{k})$ gleich der ungestörten Lösung $\hbar^2 k^2/2m$ und nehmen aus der Summe nur das Glied mit $u(0)$ mit. Dann wird

$$u(\boldsymbol{K}_n) \approx \frac{V(\boldsymbol{K}_n)}{\frac{\hbar^2}{2m} ((\boldsymbol{k}+\boldsymbol{K}_n)^2 - k^2)}. \tag{19.5}$$

Solange die $u(\boldsymbol{K}_n)$ klein sind, gibt (19.5) nur eine geringe Störung zur Wellenfunktion und damit zur Energie. Die $u(\boldsymbol{K}_n)$ werden jedoch groß, wenn im Nenner von (19.5) $(\boldsymbol{k}+\boldsymbol{K}_n)^2 \approx k^2$ wird, also nach (17.6) in der Nähe von Bragg-Reflexionen.
Setzen wir speziell $k^2 = (\boldsymbol{k}+\boldsymbol{K}_p)^2$ mit gegebenem $\boldsymbol{K}_p$, so sind in (19.4) die Koeffizienten $u(0)$ und $u(\boldsymbol{K}_p)$ groß, und es bleiben von (19.4) die beiden Gleichungen

$$\begin{aligned} &\left(\frac{\hbar^2}{2m} k^2 - E(\boldsymbol{k}) \right) u(0) + V(-\boldsymbol{K}_p) u(\boldsymbol{K}_p) = 0, \\ &\left(\frac{\hbar^2}{2m} (\boldsymbol{k}+\boldsymbol{K}_p)^2 - E(\boldsymbol{k}) \right) u(\boldsymbol{K}_p) + V(\boldsymbol{K}_p) u(0) = 0. \end{aligned} \tag{19.6}$$

Auflösen nach $E(\boldsymbol{k})$ ergibt wegen $V(-\boldsymbol{K}_p) = V^*(\boldsymbol{K}_p)$:

$$E = \frac{\hbar^2 k^2}{2m} \pm |V(\boldsymbol{K}_p)|. \tag{19.7}$$

Die Energie spaltet also an allen die Bragg-Reflexions-Bedingung erfüllenden Punkten proportional zur diesbezüglichen Fourier-Komponente des Potentials auf. Das bedeutet insbesondere, daß $E_n(\boldsymbol{k})$ an der Oberfläche der Brillouin-Zone aufspaltet, daß also die Bänder (zumindest teilweise) durch Energiebereiche getrennt werden, in denen keine Zustände liegen.

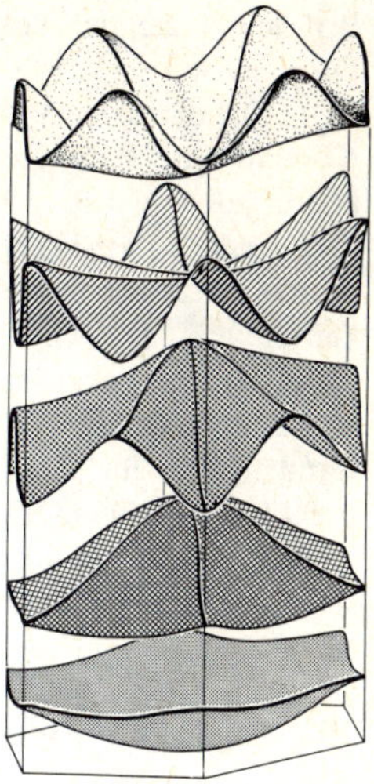

Abb. 23. Durch den Einfluß eines schwachen Gitterpotentials „ausgeglättete" Bänder der Abb. 21 b

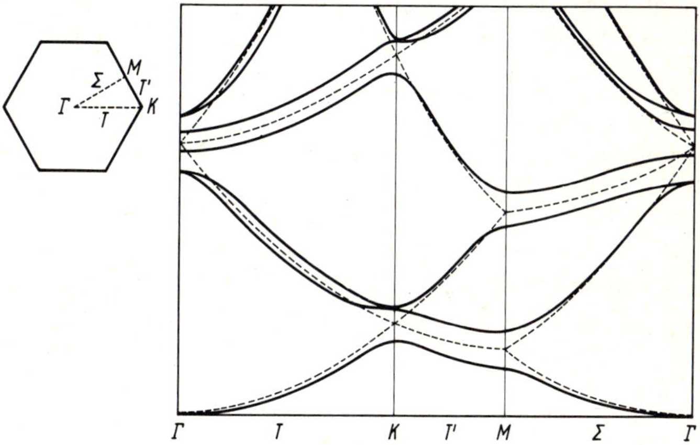

Abb. 24. Energiespektrum der Abb. 23 bzw. 21 b (gestrichelt) längs Symmetrielinien der Brillouin-Zone des hexagonalen Punktnetzes. Die Bezeichnung der Symmetrielinien ist in der Teilfigur erklärt

Dies ist in Abb. 23 und 24 gezeigt. Abb. 23 zeigt die gleiche reduzierte Bandstruktur wie Abb. 21 b. Nur sind jetzt überall dort, wo die Bänder für freie Elektronen zusammenhingen, durch das periodische Potential die Entartungen aufgehoben. Gleichzeitig werden die „Knicke" in den Bändern ausgeglättet, und $E_n(\boldsymbol{k})$ wird auch dort eine glatte Funktion. Abb. 24 zeigt einen Schnitt durch die

Brillouin-Zone der vorhergehenden Abbildung vom Mittelpunkt (Γ) zu einer Ecke des Sechsecks (K), längs einer Seite bis zu deren Mittelpunkt (M) und zurück zu Γ. Die einzelnen Parabelsegmente sind Schnittlinien verschiedener, um andere $\boldsymbol{K}_m$ zentrierter Paraboloide des wiederholten Zonenschemas.

Damit haben wir den charakteristischen Aspekt des Bändermodells gefunden, das *Aufeinanderfolgen von erlaubten und verbotenen Energiebereichen.* Trotzdem ist eine Bandstruktur der in Abb. 23 und 24 gezeigten Form meist weit von der Wirklichkeit entfernt. Das Gitterpotential ist keine kleine Störung, und die Bandstruktur eines realen Festkörpers weicht meist stark von dem Grenzfall freier Elektronen ab. Wir werden später Beispiele hierfür kennenlernen. Bei der Wichtigkeit der Bandstruktur für alle die Probleme der Festkörpertheorie, die sich im Rahmen der Ein-Elektronen-Näherung behandeln lassen, ist es deshalb zweckmäßig, zunächst nach allgemeinen Eigenschaften der Funktion $E_n(\boldsymbol{k})$ zu suchen. Dies geschieht in den folgenden Abschnitten.

20. Allgemeine Eigenschaften der Funktion $E_n(\boldsymbol{k})$

Wir beweisen zunächst die Stetigkeit und Differenzierbarkeit der Funktion $E_n(\boldsymbol{k})$ in der Brillouin-Zone. Dabei werden wir gleichzeitig allgemeine Aussagen über die Eigenschaften des Quasi-Teilchens „Kristall-Elektron" erhalten.

Zum Beweis der Stetigkeit entwickeln wir die Bloch-Funktion $\psi_n(\boldsymbol{k},\boldsymbol{r})$ an einer zu $\boldsymbol{k}$ dicht benachbarten Stelle $\boldsymbol{k}+\boldsymbol{\kappa}$. Als Entwicklungsfunktionen benutzen wir das vollständige Orthonormalsystem $\chi_n(\boldsymbol{k}+\boldsymbol{\kappa},\boldsymbol{r})=e^{i\boldsymbol{\kappa}\cdot\boldsymbol{r}}\,\psi_n(\boldsymbol{k},\boldsymbol{r})$. Daß die χ_n orthonormal sind, folgt aus

$$\begin{aligned}\int \chi_{n'}^*(\boldsymbol{k}+\boldsymbol{\kappa}')\chi_n(\boldsymbol{k}+\boldsymbol{\kappa}'')d\tau &= \int e^{i(\boldsymbol{\kappa}''-\boldsymbol{\kappa}')\cdot\boldsymbol{r}}\,\psi_{n'}^*(\boldsymbol{k},\boldsymbol{r})\psi_n(\boldsymbol{k},\boldsymbol{r})d\tau\\ &= \int e^{i(\boldsymbol{\kappa}''-\boldsymbol{\kappa}')\cdot\boldsymbol{r}}\,u_{n'}^*(\boldsymbol{k},\boldsymbol{r})u_n(\boldsymbol{k},\boldsymbol{r})d\tau.\end{aligned}\tag{20.1}$$

Nun ist $u_{n'}^*u_n$ gitterperiodisch und kann deshalb als Fourier-Reihe dargestellt werden. (20.1) läßt sich dann weiterführen:

$$(20.1)=\sum_m A_m^{n'n}\int e^{i(\boldsymbol{\kappa}''-\boldsymbol{\kappa}'-\boldsymbol{K}_m)\cdot\boldsymbol{r}}d\tau = V_g\sum_m A_m^{n'n}\,\delta_{\boldsymbol{\kappa}'',\boldsymbol{\kappa}'+\boldsymbol{K}_m}.\tag{20.2}$$

Weiter sind $\boldsymbol{\kappa}'$ und $\boldsymbol{\kappa}''$ klein gegen jedes $\boldsymbol{K}_m$ ($m\neq 0$), d. h. in der Summe kann nur das Glied $m=0$ bleiben und wegen $A_m^{n'n}=(1/V_g)\int u_{n'}^*u_n e^{i\boldsymbol{K}_m\cdot\boldsymbol{r}}d\tau$ wird

$$\begin{aligned}(20.1)&=A_0^{n'n}\delta_{\boldsymbol{\kappa}'',\boldsymbol{\kappa}'}=\frac{1}{V_g}\delta_{\boldsymbol{\kappa}'',\boldsymbol{\kappa}'}\int u_{n'}^*u_n d\tau=\frac{1}{V_g}\delta_{\boldsymbol{\kappa}'',\boldsymbol{\kappa}'}\int\psi_{n'}^*\psi_n d\tau\\ &=\delta_{\boldsymbol{\kappa}'',\boldsymbol{\kappa}'}\delta_{n'n}.\end{aligned}\tag{20.3}$$

Die χ_n sind also als Entwicklungsfunktionen brauchbar:

$$\psi_n(\boldsymbol{k}+\boldsymbol{\kappa},\boldsymbol{r})=\sum_m B_{nm}(\boldsymbol{k}+\boldsymbol{\kappa})\chi_m(\boldsymbol{k}+\boldsymbol{\kappa},\boldsymbol{r})=e^{i\boldsymbol{\kappa}\cdot\boldsymbol{r}}\sum_m B_{nm}\psi_m(\boldsymbol{k},\boldsymbol{r}).\tag{20.4}$$

Dabei sei $E_n(\boldsymbol{k})$ in $\boldsymbol{k}$ nicht entartet. Anwendung des Hamilton-Operators auf (20.4) liefert einerseits

$$H\psi_n(\boldsymbol{k}+\boldsymbol{\kappa},\boldsymbol{r}) = \left(-\frac{\hbar^2}{2m}\Delta + V(\boldsymbol{r})\right) e^{i\boldsymbol{\kappa}\cdot\boldsymbol{r}} \sum_m B_{nm}\psi_m(\boldsymbol{k},\boldsymbol{r}) = \tag{20.5}$$

$$= e^{i\boldsymbol{\kappa}\cdot\boldsymbol{r}} \sum_m B_{nm}\left(-\frac{\hbar^2}{2m}\Delta + V(\boldsymbol{r}) + \frac{\hbar^2}{im}\boldsymbol{\kappa}\cdot\operatorname{grad} + \frac{\hbar^2\kappa^2}{2m}\right)\psi_m(\boldsymbol{k},\boldsymbol{r})$$

$$= e^{i\boldsymbol{\kappa}\cdot\boldsymbol{r}} \sum_m B_{nm}\left(E(\boldsymbol{k}) + \frac{\hbar^2}{im}\boldsymbol{\kappa}\cdot\operatorname{grad} + \frac{\hbar^2\kappa^2}{2m}\right)\psi_m(\boldsymbol{k},\boldsymbol{r}),$$

andererseits

$$= E_n(\boldsymbol{k}+\boldsymbol{\kappa}) e^{i\boldsymbol{\kappa}\cdot\boldsymbol{r}} \sum_m B_{nm}\psi_m(\boldsymbol{k},\boldsymbol{r}). \tag{20.6}$$

Multiplikation mit $e^{-i\boldsymbol{\kappa}\cdot\boldsymbol{r}}\psi^*_{m'}(\boldsymbol{k},\boldsymbol{r})$ und Integration über das Grundgebiet liefert für die rechten Seiten von (20.5) und (20.6)

$$E_n(\boldsymbol{k}+\boldsymbol{\kappa})B_{nm'} = \left(E_{m'}(\boldsymbol{k}) + \frac{\hbar^2\kappa^2}{2m}\right)B_{nm'} + \sum_m B_{nm}\frac{\hbar}{m}\boldsymbol{\kappa}\cdot\boldsymbol{p}_{m'm} \tag{20.7}$$

für alle m'. Dabei ist $\boldsymbol{p}_{m'm}$ das Matrixelement

$$\boldsymbol{p}_{m'm} = \frac{\hbar}{i}\int \psi^*_{m'}(\boldsymbol{k},\boldsymbol{r})\operatorname{grad}\psi_m(\boldsymbol{k},\boldsymbol{r})\,d\tau\,. \tag{20.8}$$

Auswertung dieses Gleichungssystems nach den üblichen Methoden der Störungsrechnung (Reihenentwicklung nach steigenden Potenzen von $\boldsymbol{\kappa}$) liefert dann

$$E_n(\boldsymbol{k}+\boldsymbol{\kappa}) = E_n(\boldsymbol{k}) + \frac{\hbar}{m}\boldsymbol{\kappa}\cdot\boldsymbol{p}_{nn} + \frac{\hbar^2\kappa^2}{2m} + \frac{\hbar^2}{m}\sum_{\substack{m\\(\neq n)}}\frac{|\boldsymbol{\kappa}\cdot\boldsymbol{p}_{nm}|^2}{E_n(\boldsymbol{k})-E_m(\boldsymbol{k})}. \tag{20.9}$$

Der Grenzübergang $\kappa\to 0$ zeigt erstens die Stetigkeit der Energie in der Brillouin-Zone an allen Stellen, an denen $E_n(\boldsymbol{k})$ nicht entartet ist. Er liefert ferner

$$\boldsymbol{p}_{nn} = \langle \boldsymbol{p}_n\rangle = \frac{m}{\hbar}\operatorname{grad}_k E\,. \tag{20.10}$$

$\boldsymbol{p}_{nn}$ ist ein Diagonalelement des Impulsoperators, also der Erwartungswert des Impulses eines Elektrons der Energie $E_n(\boldsymbol{k})$.

Für den zweiten Differentialquotienten der Energie nach $\boldsymbol{k}$ finden wir nach Ausführung des Grenzüberganges $\kappa\to 0$ aus (20.9)

$$\frac{1}{\hbar^2}\frac{\partial^2 E}{\partial k_\alpha \partial k_\beta} = \frac{1}{m}\delta_{\alpha\beta} + \frac{1}{m^2}\sum_{\substack{j\\(\neq n)}}\frac{p^\alpha_{nj}p^\beta_{jn} + p^\beta_{nj}p^\alpha_{jn}}{E_n(k)-E_j(k)}. \tag{20.11}$$

Die Interpretation dieser Gleichung ist einfach, wenn wir uns vergegenwärtigen, daß das durch die Schrödinger-Gleichung (16.1) beschriebene Elektron ein *Quasi-*

Teilchen ist, das die Wechselwirkung mit dem statischen Gitter bereits in seine Eigenschaften inkorporiert hat. Ein solches Kristall-Elektron sieht dann nur noch die äußeren Kräfte und die „Kräfte" der Gitterschwingungen, denen gegenüber es sich anders verhält als ein freies Elektron.
Wir stellen einander gegenüber:

	freies Elektron	Kristallelektron
Wellenfunktion	$e^{i\boldsymbol{k}\cdot\boldsymbol{r}}$	Bloch-Funktion (18.12)
Eigenwert E	$\hbar^2 k^2/2m$	Bandstruktur $E_n(\boldsymbol{k})$
Erwartungswert des Impulses	$\hbar\boldsymbol{k}$	Gl. (20.10)
$\frac{1}{\hbar^2}\frac{\partial^2 E}{\partial k_\alpha \partial k_\beta}$	$\frac{1}{m}\delta_{\alpha\beta}$	Gl. (20.11)

Gl. (20.10) ist der Ausdruck für die *Gruppengeschwindigkeit* eines Wellenpaketes, wie wir sie auch in Gl. (7.5) für freie Elektronen gefunden haben. Gleichzeitig ersetzt (20.10) aber hier auch die nur für freie Elektronen gültige de Broglie-Beziehung $\boldsymbol{p}=\hbar\boldsymbol{k}$ $(p=h/\lambda)$. Für ein Kristall-Elektron ist also $\boldsymbol{k}$ nicht mehr proportional zum Erwartungswert des Impulses. $\boldsymbol{k}$ (oder $\hbar\boldsymbol{k}$) wird deshalb oft als *Kristallimpuls* bezeichnet.
Gl. (20.11) zeigt das unterschiedliche dynamische Verhalten eines freien Elektrons und eines Kristall-Elektrons. So wie die erste Ableitung der Energie nach der Wellenzahl die Geschwindigkeit eines Elektrons in einem Zustand angibt, gibt die zweite Ableitung Auskunft über die Änderung dieses Zustandes. Für ein freies Elektron ist die zweite Ableitung das Reziproke seiner trägen Masse. Für das Bloch-Elektron – das ja die Wirkung der Gitterkräfte schon inkorporiert hat – tritt hier ein komplizierter Ausdruck an die Stelle von $1/m$. Wir werden im nächsten Abschnitt sehen, daß das Bloch-Elektron sich im elektrischen Feld so verhält, als sei seine Masse durch die Beziehung (20.11) gegeben. Die rechte Seite von (20.11) hat tensoriellen Charakter. Man bezeichnet (20.11) deshalb als den *Tensor der effektiven* (oder scheinbaren) *Masse.*
Wir schließen diesen Abschnitt mit zwei Bemerkungen:
In Abschnitt 15 hatten wir zyklische Randbedingungen eingeführt, um die Translationsgruppe endlich zu machen. Die Zahl der verschiedenen $\boldsymbol{R}_l$ ist dann gleich der Zahl der Gitterpunkte im Grundgebiet. Zwei primitive Translationen $\boldsymbol{R}_l$ und $\boldsymbol{R}_l+N_i\boldsymbol{a}_i$ gelten als identisch. Das bedeutet aber auch, daß

$$\psi_n(\boldsymbol{k},\boldsymbol{r}+N_i\boldsymbol{a}_i)=\psi_n(\boldsymbol{k},\boldsymbol{r}) \tag{20.12}$$

gilt, also mit (18.12)

$$e^{i\boldsymbol{k}\cdot(\boldsymbol{r}+N_i\boldsymbol{a}_i)}u_n(\boldsymbol{k},\boldsymbol{r})=e^{i\boldsymbol{k}\cdot\boldsymbol{r}}u_n(\boldsymbol{k},\boldsymbol{r}) \tag{20.13}$$

oder

$$e^{iN_i\boldsymbol{k}\cdot\boldsymbol{a}_i}=1\,. \tag{20.14}$$

Stellt man $\boldsymbol{k}$ als Vektor im reziproken Gitter dar: $\boldsymbol{k}=\sum_i \kappa_i \boldsymbol{b}_i$, so wird

$$e^{2\pi i(N_1\kappa_1+N_2\kappa_2+N_3\kappa_3)}=1\,. \tag{20.15}$$

Das ist erfüllt, wenn die κ_i beschränkt sind auf die Werte

$$\kappa_i=\frac{n_i}{N_i} \qquad n_i=1\ldots N_i\,. \tag{20.16}$$

Es gibt also $N=N_1N_2N_3$ verschiedene Wertetripel $\{\kappa_1\ \kappa_2\ \kappa_3\}$ und damit N verschiedene $\boldsymbol{k}$! Der Vektor $\boldsymbol{k}$ kann im $\boldsymbol{k}$-Raum nur diskrete Werte annehmen, und nur im Grenzfall „Grundgebiet gegen Unendlich" ist $E_n(\boldsymbol{k})$ eine stetige Funktion von $\boldsymbol{k}$. Da das Grundgebiet jedoch beliebig groß gewählt werden kann, kann auch $E_n(\boldsymbol{k})$ beliebig gut durch eine stetige Funktion einer Variablen $\boldsymbol{k}$ approximiert werden. Trotzdem ist es wichtig, daß $\boldsymbol{k}$ beschränkt ist auf die N Werte

$$\boldsymbol{k}=\sum_i \frac{n_i}{N_i}\boldsymbol{b}_i\,. \tag{20.17}$$

Dieses Ergebnis ist identisch mit dem Ergebnis (5.5) für freie Elektronen. Denn aus (20.17) folgt wegen (17.2) für eine Komponente k_j: $k_j=(n_j/N_j)b_j=(n_j/N_j)(2\pi/a_j)$ $=(2\pi/L_j)n_j=$ Gl. (5.5). Insbesondere gilt also auch hier Gl. (6.11) für die Zustandsdichte $z(\boldsymbol{k})$ im $\boldsymbol{k}$-Raum. Auf die Zustandsdichte $z(E)$ kommen wir im übernächsten Abschnitt zurück.

Ein weiteres wichtiges Ergebnis sei angefügt. Nach dem Blochschen Theorem ist

$$T_{\boldsymbol{R}_l}\psi_n^*(\boldsymbol{k},\boldsymbol{r})=e^{-i\boldsymbol{k}\cdot\boldsymbol{R}_l}\,\psi_n^*(\boldsymbol{k},\boldsymbol{r}) \tag{20.18}$$

ebenso wie

$$T_{\boldsymbol{R}_l}\psi_n(-\boldsymbol{k},\boldsymbol{r})=e^{-i\boldsymbol{k}\cdot\boldsymbol{R}_l}\,\psi_n(-\boldsymbol{k},\boldsymbol{r})\,. \tag{20.19}$$

Da durch das Blochsche Theorem die $\boldsymbol{k}$-Abhängigkeit der Wellenfunktion definiert ist, ist $\psi^*(\boldsymbol{k},\boldsymbol{r})$ identisch mit $\psi(-\boldsymbol{k},\boldsymbol{r})$. Da weiter wegen der Realität des Hamilton-Operators $(H=H^*)$ $\psi^*(\boldsymbol{k},\boldsymbol{r})$ mit $\psi(\boldsymbol{k},\boldsymbol{r})$ entartet ist, ist auch $\psi(-\boldsymbol{k},\boldsymbol{r})$ mit $\psi(\boldsymbol{k},\boldsymbol{r})$ entartet, d.h. es ist auch

$$E(\boldsymbol{k})=E(-\boldsymbol{k})\,. \tag{20.20}$$

Diese wichtige Aussage wird als *Kramerssches Theorem* bezeichnet.

21. Dynamik der Kristall-Elektronen

Entsprechend unserem Vorgehen im Falle freier Elektronen in den Abschnitten 7 und 8 betrachten wir jetzt die Schrödinger-Gleichung des Kristall-Elektrons unter Einschluß eines elektrischen Feldes $\boldsymbol{E}$ und eines magnetischen Feldes $\boldsymbol{H}$. Der Hamilton-Operator wird dann entsprechend (7.3) und (8.1)

$$H=\frac{1}{2m}\left(\boldsymbol{p}+\frac{e}{c}\boldsymbol{A}\right)^2+V(\boldsymbol{r})-e\varphi\,. \tag{21.1}$$

Die Änderung einer Bloch-Funktion, die sich bei $t=0$ im Zustand $\boldsymbol{k}_0$ befinde ($\psi=\psi_n(\boldsymbol{k}_0,\boldsymbol{r})$), während eines kleinen Zeitintervalls dt ist gegeben durch

$$\psi(\boldsymbol{k},\boldsymbol{r},dt)=e^{-\frac{i}{\hbar}Hdt}\psi_n(\boldsymbol{k}_0,\boldsymbol{r})=\left(1-\frac{i}{\hbar}H\,dt\right)\psi_n(\boldsymbol{k}_0,\boldsymbol{r}). \tag{21.2}$$

Wir fragen zunächst danach, ob diese Wellenfunktion noch ein Bloch-Zustand ist oder nicht. Dazu wenden wir den Translations-Operator $T_{\boldsymbol{R}}$ auf ψ an. Dann wird

$$T_{\boldsymbol{R}}\psi=T_{\boldsymbol{R}}\left(1-\frac{i}{\hbar}H\,dt\right)\psi_n(\boldsymbol{k}_0,\boldsymbol{r})=\left(1-\frac{i}{\hbar}H\,dt\right)T_{\boldsymbol{R}}\psi_n-\frac{1}{\hbar}dt[T_{\boldsymbol{R}}H]\psi_n. \tag{21.3}$$

Für den Kommutator findet man nach einiger Zwischenrechnung

$$[T_{\boldsymbol{R}}H]=\left(\xi\cdot\boldsymbol{R}+\frac{e^2\boldsymbol{B}^2}{2mc^2}R_x^2\right)T_{\boldsymbol{R}}\quad\text{mit}\quad \xi=\frac{e}{c}\boldsymbol{v}\times\boldsymbol{B}+e\boldsymbol{E}+\frac{e}{c}\dot{\boldsymbol{A}}. \tag{21.4}$$

Bleiben wir in der Näherung für kleine Magnetfelder, so können wir das letzte Glied rechts in (21.4) vernachlässigen und erhalten

$$T_{\boldsymbol{R}}\psi=\left(1-\frac{i}{\hbar}(H+\xi\cdot\boldsymbol{R})dt\right)T_{\boldsymbol{R}}\psi_n=(\ldots)e^{i\boldsymbol{k}_0\cdot\boldsymbol{R}}\psi_n=e^{i\boldsymbol{k}\cdot\boldsymbol{R}}\psi_n \tag{21.5}$$

mit

$$\hbar\boldsymbol{k}=\hbar\boldsymbol{k}_0-\xi\,dt\quad\text{oder}\quad\hbar\dot{\boldsymbol{k}}=-\xi\,. \tag{21.6}$$

Vernachlässigen wir den Unterschied zwischen dem $\boldsymbol{k}$-Raum und dem $(\boldsymbol{k}+(e/\hbar c)\boldsymbol{A})$-Raum, so wie in Abschnitt 8 zwischen dem $\boldsymbol{k}$-Raum und dem $\boldsymbol{P}/\hbar$-Raum, so wird hier wie in (8.8)

$$\hbar\dot{\boldsymbol{k}}=-\left(e\boldsymbol{E}+\frac{e}{c}\boldsymbol{v}\times\boldsymbol{B}\right). \tag{21.7}$$

Im Rahmen der Näherung für kleine Magnetfelder (und für elektrische Felder immer!) durchläuft also ein Bloch-Elektron mit der Zeit Bloch-Zustände, wobei die zeitliche Änderung seines $\boldsymbol{k}$-Vektors (genauer des $(\boldsymbol{k}+(e/\hbar c)\boldsymbol{A})$-Vektors) proportional zur Lorentz-Kraft ist.

Wir können damit alle Ergebnisse übernehmen, die wir bei freien Elektronen in dieser halbklassischen Näherung gefunden haben. Bei einer Beschleunigung des Elektrons durch äußere Felder durchläuft der $\boldsymbol{k}$-Vektor im $\boldsymbol{k}$-Raum eine quasikontinuierliche Folge von Zuständen. Im Magnetfeld allein bleibt der $\boldsymbol{k}$-Vektor auf einer Fläche konstanter Energie. Wegen der komplizierten Struktur der Energieflächen des Bändermodells in der Brillouin-Zone sind diese „Bahnen" des $\boldsymbol{k}$-Vektors keine Kreisbahnen. Damit wird auch die Bahn des Elektrons im Ortsraum wesentlich komplizierter. Wir kommen im Abschnitt 23 darauf zurück.

Im letzten Abschnitt hatten wir den Begriff der effektiven Masse eingeführt und behauptet, das Ersetzen der Elektronenmasse durch den Tensor der effektiven Masse berücksichtige gerade den Einfluß der Gitterkräfte. Wir wollen diese Behauptung jetzt im Rahmen der Dynamik der Elektronen nachprüfen.

Wir nehmen an, die Bandstruktur $E_n(\boldsymbol{k})$ eines Festkörpers sei gegeben. Diese Funktion ist im $\boldsymbol{k}$-Raum periodisch, kann also nach Fourier entwickelt werden:

$$E_n(\boldsymbol{k}) = \sum_m E_{nm} e^{i\boldsymbol{R}_m \cdot \boldsymbol{k}}. \tag{21.8}$$

Bilden wir formal einen Operator $E_n(-i\,\text{grad})$ durch Ersetzen aller $\boldsymbol{k}$ in $E_n(\boldsymbol{k})$ durch $-i\,\text{grad}$, so finden wir für ihn folgende Eigenschaften:

$$\begin{aligned} E_n(-i\,\text{grad})\psi_n(\boldsymbol{k},\boldsymbol{r}) &= \sum_m E_{nm} e^{\boldsymbol{R}_m \cdot \text{grad}} \psi_n(\boldsymbol{k},\boldsymbol{r}) = \sum_m E_{nm}(1 + \boldsymbol{R}_m \cdot \text{grad} \\ &+ \tfrac{1}{2}(\boldsymbol{R}_m \cdot \text{grad})^2 + \ldots)\psi_n(\boldsymbol{k},\boldsymbol{r}) = \sum_m E_{nm}\psi_n(\boldsymbol{k},\boldsymbol{r}+\boldsymbol{R}_m) \\ &= \sum_m E_{nm} e^{i\boldsymbol{R}_m \cdot \boldsymbol{k}} \psi_n(\boldsymbol{k},\boldsymbol{r}) = E_n(\boldsymbol{k})\psi_n(\boldsymbol{k},\boldsymbol{r}). \end{aligned} \tag{21.9}$$

Die Bloch-Funktionen $\psi_n(\boldsymbol{k},\boldsymbol{r})$ sind also Eigenfunktionen zum Operator $E_n(-i\,\text{grad})$ und zum Eigenwert $E_n(\boldsymbol{k})$.
Wir betrachten jetzt die zeitabhängige Schrödinger-Gleichung

$$\left(-\frac{\hbar^2}{2m}\Delta + V(\boldsymbol{r}) + e\boldsymbol{E}\cdot\boldsymbol{r}\right)\psi = -\frac{\hbar}{i}\dot{\psi}, \tag{21.10}$$

wobei wir uns der Einfachheit halber auf ein konstantes elektrisches Feld beschränken.
Das durch diese Gleichung beschriebene Elektron stellen wir durch ein Wellenpaket dar, das aus allen Bloch-Zuständen des Bändermodells aufgebaut ist:

$$\psi = \sum_{n,\boldsymbol{k}} c(\boldsymbol{k},t)\psi_n(\boldsymbol{k},\boldsymbol{r}). \tag{21.11}$$

Dann wird

$$\begin{aligned} &\sum_{n,\boldsymbol{k}} c(\boldsymbol{k},t)\left(-\frac{\hbar^2}{2m}\Delta + V(\boldsymbol{r}) + e\boldsymbol{E}\cdot\boldsymbol{r}\right)\psi_n(\boldsymbol{k},\boldsymbol{r}) = -\frac{\hbar}{i}\dot{\psi} \\ &= \sum_{n,\boldsymbol{k}} c(\boldsymbol{k},t)\,(E_n(\boldsymbol{k}) + e\boldsymbol{E}\cdot\boldsymbol{r})\psi_n(\boldsymbol{k},\boldsymbol{r}) = \sum_{n,\boldsymbol{k}} c(\boldsymbol{k},t)\,(E_n(-i\,\text{grad}) + e\boldsymbol{E}\cdot\boldsymbol{r})\psi_n(\boldsymbol{k},\boldsymbol{r}). \end{aligned} \tag{21.12}$$

Diese Gleichung läßt sich weiter umformen, wenn man die einschränkende Annahme macht, daß das elektrische Feld zu schwach ist, um *Übergänge* von einem Band in ein anderes zu induzieren. Das Elektron soll also stets in einem Band bleiben (Index n). Dieses Band soll auch nicht mit einem anderen entartet sein. Dann genügt es, das Wellenpaket aus den Zuständen des betreffenden Bandes aufzubauen, und die Summation in (21.11) und (21.12) ist nur über alle $\boldsymbol{k}$ des Bandes n zu erstrecken. In der letzten Gleichung (21.12) enthält die Klammer aber $\boldsymbol{k}$ nicht mehr, so daß sie vor die Summe über $\boldsymbol{k}$ gezogen werden kann. Es folgt also

$$(E_n(-i\,\text{grad}) + e\boldsymbol{E}\cdot\boldsymbol{r})\sum_{\boldsymbol{k}} c(\boldsymbol{k},t)\psi_n(\boldsymbol{k},\boldsymbol{r}) = (E_n(-i\,\text{grad}) + e\boldsymbol{E}\cdot\boldsymbol{r})\psi = -\frac{\hbar}{i}\dot{\psi}. \tag{21.13}$$

Hiermit haben wir eine neue Schrödinger-Gleichung erhalten, die sich von (21.10) dadurch unterscheidet, daß das periodische Potential $V(\boldsymbol{r})$ explizit nicht mehr auftritt! Dafür ist ein neuer äquivalenter Hamilton-Operator an die Stelle des für freie Elektronen gültigen Operators der kinetischen Energie getreten. Diese Gleichung zeigt genau die Quasi-Teilchen-Eigenschaften des Kristall-Elektrons: Das periodische Potential wird in die Eigenschaften des Elektrons inkorporiert, das Wellenpaket verhält sich im elektrischen Feld wie ein sonst freies Teilchen mit der Ladung $-e$ und der durch $E_n(\boldsymbol{k})$ gegebenen Dispersionsbeziehung zwischen Energie und Wellenzahlvektor. $E_n(\boldsymbol{k})$ tritt also an die Stelle der Beziehung $E=\hbar^2 k^2/2m$ für freie Elektronen, die zweite Ableitung der Funktion $E_n(\boldsymbol{k})$ (Gl. (20.11)) also an die Stelle der reziproken Masse des freien Elektrons.
Wir haben uns bei der Ableitung von (21.13) auf ein konstantes elektrisches Feld beschränkt. Eine entsprechende Gleichung läßt sich auch allgemein für gekoppelte elektrische und magnetische Felder ableiten. Voraussetzung bleibt aber immer neben der Vernachlässigung von Band-Band-Übergängen die Beschränkung auf kleine Magnetfelder. Mit wachsendem Magnetfeld wird wie bei freien Elektronen eine Aufspaltung der Bandstruktur in „magnetische Teilbänder" auftreten. Die Verhältnisse liegen hier jedoch so kompliziert, daß wir darauf nicht näher eingehen wollen. Einiges hierzu werden wir in Abschnitt 23 nachholen.
Die Kenntnis der Bandstruktur-Funktion gestattet also, die Bewegung eines Kristallelektrons unter äußeren Kräften zu berechnen. Wir benötigen somit die Bandstruktur eines Festkörpers für die Theorie aller Wechselwirkungsprozesse, an denen Elektronen des Festkörpers beteiligt sind.
Für die *anschauliche* Beschreibung der Bewegung von Kristall-Elektronen ist das Konzept der effektiven Masse nur eingeschränkt von Bedeutung. Mit der zeitlichen Änderung des $\boldsymbol{k}$-Vektors eines Elektrons ist eine ständige Änderung der effektiven

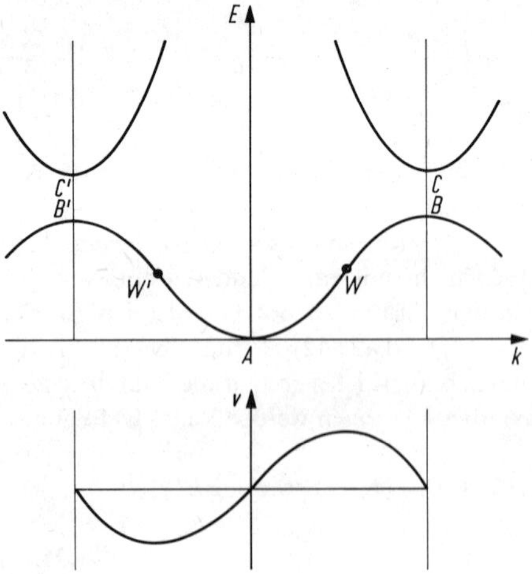

Abb. 25. Zur Dynamik des Elektrons in einem Energieband. Oben: Einfaches Energieband mit Minimum bei A, Wendepunkten bei W und W' und Maximum bei B und B'. Der untere Teil eines zweiten Bandes mit Minima bei C und C' ist angedeutet. Die Punkte B und B' bzw. C und C' sind äquivalent. Unten: Geschwindigkeit eines Elektrons im unteren Band in Abhängigkeit von k (schematisch)

Masse verbunden. Die Verhältnisse werden nur einfach, wenn die Abweichungen der Bandstruktur von der Näherung freier Elektronen gering sind. Das ist besonders in der Nähe von Energieextrema eines Bandes oft der Fall, wo eine Entwicklung der Funktion $E_n(\boldsymbol{k})$ um den Extremalwert zu einer quadratischen Abhängigkeit $E \sim k^2$ führen kann. Dann ist die effektive Masse konstant, und die Bewegung des Elektrons verläuft ähnlich wie bei freien Elektronen. Dieser in der Halbleitertheorie wichtige Grenzfall, in dem der Operator $E_n(-i\,\text{grad})$ durch einen Operator der Form $(-\hbar^2/2m^*)\Delta$ ersetzt werden kann, heißt *Effektiv-Massen-Näherung*.

Wir wenden uns nun wieder der Bewegung eines Kristallelektrons im elektrischen Feld zu. Dazu betrachten wir ein Elektron in einem Energieband der in Abb. 25 gezeigten Gestalt. Das Band möge sein Minimum bei $\boldsymbol{k}=0$ (Punkt A) haben. In Richtung der Komponente des $\boldsymbol{k}$-Vektors, die parallel dem elektrischen Feld ist, befinde sich die Oberkante des Bandes in den Punkten B und B' am Rande der Brillouin-Zone. Oberhalb des betrachteten Bandes befinde sich ein weiteres Band mit Minima C, C'.

Vor Einschalten des elektrischen Feldes befinde sich das Elektron im Zustand $\boldsymbol{k}=0$ mit der Geschwindigkeit $\boldsymbol{v}=(1/\hbar)\,\text{grad}_k E=0$. Im elektrischen Feld durchläuft der $\boldsymbol{k}$-Vektor des Elektrons dann Zustände mit wachsendem $\boldsymbol{k}$ und gelangt schließlich zum Punkt B. Während dieses Weges wächst seine Geschwindigkeit bis zum Wendepunkt W und fällt dann ab, um in B wieder Null zu werden. Dieses Abfallen der Geschwindigkeit trotz Beschleunigung durch das elektrische Feld bedeutet natürlich, daß die Gitterkräfte in diesem Bereich die Bewegung des Elektrons bremsen und dabei die Beschleunigung überkompensieren. In B schließlich verhindern die Gitterkräfte die Bewegung des Elektrons völlig (Bragg-Reflexion). Dieser Einfluß wird beschrieben durch die effektive Masse, die als zweite Ableitung der Energie nach k oberhalb des Wendepunktes negativ (!) ist. Eine negative (träge) Masse bedeutet aber gerade eine Abbremsung im beschleunigenden Feld.

Wenn der $\boldsymbol{k}$-Vektor des Elektrons in B angekommen ist, verläßt er die Brillouin-Zone und wandert in die nächste Zone des hier benutzten wiederholten Zonenschemas. Wegen der Periodizität der Funktion $E(\boldsymbol{k})$ können wir dann das Elektron durch einen äquivalenten $\boldsymbol{k}$-Punkt beschreiben, der von B' kommend sich auf A zubewegt. Die zeitliche Änderung des $\boldsymbol{k}$-Vektors können wir also als einen periodischen Vorgang beschreiben, bei dem sich der $\boldsymbol{k}$-Punkt von B' über A nach B bewegt, dann nach B' zurückspringt usw. Dabei oszilliert die Energie des Elektrons zwischen $E(A)$ und $E(B)=E(B')$. Im Ortsraum ist hiermit ebenfalls eine Oszillation verbunden, da die Geschwindigkeit $v\,(\sim dE/dk)$ periodisch ihr Vorzeichen ändert.

Eine solche Oszillation wird natürlich nie beobachtet, da ein Kristallelektron nicht nur mit äußeren Kräften in Wechselwirkung steht, sondern auch mit den Gitterschwingungen. Diese entziehen dem Elektron in Wechselwirkungsprozessen Energie und Impuls (Emission von Phononen, vgl. Kapitel VIII), so daß zwischen zwei solchen Prozessen das Elektron immer nur kurze Stücke der **k**-Achse der Abb. 25 durchläuft.

Trotzdem ist diese Diskussion wichtig, da im Festkörper ein Band nicht mit einem Elektron, sondern immer mit vielen Elektronen besetzt ist. Wie bei freien Elektronen (Abb. 6) verschiebt sich die mit Elektronen gefüllte Fermi-Kugel starr im **k**-Raum. Wegen der **k**-Abhängigkeit der Geschwindigkeit und der effektiven Masse wächst die mittlere Geschwindigkeit nicht linear mit **k**, und die mittlere effektive Masse bleibt nicht konstant. Dies macht sich insbesondere bemerkbar, wenn man den von den Elektronen getragenen elektrischen Strom berechnen will. Betrachten wir zunächst den Grenzfall eines völlig besetzten Bandes. Unabhängig von der zeitlichen Verschiebung aller **k**-Vektoren bleiben alle Zustände mit Elektronen besetzt. Da nach dem Kramersschen Theorem (20.20) zu jedem Zustand **k** ein Zustand $-\boldsymbol{k}$ existiert, bleibt die mittlere Geschwindigkeit der Elektronengesamtheit stets Null. *Ein vollbesetztes Band trägt nichts zum elektrischen Strom bei.*

Dieses Ergebnis bedeutet gleichzeitig, daß die Summe über alle den Zuständen **k** eines Bandes zugeordneten Geschwindigkeiten $\boldsymbol{v}(\boldsymbol{k})$ verschwindet. Seien nun in einem Band die Zustände $\boldsymbol{k}_1$ besetzt und die Zustände $\boldsymbol{k}_2$ unbesetzt. Dann folgt

$$I = -e \sum_{\boldsymbol{k}_1} \boldsymbol{v}(\boldsymbol{k}_1) = +e \sum_{\boldsymbol{k}_2} \boldsymbol{v}(\boldsymbol{k}_2). \tag{21.14}$$

Der von den Elektronen in den Zuständen $\boldsymbol{k}_1$ getragene Strom ist also gleich groß, wie der Strom fiktiver positiv geladener Teilchen, die sich in den Zuständen $\boldsymbol{k}_2$ befinden. Diese Aussage wird wichtig, wenn ein Band fast ganz gefüllt ist. Unbesetzte Zustände mögen nur in einem Bereich vorhanden sein, in dem die Näherung

$$E = E_0 + \frac{\hbar^2 k^2}{2m_0} = E_0 - \frac{\hbar^2 k^2}{2|m_0|} \tag{21.15}$$

gilt. Der Index 0 soll die Oberkante des Bandes anzeigen. Die effektive Masse m_0 ist in diesem Bereich negativ! Wir betrachten nun eines der fiktiven positiv geladenen Teilchen. Seine Beschleunigung in einem elektrischen Feld $\boldsymbol{E}$ ist

$$\dot{\boldsymbol{v}} = \frac{d}{dt}\left(\frac{1}{\hbar}\,\mathrm{grad}_{\boldsymbol{k}} E\right) = -\frac{1}{|m_0|}\hbar\dot{\boldsymbol{k}} = \frac{e}{|m_0|}\boldsymbol{E}. \tag{21.16}$$

Dies ist aber gerade das Beschleunigungsgesetz für ein positiv geladenes Teilchen mit positiver Masse $|m_0|$. Wenn wir also den von den vielen Elektronen in den Zuständen $\boldsymbol{k}_1$ getragenen Strom beschreiben wollen durch einen Strom weniger fiktiver Teilchen in den Zuständen $\boldsymbol{k}_2$, so müssen wir diesen Teilchen neben einer *positiven Ladung* auch eine *positive effektive Masse* zuordnen.

Solche fiktiven Ladungsträger werden als *Löcher* bezeichnet. Sie spielen vor allem in Halbleitern eine wichtige Rolle. Löcher beschreiben in einfacher Weise die Bewegung einer großen Anzahl von Kristallelektronen in einem fast völlig besetzten Band. Sie sind im gleichen Sinne *Quasi-Teilchen* wie die Kristallelektronen.

Wir hatten schon bei den Paaranregungen in Abschnitt 5 den Begriff des Loches eingeführt. Dort verstanden wir unter ihm einen freien Zustand in einer sonst völlig gefüllten Fermi-Kugel. Hier ist ein Loch ein freier Zustand in einem sonst völlig gefüllten Band. Zwei-Teilchen-Anregungen (ein Elektron in einem sonst unbesetzten höheren Band, ein Loch in einem vollbesetzten Band) sind also auch im Bändermodell möglich. Wir kommen in Kapitel VII hierauf zurück.
Wir beschließen diesen Abschnitt mit einer Bemerkung zu der Näherung nach Gl. (21.12), nach der wir das Wellenpaket, das das Elektron beschreibt, allein aus Bloch-Zuständen eines Bandes aufbauten. Die Beimischung von Bloch-Funktionen aus anderen Bändern bedeutet die Möglichkeit für einen Übergang des Elektrons in ein anderes Band unter dem Einfluß des elektrischen Feldes. Dieses Phänomen wird als *innere Feldemission* bezeichnet, häufig auch als *Zener-Effekt*. Zum Verständnis dieses Phänomens betrachten wir neben Abb. 25 auch Abb. 26. In Abb. 26

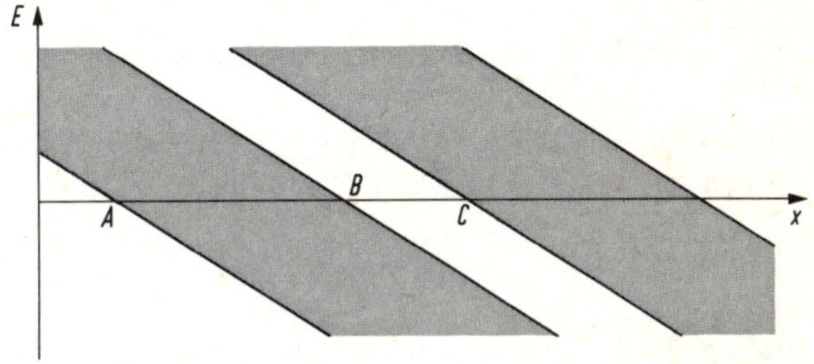

Abb. 26. Addiert man zur Energie des Bändermodells die elektrostatische Energie eines konstanten elektrischen Feldes, so erscheinen die Bänder im $E-x$-Diagramm geneigt. Ein von A nach B laufendes Elektron wird in das Band zurückreflektiert oder kann durch Tunneleffekt in das nächsthöhere Band gelangen

ist zu der Energie des Elektrons im Bändermodell dessen elektrostatische Energie im elektrischen Feld hinzuaddiert. Da sich im konstanten elektrischen Feld die elektrostatische Energie linear mit dem Ort ändert, ist die Energieachse durch eine Ortskoordinate ergänzt. Die Bänder erscheinen in dieser Darstellung geneigt. Die mit der Oszillation zwischen E_A und E_B verknüpfte räumliche Oszillation stellt sich in der Abb. 26 als eine periodische Bewegung zwischen den Punkten A und B dar. Kommt das Elektron in B an, so wird es nach A zurückreflektiert. Aus der Darstellung der Abb. 26 erkennt man jedoch, daß daneben eine Möglichkeit besteht, die verbotene Zone zwischen den beiden Bändern von B nach C zu *durchtunneln*. In Abb. 25 kommt also in B neben der Möglichkeit des Zurückspringens nach B' die Möglichkeit des Übergangs nach C hinzu. Für die Berechnung der Übergangswahrscheinlichkeit von B nach C, also der Durchlässigkeit der Potentialstufe zwischen B und C, müssen die Wellenfunktionen auf beiden Seiten bekannt sein. Hierfür sind Näherungsannahmen möglich, die wir aber im einzelnen nicht betrachten wollen. Die Durchtunnelungswahrscheinlichkeit ist sicher abhängig von dem Abstand BC. BC wächst mit größer werdender Breite der verbotenen Zone und mit kleiner werdendem elektrischen Feld (schwächere Kippung der Bänder in Abb. 26). Dementsprechend erhält die Übergangswahrscheinlichkeit die Form

$$w(B \to C) \sim \exp\left(-\frac{c\,E_G^{\frac{3}{2}}}{|\boldsymbol{E}|}\right), \tag{21.17}$$

wo die Konstante c noch die effektiven Massen an beiden Bandrändern enthält.
Wir haben bei diesen Betrachtungen das Magnetfeld ausgeschlossen. Für die Dynamik der Kristallelektronen ist die Änderung der Energie durch Beschleunigung im elektrischen Feld zunächst wichtiger. Im Magnetfeld läuft der $\boldsymbol{k}$-Vektor des Elektrons auf Flächen konstanter Energie. Dies ist wichtig zur Bestimmung der Konturen von Energieflächen in der Brillouin-Zone und wird uns im Abschnitt 23 beschäftigen.

22. Die Zustandsdichte im Bändermodell

Wir hatten am Ende des Abschnittes 20 gesehen, daß auch im Bändermodell die Zustandsdichte (pro Band) im $\boldsymbol{k}$-Raum durch

$$z(\boldsymbol{k})\,d\tau_{\boldsymbol{k}} = \frac{2}{(2\pi)^3}\,d\tau_{\boldsymbol{k}} \tag{22.1}$$

gegeben ist. Wichtiger ist die „Zustandsdichte auf der Energieskala“, also die Anzahl der Zustände in einem gegebenen Energieintervall bezogen auf das Volumen des Grundgebietes. Wir gewinnen sie auf folgende Weise:
Wir betrachten ein Energieband mit einem Minimum an der Stelle $\boldsymbol{k}=0$. Besitzt das Energieband Minima an anderen Stellen des $\boldsymbol{k}$-Raumes, so ist die Beweisführung leicht zu modifizieren. Die Zahl der Zustände mit einer Energie kleiner als eine gegebene Energie E_0 ist gleich $z(\boldsymbol{k})$ mal dem Volumen des von der Fläche $E=E_0$ umschlossenen Gebietes der Brillouin-Zone

$$Z(E_0) = \int_{E_{\min}}^{E_0} z(E)\,dE = \int_{E_0} z(\boldsymbol{k})\,d\tau_{\boldsymbol{k}}. \tag{22.2}$$

Die Integration über $\boldsymbol{k}$ läßt sich aufteilen in eine Integration über die Energie und ein Flächenintegral über Flächen konstanter Energie (eines Bandes n!)

$$Z_n(E_0) = \int_{E_{\min}}^{E_0} \int_{E=\text{const}} \frac{dE_n\,df}{|\text{grad}_{\boldsymbol{k}}\,E_n(\boldsymbol{k})|}\,\frac{2}{(2\pi)^3}. \tag{22.3}$$

Durch Vergleich von (22.2) und (22.3) folgt die gesuchte Zustandsdichte

$$z_n(E)\,dE = \left\{\frac{2}{(2\pi)^3} \int_{E=\text{const}} \frac{df}{|\text{grad}_{\boldsymbol{k}}\,E_n(\boldsymbol{k})|}\right\} dE. \tag{22.4}$$

$z_n(E)$ ist also gegeben, wenn die Bandstruktur $E_n(\mathbf{k})$ für ein Energieband bekannt ist.

Energiebänder können sich *überlappen*. Das heißt: Der Zustand höchster Energie eines Bandes n kann höher liegen als der Zustand tiefster Energie des folgenden Bandes $n+1$. In diesem Fall addieren sich die Zustände gleicher Energie. Die gesamte Zustandsdichte folgt also aus (22.4) durch Summation über n.

Abb. 27 zeigt dies schematisch: Drei Bänder folgen energetisch aufeinander, die Bänder A und B überlappen sich, während zwischen den Bändern B und C ein Energiebereich ohne erlaubte Zustände *(verbotene Zone)* liegt. Beispiele für Zustandsdichten zeigen ferner die Abb. 35 und 38.

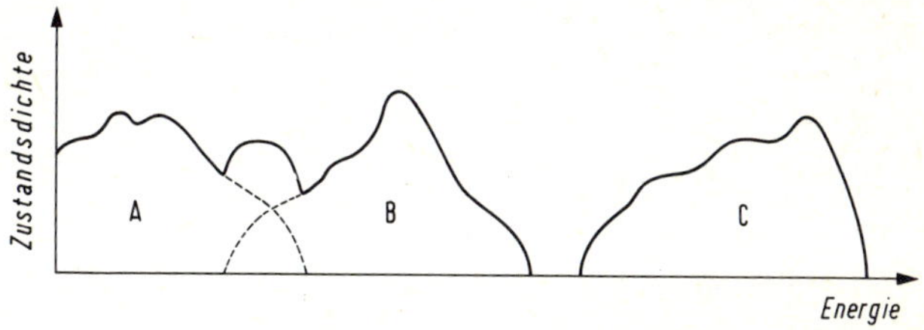

Abb. 27. Zustandsdichte (schematisch) mit überlappenden Bändern und durch eine verbotene Zone getrennten Bändern

Mit Hilfe der Zustandsdichte und der Fermi-Verteilung (6.10) können wir die Verteilung der Elektronen eines Festkörpers $n(E)dE$ bestimmen. Bei $T=0$ werden alle Zustände unterhalb der Grenzenergie E_F besetzt, alle darüber liegenden Zustände unbesetzt sein. Bei $T \neq 0$ wird die Grenze zwischen besetzten und unbesetzten Zuständen verwaschen sein.

Alle Bänder, die abgeschlossene Elektronenschalen des Einzelatoms repräsentieren (tiefliegende Bänder), sind immer voll mit Elektronen besetzt. Auf diese Bänder folgt das Band, das die Valenzelektronen enthält *(Valenzband)*. Wir unterscheiden für den Grundzustand ($T=0$) zwei Fälle:

a) Das Valenzband wird von den Valenzelektronen voll besetzt. Zwischen dem obersten Zustand des Valenzbandes und dem tiefsten Zustand des nächst höheren *Leitungsbandes* liegt eine verbotene Zone.

b) Das Valenzband (bzw. eine Gruppe sich überlappender Valenzbänder) ist nicht voll besetzt. Auf den höchsten besetzten Zustand folgt unmittelbar der erste unbesetzte Zustand.

Dann können wir sofort über das elektrische Verhalten des Festkörpers folgende Aussagen machen: Da ein voll besetztes Band nichts zur Leitfähigkeit beiträgt, verhält sich der Festkörper im Fall a) als *Isolator*, während er im Fall b) *metallische Eigenschaften* zeigt. Zwischen beiden Grenzfällen liegt der *Halbleiter*. Er gehört zum Fall a). Nur ist im Gegensatz zu den Isolatoren der Energiebereich zwischen

Valenz- und Leitungsband so klein, daß durch thermische Anregung Elektronen aus dem Valenzband in das Leitungsband gelangen. Oder anders ausgedrückt: Die Breite des durch die Fermi-Verteilung bestimmten Gebietes, in dem besetzte und unbesetzte Zustände in merklicher Zahl nebeneinander bestehen, ist größer als die verbotene Zone.

Bei *Metallen* liegt die Fermi'sche Grenzenergie in einem oder in mehreren überlappenden Bändern. Bei $T=0$ wird also die Fläche $E=E_F$ in der Brillouin-Zone besetzte und unbesetzte Zustände trennen *(Fermi-Fläche)*. Auch bei $T\neq 0$ wird die *Gestalt der Fermi-Fläche* die Eigenschaften des Metalls bestimmen.

Bei *Halbleitern*, wo nur wenige Elektronen im Leitungsband und nur wenige Löcher im Valenzband sind, wird die Bandstruktur in der Nähe der *Extrema des Leitungs- und des Valenzbandes* interessieren.

Bei *Isolatoren* stehen optische Phänomene im Vordergrund, bei denen Elektronen aus einem Band in ein höheres gehoben werden. Zur Beschreibung solcher Vorgänge (die natürlich auch in Halbleitern und in Metallen wichtig sind) ist die Kenntnis der detaillierten Bandstruktur mehrerer Bänder notwendig.

23. Die Bandstruktur von Metallen, Fermi-Flächen

Nachdem wir die Bedeutung der Bandstruktur für die Bestimmung der energetischen Verteilung der Elektronen eines Festkörpers und für deren Verhalten in äußeren Feldern erkannt haben, wollen wir in diesem und dem nächsten Abschnitt Beispiele für die Struktur der Funktion $E_n(\boldsymbol{k})$ für Metalle und Halbleiter (Isolatoren) geben.

$E_n(\boldsymbol{k})$ ist eine vieldeutige periodische Funktion im $\boldsymbol{k}$-Raum. Das Periodizitätsvolumen ist die Brillouin-Zone. Durch die Symmetrieeigenschaften der Brillouin-Zone sind bestimmte Punkte und Linien in ihrem Inneren und auf ihrer Oberfläche ausgezeichnet. Für die Diskussion der Eigenschaften eines Festkörpers genügt häufig die Kenntnis der Bandstruktur in solchen Punkten und längs solcher Linien. Abb. 28 zeigt deren Benennung für die Brillouin-Zonen der vier wichtigsten Punktgitter.

In der Diskussion des letzten Abschnittes hatten wir das Zustandekommen einer Bandstruktur, also das Aufeinanderfolgen von erlaubten und verbotenen Energiebereichen, gedeutet durch Bragg-Reflexionen, die aus dem kontinuierlichen Energiespektrum freier Elektronen Bereiche herausschneiden. Eine andere qualitative Erklärungsmöglichkeit beginnt mit den diskreten Energietermen des freien Atoms und erklärt die Bänder als Aufspaltung der Atomterme durch die Wechselwirkung im Kristallgitter. Nach dieser Deutung müßte jedes Band des Bänderschemas einem Term des freien Atoms entsprechen.

Dies ist oft der Fall, und man spricht von s-Bändern, p-Bändern, d-Bändern. Abb. 29a zeigt schematisch das Zustandekommen der 3s- und 3p-Bänder des Natriums. Für große Gitterkonstanten spalten die Atomterme nur schwach auf. Mit größerer Annäherung der Atome werden die Bänder immer breiter, und bei

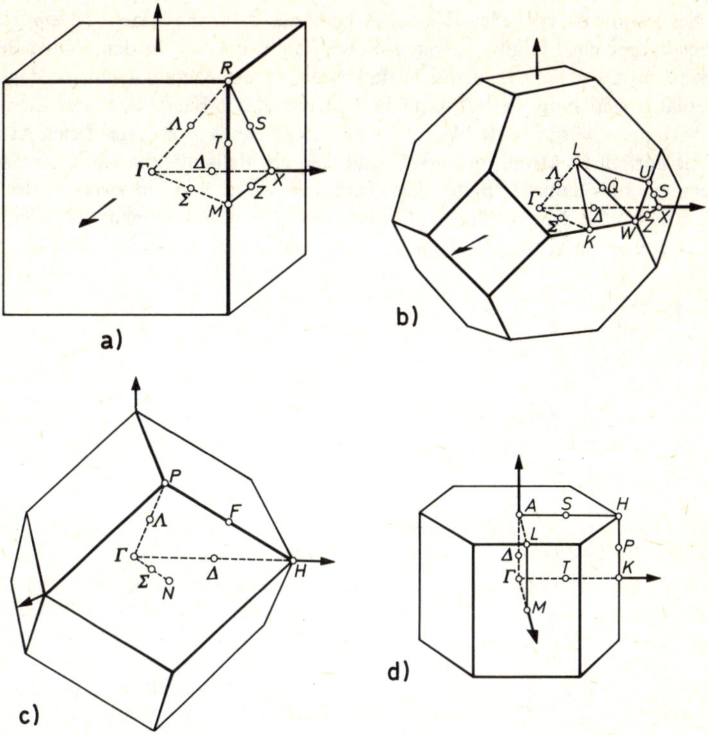

Abb. 28. Brillouin-Zonen für das einfach kubische a), kubisch-flächenzentrierte b), kubisch-raumzentrierte c) und hexagonale Gitter d). Eingezeichnet sind die wichtigsten Symmetriepunkte und -linien und ihre Benennung

der tatsächlichen Gitterkonstanten des Natriums überlappen sich beide Bänder. Dies ist nur der Fall, wenn die Atomzustände im Kristall wenigstens angenähert erhalten bleiben. Ein Gegenbeispiel ist etwa der Diamant, wo die s- und p-Zustände des freien C-Atoms im Kristall wegen der gerichteten Valenz zu den vier nächsten Nachbarn zu sp^3-Hybriden werden. In diesem Fall bleiben nach Abb. 29b nur bei großen Gitterkonstanten die s- und p-Bänder getrennt. Es folgt dann ein Gebiet, in dem sich beide Bänder überlagern. Durch die Hybridisierung spalten sie aber dann wieder auf in zwei getrennte Bänder mit gemischtem s- und p-Charakter.

Wir kommen auf solche Fragen in Abschnitt 26 zurück, wenn wir das Symmetrieverhalten von Wellenfunktionen gruppentheoretisch untersuchen. Hier sollen uns diese Bemerkungen nur dazu dienen, einzelne Bänder der zu besprechenden Bandstrukturen zu atomaren Termen in Beziehung zu setzen.

Dies kann uns vor allem helfen, Argumente dafür zu finden, ob ein gegebener Festkörper ein Metall oder ein Isolator (Halbleiter) ist. In den beiden Beispielen der Abb. 29 wird z. B. deutlich, daß Natrium ein Metall, Diamant dagegen ein Isolator sein muß. Selbst wenn in Natrium das s-Band nicht mit dem p-Band überlappen würde, wäre Na ein Metall. Denn der 3s-Term des freien Atoms enthält nur ein Elektron, im s-Band sind also ebenfalls nur die Hälfte der Zustände besetzt. Im Diamant spaltet das überlappte 2s/2p-Band in zwei Bänder auf, die je die Hälfte der Zustände, also vier pro Atom mitnehmen. Die vier Valenzelektronen des Kohlenstoffs füllen genau das untere der beiden Bänder.

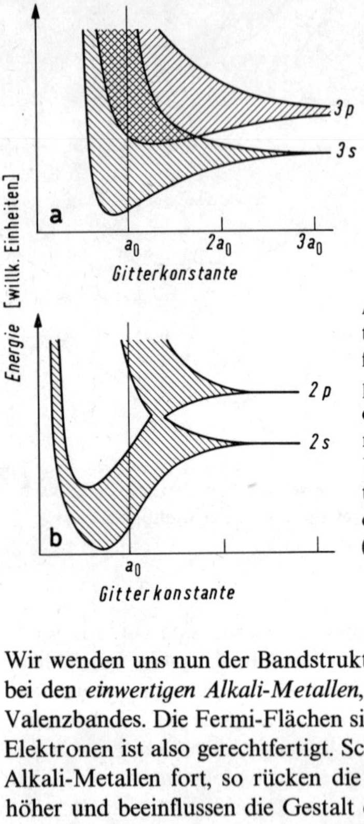

Abb. 29. Entstehen einer Bandstruktur aus diskreten Termen der isolierten Atome beim Zusammenfügen der Atome zu einem Kristall. a) Aus s- und p-Termen entstehen beim Natrium s- und p-Bänder, die sich im Kristall überlappen, b) Im Diamant erfolgt bei der Annäherung der Atome eine Umlagerung der s- und p-Terme zu gleichberechtigten sp^3-Zuständen. Es entstehen zwei Teilbänder, die durch eine verbotene Zone getrennt sind. (Schematisch nach Slater bzw. Hund und Mrowka)

Wir wenden uns nun der Bandstruktur wichtiger Metalle zu. Bleiben wir zunächst bei den *einwertigen Alkali-Metallen*, so finden wir relativ einfache Strukturen des Valenzbandes. Die Fermi-Flächen sind angenähert Kugeln; die Näherung für freie Elektronen ist also gerechtfertigt. Schreitet man von Li über Na, K zu schwereren Alkali-Metallen fort, so rücken die Bänder der d-Elektronen *(d-Bänder)* immer höher und beeinflussen die Gestalt der Fermi-Fläche.
Auch bei den *mehrwertigen Metallen* findet man häufig sehr einfache Verhältnisse. Wir besprechen als instruktives Beispiel die Bandstruktur des Aluminiums. Abb. 30 zeigt diese Struktur längs wichtiger Symmetrielinien der Brillouin-Zone (vgl. Abb. 28b). Gestrichelt eingezeichnet sind die Bänder, die man zu erwarten hätte, wenn die Valenzelektronen (3s- und 3p-Elektronen des freien Atoms) völlig frei wären. Von einer Verknüpfung mit Termen des freien Atoms ist hier nichts zu

sehen. Diese für viele Metalle charakteristische Erscheinung (Rumpfelektronen in gefüllten Bändern, die Atomtermen zugeordnet werden können; Valenzelektronen praktisch frei) werden wir in Abschnitt 28 deuten können.

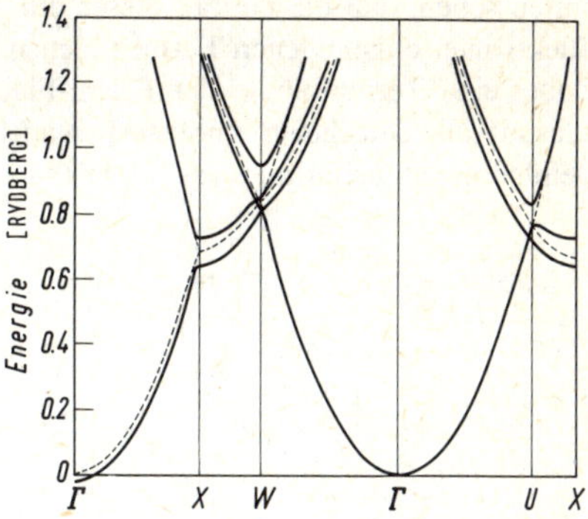

Abb. 30. Valenzbänder des Aluminiums. (Nach Harrison [10])

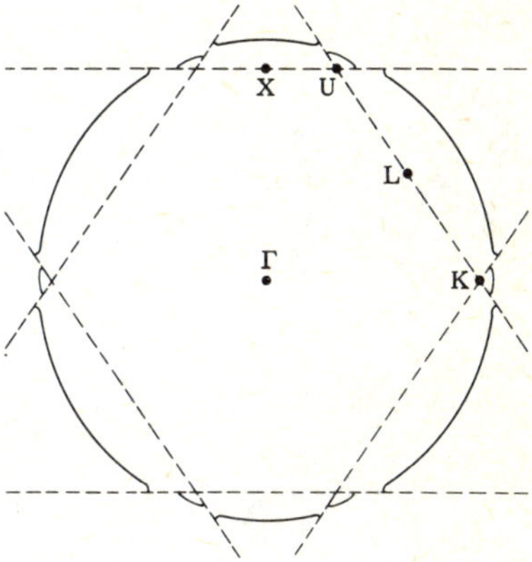

Abb. 31. Die Fermi-Kugel durchsetzt im Aluminium die zweite, dritte und vierte Brillouin-Zone. Ihre Gestalt wird nur in der Nähe der Bragg-Reflexionen gegenüber dem Fall freier Elektronen leicht geändert. (Nach Harrison [10])

Trotzdem sind die Fermi-Flächen des Aluminiums recht kompliziert. Dies liegt daran, daß die annähernd sphärische Fermi-Fläche im ausgedehnten Zonenschema außerhalb der ersten Brillouin-Zone liegt. Abb. 31 zeigt dies an einem Schnitt durch den $\boldsymbol{k}$-Raum, der neben dem Mittelpunkt die Punkte X, U, L und K (Abb. 28b) enthält. Der kreisförmige Durchschnitt der Fermi-Kugel freier Elektronen ist nur geringfügig in der Nähe der Bragg-Reflexionen verzerrt, die Fermi-Kugel schneidet aber die 2., 3. und 4. Brillouin-Zone. Reduziert man diese Zonen auf die erste, so erhält man die in Abb. 32 dargestellten Fermi-Flächen. Die erste Zone ist völlig mit Elektronen gefüllt. Die zweite Zone enthält Elektronen nur außerhalb (!) der eingezeichneten Fermi-Fläche, die dritte Zone nur innerhalb der zigarrenförmigen Flächen. In der vierten Zone sind schließlich nur noch kleine Bereiche mit Elektronen besetzt (Elektronen-Taschen). Bei der Zeichnung dieser Abbildung wurde die Fermi-Kugel freier Elektronen benutzt, die geringen Verzerrungen durch Bragg-Reflexionen also außer acht gelassen. Wir werden weiter unten sehen, daß die Gestalt dieser durch die Reduktion der Fermi-Kugel freier Elektronen entstandenen Fermi-Flächen weitgehend bestimmbar ist. Es hat sich dabei eine Terminologie der Fermi-Flächen entwickelt, die diese je nach ihrer Gestalt als Ungeheuer (monster), Nadeln, Zigarren, Linsen, Scheiben, vierfach geflügelte Schmetterlinge usw. bezeichnet.

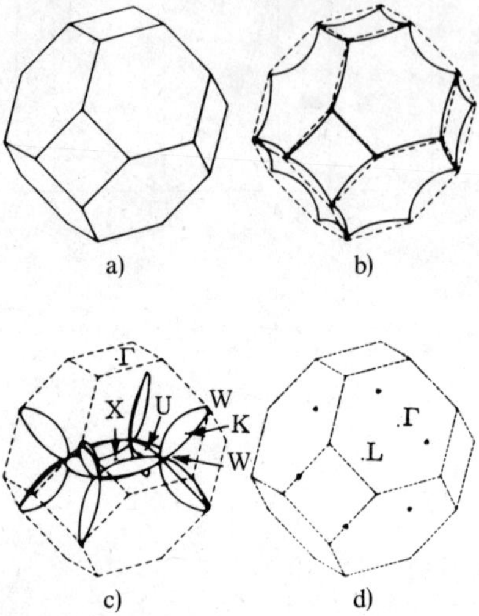

Abb. 32. Reduktion der Fermi-Kugel des Aluminiums auf die erste Brillouin-Zone (Verzerrung der Kugel in der Nähe der Bragg-Reflexionen vernachlässigt). Teilfiguren a) bis d): Reduktion der ersten bis vierten Brillouin-Zone (vgl. Abb. 31). Um die Fermi-Flächen in den Teilfiguren c) und d) besser zu zeigen, ist dort die Brillouin-Zone um je einen halben reziproken Gittervektor im wiederholten Zonenschema verschoben. (Nach Harrison [10])

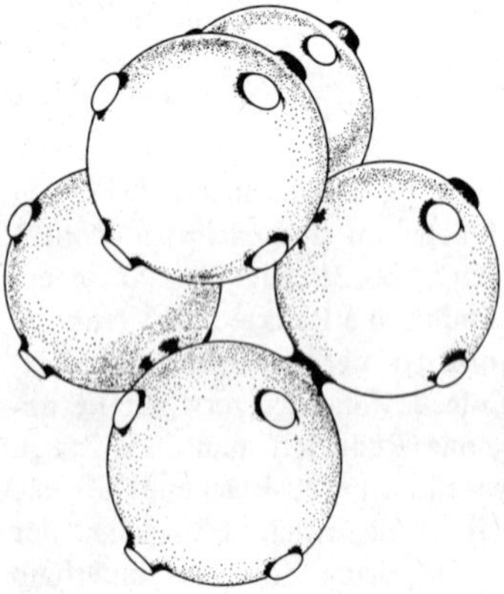

Abb. 33. Die Fermi-Flächen des Kupfers im wiederholten Zonenschema. (Nach Mackintosh [56])

Die in der dritten Zone in Abb. 32 gezeigten Ungeheuer berühren die Oberfläche der Zone. Im wiederholten Zonenschema wird also der **k**-Raum von einem Netz zusammenhängender Fermi-Flächen durchzogen. Besonders deutlich sieht man diesen Zusammenhang bei den Fermi-Flächen des Kupfers (Abb. 33). Diese Flächen sind innerhalb der Brillouin-Zone der Abb. 28b Kugeln, die in der Nähe der acht Sechseckflächen leicht aufgewölbt sind und folglich an diesen Stellen mit den Kugeln der Nachbarzonen im wiederholten Zonenschema verbunden sind.
Als letztes Beispiel betrachten wir die *Übergangsmetalle*. Sie unterscheiden sich von den bisher gebrachten Beispielen dadurch, daß hier die d-Bänder nicht voll besetzt sind. Abb. 34 zeigt die Bandstruktur des Nickels längs der wichtigsten

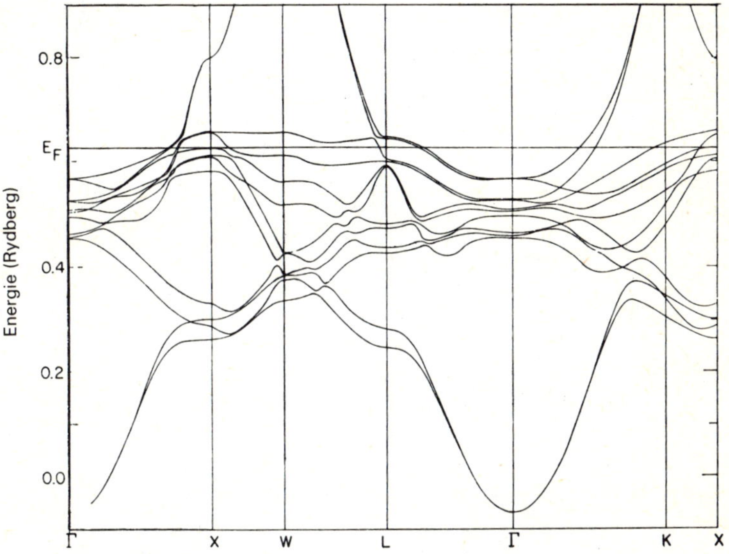

Abb. 34. Bandstruktur des Nickel. (Nach Zornberg (Phys. Rev. **B 1**, 244, 1970))

Symmetrielinien der Brillouin-Zone. Von Γ ausgehend sind Parabeln zu erkennen, die sich oberhalb E_F fortsetzen. Sie stellen das Band der 4s-Elektronen dar. Diesem überlagert ist eine Vielzahl sich überlappender d-Bänder. Die Fermi-Energie liegt dicht unter der Oberkante des obersten d-Bandes. Abb. 35 zeigt die Zustandsdichte im Bereich der d-Bänder. Hier zeigt die komplizierte Struktur die Überlagerung der zahlreichen schmalen Bänder. Oberhalb der d-Bänder bleibt nur die Zustandsdichte des 4s-Bandes übrig.
Es läßt sich in guter Näherung annehmen, daß alle Übergangsmetalle etwa die gleiche Bandstruktur und damit die gleiche Gestalt der Zustandsdichte haben. Der

Unterschied zwischen Fe, Co und Ni (und weiter Cu) liegt dann nur in dem verschiedenen Auffüllungsgrad der Bänder. Bei Fe ist ein erheblicher Teil der d-Bänder leer, bei Ni nur noch ein geringer Teil, während bei Cu die Fermi-Grenze im 4s-Band liegt. Wir kommen hierauf in Abschnitt 41 zurück.

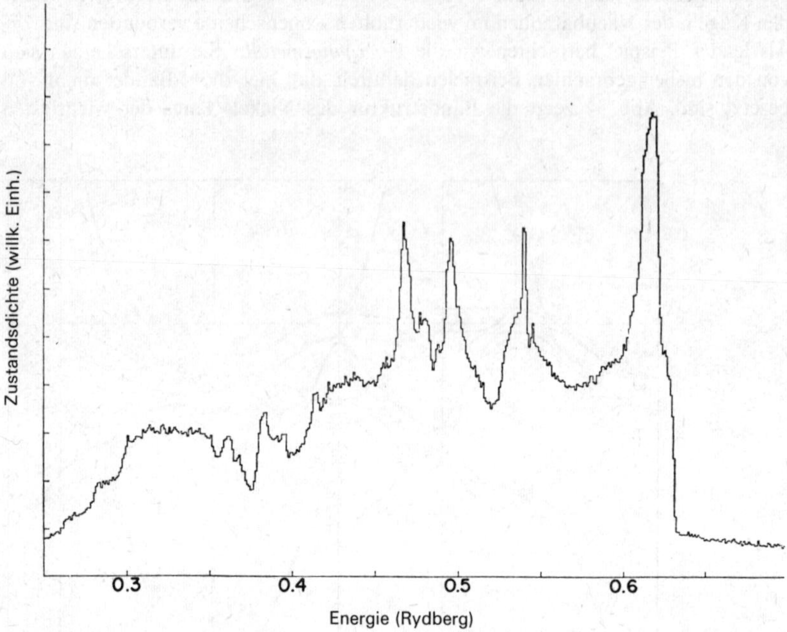

Abb. 35. Zustandsdichte des Nickel im Bereich der d-Bänder. Nach Zornberg (loc. cit.)

Alle wichtigen Methoden zur experimentellen Bestimmung der Gestalt der Fermi-Flächen beruhen auf der Bewegung der Elektronen im Magnetfeld, da eine solche Bewegung stets auf einer Fläche konstanter Energie verläuft. Für andere Bestimmungsmethoden vgl. die am Ende des Abschnittes genannte Literatur. Wir behandeln hier nur die wichtigste Methode, den de Haas-van Alphen-Effekt. In Abschnitt 9 hatten wir das Wesentliche dieses Effektes bereits am Beispiel freier Elektronen betrachtet. Wir haben deshalb nur zu prüfen, was sich an den Ergebnissen des Abschnittes 9 ändert, wenn die Elektronen nicht auf Kreisbahnen, sondern auf beliebig geformten Bahnen in der Ebene senkrecht zum Magnetfeld laufen.

Beginnen wir zunächst mit dem Umlauf eines Elektrons in einer beliebig geformten Bahn des $\boldsymbol{k}$-Raumes. Es sei lediglich vorausgesetzt, daß die Bahn eben sei und auf einer Fläche konstanter Energie verlaufe. Die umlaufende Fläche $F_{\boldsymbol{k}}$ ergibt sich aus

$$F_{\boldsymbol{k}} = \int_0^E dE' \oint_{E'=\mathrm{const}} \frac{dk}{|\mathrm{grad}_{\boldsymbol{k}} E'|_\perp}. \tag{23.1}$$

Die Umlaufsfrequenz erhalten wir aus der Gleichung

$$\hbar\dot{\boldsymbol{k}} = \frac{e}{c}\boldsymbol{v}\times\boldsymbol{B} \quad \text{oder hier } \hbar\dot{k} = \frac{e}{c}v_\perp B, \tag{23.2}$$

wo k in Richtung der Bahn und $v_\perp$ senkrecht zur Bahn (und zum Magnetfeld) zeigen. Durch Separation der Variablen k und t und Integration folgt die Umlaufszeit T_c

$$T_c = \frac{\hbar c}{eB}\oint\frac{dk}{v_\perp} = \frac{\hbar^2 c}{eB}\oint\frac{dk}{|\mathrm{grad}_{\boldsymbol{k}} E|_\perp}. \tag{23.3}$$

Die Umlaufs-Frequenz (Cyclotron-Resonanz-Frequenz) wird durch Vergleich von (23.1) und (23.3)

$$\omega_c = \frac{2\pi}{T_c} = \frac{2\pi eB}{\hbar^2 c}\left(\frac{dF_{\boldsymbol{k}}}{dE}\right)^{-1}. \tag{23.4}$$

Mit $F_{\boldsymbol{k}} = \pi k_E^2 = 2\pi m E/\hbar^2$ für freie Elektronen geht dies in die in Abschnitt 8 definierte Cyclotron-Resonanz-Frequenz über.
Wir betrachten nun die Quantelung dieser Bahnen. Nach der Bohrschen Quantenbedingung ist

$$|\oint \boldsymbol{p}\cdot d\boldsymbol{q}| = 2\pi\hbar(\nu+\gamma), \tag{23.5}$$

wo γ eine Phasenkonstante ist, die für freie Elektronen den Wert $\frac{1}{2}$ annimmt. Für den Impuls haben wir hier $\hbar\boldsymbol{k} + (e/c)\boldsymbol{A}$ und für den Ortsvektor den Radiusvektor der Bahn im Ortsraum in der Ebene senkrecht zum Magnetfeld einzusetzen. Dann ergibt sich für den ersten Teil des Integrals

$$\oint \hbar\boldsymbol{k}\cdot d\boldsymbol{r}_\perp = \frac{e}{c}\oint(\boldsymbol{r}\times\boldsymbol{B})\cdot d\boldsymbol{r}_\perp = -\frac{eB}{c}\cdot\oint\boldsymbol{r}_\perp\times d\boldsymbol{r} = -\frac{2eB}{c}F_{\boldsymbol{r}} \tag{23.6}$$

und für den zweiten Teil

$$\oint\frac{e}{c}\boldsymbol{A}\cdot d\boldsymbol{r}_\perp = \frac{e}{c}\int \mathrm{rot}\,\boldsymbol{A}\cdot d\boldsymbol{f} = \frac{e}{c}BF_{\boldsymbol{r}}, \tag{23.7}$$

zusammen also

$$F_{\boldsymbol{r}} = \frac{2\pi\hbar c}{eB}(\nu+\gamma). \tag{23.8}$$

$F_{\boldsymbol{r}}$ ist hier die von der Bahn im Ortsraum umschlossene Fläche. Mit $F_{\boldsymbol{k}}$ hängt $F_{\boldsymbol{r}}$ wegen (23.2) durch den Faktor $(eB/\hbar c)^2$ zusammen, so daß folgt

$$F_{\boldsymbol{k}} = \frac{2\pi eB}{\hbar c}(\nu+\gamma). \tag{23.9}$$

Wir erinnern uns nun anhand der Abb. 9 an die Erklärung des de Haas-van Alphen-Effektes für freie Elektronen. Die kontinuierlich verteilten Zustände im $\boldsymbol{k}$-Raum waren dort im Magnetfeld auf konzentrische Zylinder zusammengezogen. Dabei waren die Querschnitte der Zylinder die durch die Quantisierung zugelassenen Bahnflächen $F_{\boldsymbol{k}} = \pi k_{\perp}^2$. Oszillationen in der magnetischen Suszeptibilität traten immer dann auf, wenn eine Zylinderfläche die Fermi-Kugel verließ und die in ihr enthaltenen Elektronen auf Zustände der nächst tieferen Zylinderfläche zurückfielen.

Genau diese Deutung können wir jetzt auf den Fall beliebig geformter Fermi-Flächen übertragen: Die quantisierten Bahnflächen $F_{\boldsymbol{k}}$ sind keine Kreisflächen, demgemäß sind auch die Querschnitte der konzentrischen Röhren keine Kreisflächen mehr. Das ändert aber nichts an der Argumentation. Jedesmal wenn mit steigendem Magnetfeld eine „Röhre" die Fermi-Fläche verläßt, tritt eine abrupte Änderung der freien Energie und damit der Magnetisierung auf. Die Periode der de Haas-van Alphen-Oszillationen ist also durch die *Extremalquerschnitte der Fermi-Fläche* senkrecht zum Magnetfeld bestimmt. Betrachten wir etwa Abb. 33, so finden wir je nach der Orientierung des Magnetfeldes Extremalbahnen verschiedener Art. Die wichtigsten Typen sind in Abb. 36 angegeben. Für bestimmte Richtungen sind mehrere Extremalbahnen möglich. Die Oszillationen bestehen dann aus einer Überlagerung verschiedener Frequenzen.

Alle diese Überlegungen beschränken sich auf *geschlossene Bahnen.* Daneben sind offene Bahnen möglich, die den $\boldsymbol{k}$-Raum im wiederholten Zonenschema durchziehen. Abb. 36 gibt ein Beispiel.

Für eine weitere Diskussion der Eigenschaften von Fermi-Flächen und experimentelle Möglichkeiten ihrer Bestimmung vgl. u. a. die Beiträge von Mackintosh in [56], von Shoenberg in [55], sowie Harrison [46, 92, 10] und Ziman [21].

Abb. 36. Fermi-Flächen des Kupfers im wiederholten Zonenschema in einer Ebene des $\boldsymbol{k}$-Raumes, die leicht gegen die (001)-Ebene geneigt ist. Liegt ein Magnetfeld in der Normalenrichtung, so bewegen sich die Elektronen auf den Schnittlinien dieser Ebene mit der Fermi-Fläche. Man unterscheidet geschlossene Bahnen, die besetzte Zustände umlaufen (Elektronenbahnen) und solche, die unbesetzte Zustände umlaufen (Löcherbahnen). Der Umlaufsinn ist in beiden Fällen entgegengesetzt. Neben diesen beiden Bahntypen enthält die Abbildung eine offene Bahn. Extremalbahnen, die im de-Haas-van Alphen-Effekt nachgewiesen werden, sind hier vor allem die kreisförmigen Elektronenbahnen um die Fermi-Kugeln und die schmalen Verbindungen der Kugeln miteinander („Bauch-" bzw. „Flaschenhals-Bahnen") und die Löcherbahnen, die jeweils vier Kugeln berühren („Rosetten-" und „Hundeknochen-Bahnen"). (Nach Mackintosh [56])

24. Die Bandstruktur von Halbleitern und Isolatoren

Nach der Besprechung der Metalle wenden wir uns jetzt den Halbleitern bzw. Isolatoren zu. Wir können uns dabei kurz fassen, da in dieser Buchreihe bereits ein Band den Grundlagen der Halbleiterphysik gewidmet ist [95].

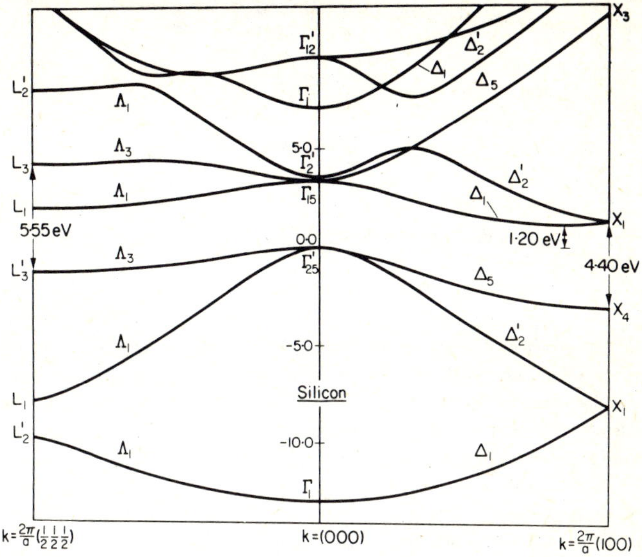

Abb. 37. Bandstruktur des Siliziums längs der wichtigsten Symmetrieachsen der Brillouin-Zone. Zur Erklärung der miteingezeichneten Symmetriesymbole vgl. Abschnitt 26. Nach Cardona und Pollak (Phys. Rev. **142**, 530 (1966))

Abb. 37 zeigt die Bandstruktur des Siliziums, Abb. 38 die Zustandsdichte dieses Halbleiters. Längs der wichtigsten Symmetrieachsen – die Brillouin-Zone ist die der Abb. 28b – finden wir eine Vielfalt sich überlappender Teilbänder, die in zwei durch eine verbotene Zone getrennte Gruppen zerfallen. Die untere Gruppe bildet die Teilbänder des *Valenzbandes*, die obere die des *Leitungsbandes*. Die Breite der verbotenen Zone zwischen dem höchsten Term des Valenzbandes in Γ und dem tiefsten Term des Leitungsbandes auf der Δ-Achse ist etwas größer als ein Elektronenvolt. Bei tiefen Temperaturen ist das Valenzband völlig besetzt, das Leitungsband völlig leer. Silizium verhält sich dann wie ein Isolator. Vergleicht man die Zustandsdichte der Abb. 38 mit der Bandstruktur, so sieht man leicht, daß bestimmte Bereiche der einzelnen Teilbänder besonders viel zur Zustandsdichte beitragen. Eine Diskussion dieser Fragen, bei denen der Begriff der sog. kritischen Punkte in der Zustandsdichte wichtig wird, verschieben wir auf Kapitel IX, wenn wir die optischen Übergänge zwischen Valenz- und Leitungsband besprechen.

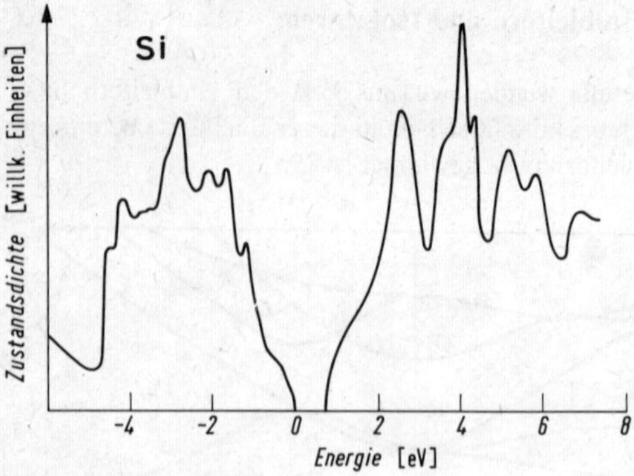

Abb. 38. Zustandsdichte des Siliziums. (Nach Kramer, Thomas und Maschke, unveröffentlicht)

Wie wir schon früher betont haben, interessieren bei Halbleitern vornehmlich die Energiebereiche in der Nähe der Oberkante des Valenzbandes und der Unterkante des Leitungsbandes, da diese die Zustände enthalten, die im Gleichgewicht mit Elektronen bzw. Löchern besetzt sind. In der Umgebung einer Bandkante, also eines Extremums der Funktion $E_n(\boldsymbol{k})$, kann man diese Funktion entwickeln und nach dem quadratischen Glied abbrechen:

$$E(\boldsymbol{k}) = E(\boldsymbol{k}_0 + \boldsymbol{\kappa}) = E(\boldsymbol{k}_0) + \frac{1}{2} \sum_{\alpha\beta} \frac{\partial^2 E}{\partial k_\alpha \partial k_\beta} \kappa_\alpha \kappa_\beta, \tag{24.1}$$

wo $\boldsymbol{k}_0$ den Ort des Extremums in der Brillouin-Zone angibt. Der Faktor bei κ_α und κ_β im zweiten Glied ist gerade der Tensor der effektiven Masse der Gl. (20.11). Kann man also nach dem quadratischen Glied die Entwicklung abbrechen, so werden die Ladungsträger (Elektronen oder Löcher) durch eine konstante, wenn auch eventuell richtungsabhängige effektive Masse beschrieben. Diese Näherung ist in der Halbleitertheorie fast immer möglich. Die Flächen konstanter Energie in der Nähe des Extremums sind dann konzentrische Ellipsoide.

Ist insbesondere die effektive Masse skalar, also richtungsunabhängig, wie dies bei Extrema im Punkte $\boldsymbol{k} = 0$ näherungsweise gilt, so wird die theoretische Behandlung besonders einfach. Die Elektronen verhalten sich dann wie freie Elektronen mit einer lediglich von m abweichenden konstanten skalaren effektiven Masse. Das gleiche gilt für die Löcher, denen neben einer effektiven Masse eine positive Ladung zuzuschreiben ist.

Dieses sehr einfache Modell wird komplizierter durch folgende Möglichkeiten (vgl. Abb. 39). In dieser Abbildung ist zunächst eine der Abb. 37 ähnliche Bandstruktur – hier die des Germaniums – aufgetragen. Aus dieser Struktur sind einzelne Bereiche herausgehoben.

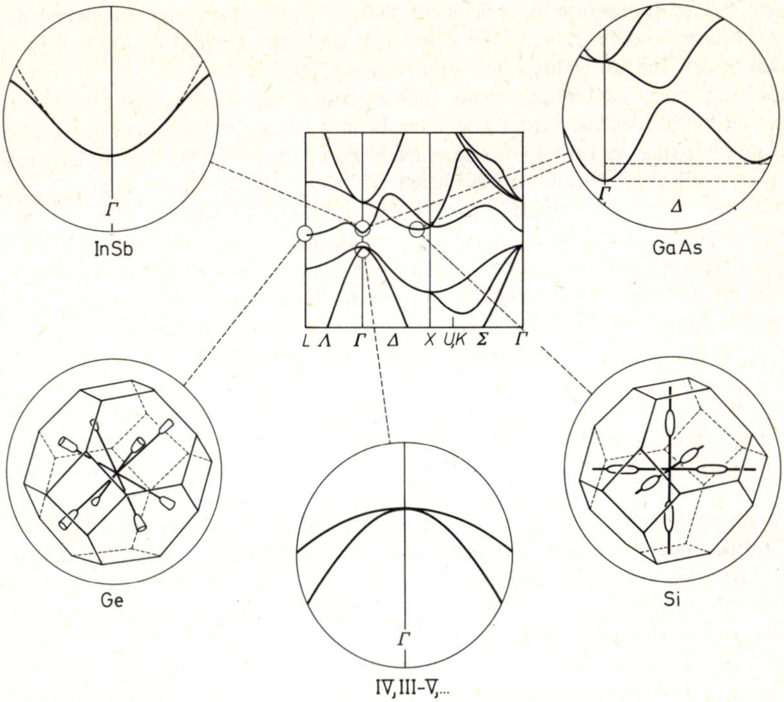

Abb. 39. Die wichtigsten Details der Bandstruktur eines Halbleiters

Beginnen wir mit dem Punkt Γ, also dem Mittelpunkt der Brillouin-Zone. Liegt die Unterkante des Leitungsbandes in diesem Punkt (Teilfigur links oben), so findet man allgemein ein isotropes parabolisches Band, d.h. durch eine richtungsunabhängige konstante effektive Masse beschreibbare Zustände. Erst mit wachsender Energie weicht die $E(\boldsymbol{k})$-Abhängigkeit von einer Parabel ab, die effektive Masse wird energieabhängig.

Dieser Fall ist z.B. in der halbleitenden Verbindung Indiumantimonid realisiert.

Die Oberkante des Valenzbandes liegt bei vielen Halbleitern (wie den Halbleitern der vierten Gruppe des periodischen Systems und den III-V-Verbindungen) ebenfalls bei $\boldsymbol{k}=0$. Hier haben jedoch zwei verschiedene Teilbänder ein gemeinsames Extremum (Teilfigur Mitte unten). Löcher können dann in beiden Teilbändern nahe dem Extremum auftreten, je nach Teilband ist aber die effektive Masse verschieden. Hier hat man also im Modell der freien Ladungsträger zwei verschiedene Sorten von Löchern nebeneinander zu berücksichtigen.

Liegen die Extrema eines Bandes außerhalb von $\boldsymbol{k}=0$, so müssen aus Symmetriegründen (vgl. den folgenden Abschnitt) eine Anzahl äquivalenter Extrema vorhanden sein. Flächen konstanter Energie in der Nähe solcher Extrema sind im allgemeinen Rotationsellipsoide. Dieser bei Germanium und Silizium auftretende Fall ist in den beiden Teilfiguren links und rechts unten gezeigt.

Es bleibt noch die Teilfigur rechts oben zu besprechen. Sie zeigt das Überlappen zweier Teilbänder mit Extrema bei dicht benachbarten Energien, aber in verschiedenen Punkten der Brillouin-Zone. Auch hier sind dann zwei Sorten von Ladungsträgern (Elektronen) mit verschiedenen effektiven Massen anzunehmen. Da die Minima energetisch verschieden tief liegen, wird das tiefer liegende schon bei niedrigeren Temperaturen Elektronen aus dem Valenzband aufnehmen. Das Verhältnis der Konzentration beider Elektronensorten ist also temperaturabhängig. Ein Beispiel hierfür ist die Bandstruktur des Galliumarsenids.

Wichtigster Parameter bei Halbleitern ist die effektive Masse, also die zweite Ableitung der Energie nach dem $\boldsymbol{k}$-Vektor. Fermi-Flächen gibt es nicht, da die Fermi-Energie bei Halbleitern in der verbotenen Zone zwischen Valenzband und Leitungsband liegt.

Zur Bestimmung der effektiven Massen lassen sich wie beim de Haas-van Alphen-Effekt die Bahnen der Ladungsträger im Magnetfeld verwenden. Bei konstanter effektiver Masse sind dies Kreisbahnen. Die Umlaufsfrequenz ist die Cyclotron-Resonanz-Frequenz der Gl. (8.7). Näheres hierzu in [95] und in Kapitel IX.

Daneben interessieren für alle optischen Übergänge zwischen besetzten und unbesetzten Zuständen des Bändermodells die Strukturen des Leitungs- und des Valenzbandes in der gesamten Brillouin-Zone. Neben der Bandstruktur sind die Übergangswahrscheinlichkeiten zwischen einzelnen Zuständen von Bedeutung. Hierzu müssen die Wellenfunktionen zu den Eigenwerten $E_n(\boldsymbol{k})$ oder zumindest ihre Symmetrieeigenschaften bekannt sein.

25. Folgerungen aus der Invarianz des Hamilton-Operators gegenüber Symmetrieoperationen der Raumgruppe

Innerhalb der Brillouin-Zone besitzt die Funktion $E_n(\boldsymbol{k})$ zahlreiche Symmetrien. Um sie zu erfassen, ordnen wir den $\{\alpha|\boldsymbol{a}\}$ in gleicher Weise Operatoren zu, wie wir in Abschnitt 18 den $\boldsymbol{R}_l=\{E|\boldsymbol{R}_l\}$ die Operatoren $T_{\boldsymbol{R}_l}$ zugeordnet haben:

$$S_{\{\alpha|\boldsymbol{a}\}}f(\boldsymbol{r})=f(\{\alpha|\boldsymbol{a}\}\boldsymbol{r})=f(\alpha\boldsymbol{r}+\boldsymbol{a})\,. \tag{25.1}$$

Es gilt offensichtlich

$$S_{\{\beta|\boldsymbol{b}\}}S_{\{\alpha|\boldsymbol{a}\}}f(\boldsymbol{r})=S_{\{\beta|\boldsymbol{b}\}}f(\alpha\boldsymbol{r}+\boldsymbol{a})=f(\alpha(\beta\boldsymbol{r}+\boldsymbol{b})+\boldsymbol{a})=S_{\{\alpha|\boldsymbol{a}\}\{\beta|\boldsymbol{b}\}}f(\boldsymbol{r})\,. \tag{25.2}$$

Häufig wird anstatt S ein Operator $S'=S^{-1}$ eingeführt. Dann wird (25.2): $S'_{\{\alpha|\boldsymbol{a}\}}S'_{\{\beta|\boldsymbol{b}\}}=S'_{\{\alpha|\boldsymbol{b}\}\{\beta|\boldsymbol{b}\}}$.

Unter Berücksichtigung von (15.5) gilt ferner

$$S^{-1}_{\{\alpha|\boldsymbol{a}\}}T_{\boldsymbol{R}_l}S_{\{\alpha|\boldsymbol{a}\}}f(\boldsymbol{r})=S_{\{\alpha|\boldsymbol{a}\}\{E|\boldsymbol{R}_l\}\{\alpha|\boldsymbol{a}\}^{-1}}f(\boldsymbol{r})=S_{\{E|\alpha\boldsymbol{R}_l\}}f(\boldsymbol{r})=T_{\alpha\boldsymbol{R}_l}f(\boldsymbol{r}) \tag{25.3}$$

oder

$$T_{\boldsymbol{R}_l} S_{\{\alpha|\boldsymbol{a}\}} = S_{\{\alpha|\boldsymbol{a}\}} T_{\alpha \boldsymbol{R}_l}. \tag{25.4}$$

Unter Berücksichtigung, daß das skalare Produkt zweier Vektoren ungeändert bleibt, wenn man beide Vektoren einer orthogonalen Transformation unterwirft ($\boldsymbol{k} \cdot \alpha \boldsymbol{R}_l = \alpha^{-1} \boldsymbol{k} \cdot \boldsymbol{R}_l$), findet man

$$\begin{aligned} T_{\boldsymbol{R}_l} S_{\{\alpha|\boldsymbol{a}\}} \psi_n(\boldsymbol{k}, \boldsymbol{r}) &= S_{\{\alpha|\boldsymbol{a}\}} T_{\alpha \boldsymbol{R}_l} \psi_n(\boldsymbol{k}, \boldsymbol{r}) = S_{\{\alpha|\boldsymbol{a}\}} e^{i\boldsymbol{k} \cdot \alpha \boldsymbol{R}_l} \psi_n(\boldsymbol{k}, \boldsymbol{r}) \\ &= S_{\{\alpha|\boldsymbol{a}\}} e^{i\alpha^{-1} \boldsymbol{k} \cdot \boldsymbol{R}_l} \psi_n(\boldsymbol{k}, \boldsymbol{r}) = e^{i\alpha^{-1} \boldsymbol{k} \cdot \boldsymbol{R}_l} S_{\{\alpha|\boldsymbol{a}\}} \psi_n(\boldsymbol{k}, \boldsymbol{r}) \end{aligned} \tag{25.5}$$

und

$$T_{\boldsymbol{R}_l} \psi_n(\alpha^{-1} \boldsymbol{k}, \boldsymbol{r}) = e^{i\alpha^{-1} \boldsymbol{k} \cdot \boldsymbol{R}_l} \psi_n(\alpha^{-1} \boldsymbol{k}, \boldsymbol{r}). \tag{25.6}$$

Ein Vergleich von (25.5) und (25.6) zeigt, daß die Funktionen $\psi_n(\alpha^{-1} \boldsymbol{k}, \boldsymbol{r})$ und $S_{\{\alpha|\boldsymbol{a}\}} \psi_n(\boldsymbol{k}, \boldsymbol{r})$ Eigenfunktionen von $T_{\boldsymbol{R}_l}$ zum gleichen Eigenwert sind. Es ist also

$$\psi_n(\alpha^{-1} \boldsymbol{k}, \boldsymbol{r}) = \lambda^{\{\alpha|\boldsymbol{a}\}} S_{\{\alpha|\boldsymbol{a}\}} \psi_n(\boldsymbol{k}, \boldsymbol{r}), \qquad |\lambda^{\{\alpha|\boldsymbol{a}\}}|^2 = 1. \tag{25.7}$$

Schließlich wird

$$\begin{aligned} E_n(\alpha^{-1} \boldsymbol{k}) &= \langle \psi_n(\alpha^{-1} \boldsymbol{k}, \boldsymbol{r}) H \psi_n(\alpha^{-1} \boldsymbol{k}, \boldsymbol{r}) \rangle = \langle S_{\{\alpha|\boldsymbol{a}\}} \psi_n(\boldsymbol{k}, \boldsymbol{r}) H S_{\{\alpha|\boldsymbol{a}\}} \psi_n(\boldsymbol{k}, \boldsymbol{r}) \rangle \\ &= \langle S^{-1}_{\{\alpha|\boldsymbol{a}\}} S_{\{\alpha|\boldsymbol{a}\}} \psi_n(\boldsymbol{k}, \boldsymbol{r}) H \psi_n(\boldsymbol{k}, \boldsymbol{r}) \rangle = \langle \psi_n(\boldsymbol{k}, \boldsymbol{r}) H \psi_n(\boldsymbol{k}, \boldsymbol{r}) \rangle = E_n(\boldsymbol{k}) \end{aligned} \tag{25.8}$$

oder allgemein

$$E_n(\boldsymbol{k}) = E_n(\alpha \boldsymbol{k}). \tag{25.9}$$

Dieses wichtige Ergebnis sagt aus, daß die Funktion $E_n(\boldsymbol{k})$ in der Brillouin-Zone die volle Symmetrie der Punktgruppe $\{\alpha|0\}$ besitzt, auch wenn das Gitter gegenüber einigen der $\{\alpha|0\}$ nicht invariant ist. Hieraus erst ergibt sich die Bedeutung der Punktgruppe eines Gitters, unabhängig von den Eigenschaften der Raumgruppe.
Auch die Brillouin-Zone hat hiernach die volle Symmetrie der Punktgruppe.
Nach (25.9) führen alle Vektoren $\boldsymbol{k}' = \alpha \boldsymbol{k}$ zur selben Energie. Man bezeichnet die Gesamtheit aller $\boldsymbol{k}'$ als den *Stern von* $\boldsymbol{k}$. Sind alle $\boldsymbol{k}' = \alpha \boldsymbol{k}$ verschiedene $\boldsymbol{k}$-Vektoren, so bezeichnet man $\boldsymbol{k}$ als einen *allgemeinen Punkt* in der Brillouin-Zone. In diesem Fall hat der Stern von $\boldsymbol{k}$ soviele „Zacken", wie die Punktgruppe Elemente enthält.

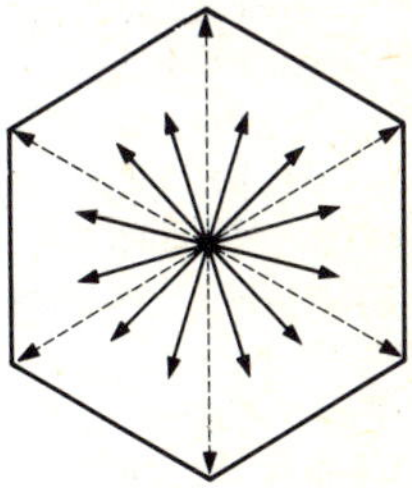

Abb. 40 Stern zweier $\boldsymbol{k}$-Vektoren im hexagonalen Punktnetz

Wichtig für unsere späteren Betrachtungen sind die Symmetriepunkte und -linien in der Brillouin-Zone, die gegenüber einigen der $\{\alpha|0\}$ invariant sind. Ist etwa der Vektor $\boldsymbol{k}$ gegenüber n der g Punktgruppenelemente invariant, so hat sein Stern g/n Zacken.

Abb. 40 zeigt zwei Sterne für verschiedene $\boldsymbol{k}$-Vektoren in der Brillouin-Zone des hexagonalen Punktnetzes.

Für $E_n(\boldsymbol{k})$ haben wir damit (im wiederholten Zonenschema) folgende Symmetrien

$$E_n(\boldsymbol{k}) = E_n(\boldsymbol{k} + \boldsymbol{K}_m), \tag{25.10}$$

$$E_n(\boldsymbol{k}) = E_n(-\boldsymbol{k}), \tag{25.11}$$

$$E_n(\boldsymbol{k}) = E_n(\alpha\boldsymbol{k}). \tag{25.12}$$

Das Kramerssche Theorem (25.11) ist in (25.12) enthalten, wenn die Punktgruppe die Inversion I enthält ($I\boldsymbol{k} = -\boldsymbol{k}$), also nur bei Kristallen mit Inversionszentrum. Sonst stellt (25.11) eine zusätzliche Aussage dar, die aus später ersichtlichen Gründen auch Zeitumkehrsymmetrie heißt.

26. Irreduzible Darstellungen von Raumgruppen

Die Gleichungen (25.10) bis (25.12) enthalten bereits eine Fülle von Aussagen über die Symmetrieeigenschaften einer Bandstruktur, besonders auch über die Gestalt von Flächen konstanter Energie in der Brillouin-Zone. Neben qualitativen Aussagen ermöglichen sie auch eine wesentliche Vereinfachung des Problems der quantitativen Bestimmung einer Bandstruktur. Sie reduzieren den Bereich, in dem die Funktion $E_n(k)$ berechnet werden muß, auf ein Teilgebiet der Brillouin-Zone.

Folgende Fragen schließen sich an:

1. Welche Symmetrien können Wellenfunktionen $|n\boldsymbol{k}\rangle$ und welchen Entartungsgrad können Energieterme $E_n(\boldsymbol{k})$ bei gegebenem $\boldsymbol{k}$ und gegebener Gittersymmetrie haben?

Die Antwort auf diese Frage bedeutet eine *Klassifizierung der Eigenwerte* ähnlich der Klassifizierung der Zustände des freien Atoms in s-, p-, d-... Zustände.

2. Gegeben sei ein entarteter Energieterm E_n bei einem bestimmten $\boldsymbol{k}$. Bleibt die Entartung erhalten, wenn man zu einem benachbarten $\boldsymbol{k} + \boldsymbol{\kappa}$ übergeht oder spaltet der Term dann auf?

Diese Fragestellung ist verwandt mit der Frage, ob in einem atomaren System gegebener Symmetrie Entartungen beim Einschalten einer Störung geringerer Symmetrie aufgehoben werden oder nicht.

3. Gegeben seien zwei Zustände bei den Energien $E_n(\boldsymbol{k})$ und $E_{n'}(\boldsymbol{k}')$. Sind Übergänge zwischen beiden Termen oder andere, durch ein Matrixelement $\langle \boldsymbol{k}'|L|\boldsymbol{k}\rangle$ vermittelte Wechselwirkungen möglich oder kombinieren beide Terme „aus Symmetriegründen" nicht miteinander?

Zur Beantwortung solcher Fragen benötigt man einige Sätze der Gruppentheorie, speziell über irreduzible Darstellungen von endlichen Gruppen. Wir behandeln die gruppentheoretischen Methoden und ihre Verwendung in der Festkörperphysik erst im Anhang B des zweiten Bandes. In diesem Abschnitt bringen wir nur eine kurze Zusammenfassung der für die Theorie des Bändermodells wichtigsten Konzepte. Für eine eingehendere Diskussion vgl. Anhang B und die im Literaturverzeichnis genannten Werke [84–88].

Als *Darstellung* einer Gruppe bezeichnet man eine Gesamtheit von Matrizen D_{ik}, die eindeutig Elementen der Gruppe zugeordnet sind. Das bedeutet: Aus $AB=C$ folgt $D(A)D(B)=D(C)$. Die Zuordnung braucht nicht eineindeutig zu sein, d.h. aus $D(M)D(N)=D(P)$ braucht nicht $MN=P$ zu folgen.

Solche Darstellungen haben wir schon in Abschnitt 18 kennengelernt. Eine Darstellung der Translationsgruppe war dort „erzeugt" worden durch eine „Basis" von f entarteten orthogonalen Eigenfunktionen ψ_{nk}. Wir hatten gesehen, daß durch Transformation der Basisfunktionen andere äquivalente Darstellungen entstehen. Unter diesen war eine Darstellung dadurch ausgezeichnet, daß alle ihre Matrizen nur Diagonalelemente enthielten.

Man bezeichnet eine Darstellung als *reduzibel*, wenn sie durch eine Transformation in eine äquivalente Darstellung überführt werden kann, in der alle Matrizen die Gestalt

$$\begin{pmatrix} D^{(1)} & & & \\ & D^{(2)} & & 0 \\ & & D^{(3)} & \\ 0 & & & \ddots \end{pmatrix}$$

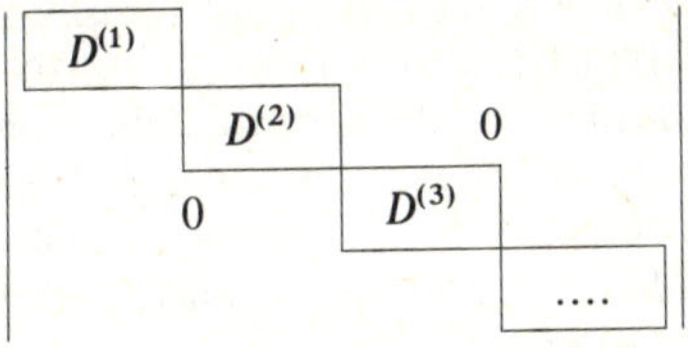

annehmen. Alle Matrixelemente außerhalb von „Blöcken" $D^{(i)}$ längs der Diagonalen sollen Null sein. In diesem Fall bilden die Untermatrizen $D^{(i)}$ für sich allein ebenfalls Darstellungen der Gruppe. Man sagt, D sei in eine *direkte Summe* $D = D^{(1)} \oplus D^{(2)} \oplus D^{(3)} \oplus \ldots$ von Darstellungen kleinerer Dimension zerlegt. Die $D^{(i)}$, die nun nicht weiter zerlegbar sind, bilden *irreduzible Darstellungen* der Gruppe.

Für Darstellungen, die von einer Basis entarteter Eigenfunktionen ψ_κ erzeugt werden, bedeutet dies, daß die Gleichung

$$A\psi_\kappa = \sum_{\kappa'=1}^{f} D_{\kappa\kappa'}(A)\psi_{\kappa'}, \qquad \kappa=1\ldots f \tag{26.1}$$

durch geeignete Wahl neuer $\bar{\psi}_\kappa$ in die Form

$$A\bar{\psi}_{\kappa_i} = \sum_{\kappa'_i=1}^{f_i} D^{(i)}_{\kappa_i\kappa'_i} \bar{\psi}_{\kappa'_i}, \qquad i=1\ldots n, \kappa_i=1\ldots f_i, \sum_i f_i = f \tag{26.2}$$

gebracht werden kann. Die Menge der f entarteten Basisfunktionen $\bar{\psi}_\kappa$ wird also in n Teilmengen $\bar{\psi}_{\kappa_i}$ aufgespalten, so daß die Operationen A der Gruppe ein $\bar{\psi}_{\kappa_i}$ in Linearkombinationen allein der $\bar{\psi}_{\kappa_i}$ transformieren. Bezüglich der Operationen der Gruppe sind also nur die $\bar{\psi}_{\kappa_i}$ jeweils untereinander entartet.

Die Transformation (18.5) und (18.8) der Darstellung der Translationsgruppe bedeutet in dieser Ausdrucksweise die Reduktion der Darstellung λ auf eine direkte Summe eindimensionaler Darstellungen $\Lambda_{\kappa\kappa}$. Die Möglichkeit dieser Transformation folgt aus einem Satz der Gruppentheorie: Eine abelsche Gruppe besitzt nur eindimensionale irreduzible Darstellungen.

Für die am Anfang dieses Abschnittes gestellten Fragen ist es also wichtig, die irreduziblen Darstellungen der Gruppe der Symmetrieeigenschaften zu kennen, die zu einem Zustand $E_n(\boldsymbol{k})$ mit gegebenem $\boldsymbol{k}$ gehören. Dazu benötigen wir noch zwei Begriffe:

Unter einer *Klasse* versteht man alle Elemente A einer Gruppe, die aus einem Element A' durch Produktbildung $A = X^{-1} A' X$ entstehen. Dabei soll X alle Elemente der Gruppe durchlaufen. Man kann zeigen, daß sich jede Gruppe eindeutig in Klassen zerlegen läßt.

Unter dem *Charakter* χ einer Darstellungsmatrix versteht man ihre Spur, d. h. die Summe aller Diagonalelemente $\chi(A) = \sum_i D_{ii}(A)$. Alle Matrizen einer Klasse haben die gleiche Spur, also den gleichen Charakter.

Die Gruppentheorie sagt dann aus:

1. Jede reduzible Darstellung kann durch eine Transformation in die „ausreduzierte" Form $D(A) = n_1 D^{(1)}(A) \oplus n_2 D^{(2)}(A) \oplus n_3 D^{(3)}(A) \oplus \ldots$ für alle A gebracht werden, wo die $D^{(i)}$ irreduzibel und die n_i ganze Zahlen sind.

2. Jede endliche Gruppe der Ordnung g (d. h. mit g Elementen) hat eine endliche Anzahl irreduzibler Darstellungen. Diese Zahl ist gleich der Zahl ihrer Klassen.

3. Die Summe der Quadrate der Dimensionen der irreduziblen Darstellungen ist gleich der Ordnung der Gruppe:

$$\sum_{\alpha} n_{\alpha}^2 = g. \tag{26.3}$$

4. Hinreichende und notwendige Bedingung dafür, daß eine Darstellung irreduzibel ist, ist

$$\sum_{A} |\chi(A)|^2 = g. \tag{26.4}$$

5. Für die Charaktere irreduzibler Darstellungen gelten die „Orthogonalitätsrelationen"

$$\sum_{A} \chi_{\alpha}^*(A) \chi_{\beta}(A) = g \delta_{\alpha\beta}, \qquad \sum_{\alpha} \chi_{\alpha}^*(A) \chi_{\alpha}(A') = \frac{g}{h_A} \delta_{AA'}, \tag{26.5}$$

wo die Indizes α und β verschiedene Darstellungen der gleichen Gruppe bezeichnen und h_A die Anzahl der Elemente der Klasse von A ist.

Diese Sätze gestatten die Bestimmung der Anzahl der irreduziblen Darstellungen einer (endlichen) Gruppe, die Angabe aller Charaktere aller irreduziblen Darstellungen und die Bestimmung der Symmetrieeigenschaften der die irreduziblen Darstellungen erzeugenden Basisfunktionen. Damit lassen sich alle am Anfang dieses Abschnittes gestellten Fragen im Prinzip beantworten.

Die Gruppe der *Translationsoperatoren* $T_{\boldsymbol{R}_l}$ ist (bei zyklischen Randbedingungen) endlich von der Ordnung N. Da die $T_{\boldsymbol{R}_l}$ vertauschbar sind, ist $T_{\boldsymbol{R}_m}^{-1} T_{\boldsymbol{R}_l} T_{\boldsymbol{R}_m} = T_{\boldsymbol{R}_l}$ für beliebige $T_{\boldsymbol{R}_m}$. Jedes Element bildet also eine Klasse für sich. Es gibt N Klassen, also auch N irreduzible Darstellungen.
Die Gestalt dieser Darstellungen kann man leicht bestimmen, wenn man beachtet, daß wegen $\boldsymbol{R}_l = l_1 \boldsymbol{a}_1 + l_2 \boldsymbol{a}_2 + l_3 \boldsymbol{a}_3$ auch $T_{\boldsymbol{R}_l} = T_{\boldsymbol{a}_1}^{l_1} T_{\boldsymbol{a}_2}^{l_2} T_{\boldsymbol{a}_3}^{l_3}$ gilt. Die Translationsgruppe kann also als Produkt der Gruppen der „Translationen in Richtung der $\boldsymbol{a}_i$" aufgefaßt werden. Jede solche Gruppe hat N_i Elemente $T_{\boldsymbol{a}_i}^{l_i}$ mit $l_i = 0, 1 \ldots N_i - 1$. Die zyklischen Randbedingungen fordern $(T_{\boldsymbol{a}_i}^{l_i})^{N_i} = E$. Da die irreduziblen Darstellungen der $T_{\boldsymbol{a}_i}^{l_i}$ eindimensional, also Zahlen sind, gilt für sie $D(T_{\boldsymbol{a}_i}^{l_i})^{N_i} = 1$. Dies wird erfüllt durch die N verschiedenen Möglichkeiten

$$D(T_{\boldsymbol{a}_i}^{l_i}) = \left(e^{\frac{2\pi i n_i}{N_i}}\right)^{l_i}, \tag{26.6}$$

mit $n_i = 1 \ldots N_i$ und

$$D(T_{\boldsymbol{R}_l}) = e^{2\pi i\left(\frac{n_1 l_1}{N_1} + \frac{n_2 l_2}{N_2} + \frac{n_3 l_3}{N_3}\right)}. \tag{26.7}$$

Das ist nach (20.17) und (17.4) identisch mit

$$D(T_{\boldsymbol{R}_l}) = e^{i\boldsymbol{k}\cdot\boldsymbol{R}_l}, \tag{26.8}$$

wo $\boldsymbol{k}$ $N = N_1 N_2 N_3$ verschiedene Werte annehmen kann. Die Bloch-Faktoren $\exp(i\boldsymbol{k}\cdot\boldsymbol{R}_l)$ sind also nichts anderes als die irreduziblen Darstellungen der Translationsgruppe.
Wir wenden uns nun den irreduziblen Darstellungen der Raumgruppe zu, beschränken uns dabei aber nur auf die wichtigsten Fakten, die für allgemeine Aussagen benötigt werden.
Wir haben im Anschluß an (25.9) den *Stern* eines Vektors $\boldsymbol{k}$ kennengelernt als die Gesamtheit der Vektoren $\boldsymbol{k}_i$, die aus einem Vektor $\boldsymbol{k}$ durch Anwendung der Elemente der Punktgruppe $\{\alpha|0\}$ entstehen. Hat die Punktgruppe g Elemente und der Stern n verschiedene $\boldsymbol{k}_i = \alpha\boldsymbol{k}$, so läßt sich die Punktgruppe in n Sätze von g/n Elementen aufteilen, die $\boldsymbol{k}$ in ein bestimmtes $\boldsymbol{k}_i$ überführen: $\beta_i\boldsymbol{k} = \boldsymbol{k}_i$. Dies gilt zunächst nur für Punkte in der Brillouin-Zone. Auf der Oberfläche der Brillouin-Zone liegen ja Paare äquivalenter Punkte, die sich nur durch einen Gittervektor $\boldsymbol{K}_m$ unterscheiden. Die Bedingung für die β_i ist also genauer $\beta_i\boldsymbol{k} = \boldsymbol{k}_i + \boldsymbol{K}_m$. Unter den Sätzen $\{\beta_i|0\}$ gibt es einen Satz $\{\beta|0\}$, der $\boldsymbol{k}$ bis auf einen Gittervektor $\boldsymbol{K}_m$ invariant läßt. Wir definieren als *Gruppe des Vektors* $\boldsymbol{k}$ die Operationen $\{\beta|\boldsymbol{b}\}$ aus $\{\alpha|\boldsymbol{a}\}$, für deren Drehanteil gilt

$$\beta\boldsymbol{k} = \boldsymbol{k} + \boldsymbol{K}_m. \tag{26.9}$$

Als Beispiel nennen wir: a) Für einen allgemeinen Punkt in der Brillouin-Zone enthält die Gruppe von $\boldsymbol{k}$ nur die primitiven Translationen. b) Für $\boldsymbol{k} = 0$ ist $\boldsymbol{k}$ invariant gegenüber allen $\{\alpha|0\}$, und die Gruppe von $\boldsymbol{k}$ ist die volle Raumgruppe.

Die Gruppe eines Vektors $\boldsymbol{k}$ ist immer eine Untergruppe der Raumgruppe. Den Vektoren $\boldsymbol{k}_i$ des Sternes werden dann andere Elemente der Raumgruppe zugeteilt, die aus der Untergruppe durch Anwendung einer Drehung β_i entstehen.
Die irreduziblen Darstellungen der Gruppe des Vektors $\boldsymbol{k}$ sind für Punkte innerhalb der Brillouin-Zone gegeben durch

$$D(\{\beta|\boldsymbol{b}\}) = e^{i\boldsymbol{k}\cdot\boldsymbol{b}} D(\beta), \tag{26.10}$$

wo $D(\beta)$ eine irreduzible Darstellung der Punktgruppe β ist und $\boldsymbol{b}$ die primitiven und nicht-primitiven Translationen umfaßt. Der Beweis läßt sich leicht führen, wenn man beachtet, daß dann $\boldsymbol{k}\cdot\boldsymbol{b}' = \beta^{-1}\boldsymbol{k}\cdot\boldsymbol{b}' = \boldsymbol{k}\cdot\beta\boldsymbol{b}'$ ist:

$$\begin{aligned} D(\{\beta|\boldsymbol{b}\})D(\{\beta'|\boldsymbol{b}'\}) &= e^{i\boldsymbol{k}\cdot\boldsymbol{b}} e^{i\boldsymbol{k}\cdot\boldsymbol{b}'} D(\beta)D(\beta') = e^{i(\boldsymbol{b}+\beta\boldsymbol{b}')} D(\beta\beta') \\ &= D(\{\beta\beta'|\boldsymbol{b}+\beta\boldsymbol{b}'\}) = D(\{\beta|\boldsymbol{b}\}\,\{\beta'|\boldsymbol{b}'\}). \end{aligned} \tag{26.11}$$

Damit genügen die Matrizen (26.10) den gleichen Multiplikationsregeln wie die Raumgruppe selber. Daß die Darstellung irreduzibel ist, folgt aus der Voraussetzung der Irreduzibilität der $D(\beta)$.
Für $\boldsymbol{k}$-Vektoren auf der Oberfläche der Brillouin-Zone ($\boldsymbol{K}_m \neq 0$) läßt sich der Beweis (26.11) nur führen, wenn die Raumgruppe symmorph ist, d. h. keine nicht-primitiven Translationen enthält. Dann ist nämlich $\boldsymbol{k}\cdot\boldsymbol{R}_l = \beta^{-1}(\boldsymbol{k}+\boldsymbol{K}_m)\cdot\boldsymbol{R}_l = \boldsymbol{k}\cdot\beta\boldsymbol{R}_l + \boldsymbol{K}_m\cdot\beta\boldsymbol{R}_l = \boldsymbol{k}\cdot\beta\boldsymbol{R}_l +$ ganzes Vielfaches von 2π.
Für nicht-symmorphe Gruppen treten Komplikationen auf, die über den Rahmen des hier zu Behandelnden hinausgehen. Vgl. hierzu und zu anderen Fragen dieses Abschnittes speziell Koster [57.5].
Gl. (26.10) gibt die irreduziblen Darstellungen für alle $\{\beta|\boldsymbol{b}\}$ der Raumgruppe, die zur Gruppe des Vektors $\boldsymbol{k}$ gehören. Die damit nicht erfaßten $\{\alpha|\boldsymbol{a}\}$ gehören zu Operationen α der Punktgruppe, die $\boldsymbol{k}$ in ein anderes $\boldsymbol{k}_i$ des Sternes überführen. Die zu diesen $\{\alpha|\boldsymbol{a}\}$ gehörenden irreduziblen Darstellungen lassen sich auf die $D(\{\beta|\boldsymbol{b}\})$ zurückführen. Wir wollen hier nicht darauf eingehen, da wir sie für spätere Diskussionen nicht benötigen. Wichtig für uns ist nur, daß alle irreduziblen Darstellungen der Raumgruppe zu einem gegebenen Vektor $\boldsymbol{k}$ (bis auf den oben erwähnten Sonderfall) durch die irreduziblen Darstellungen der Translationsgruppe $e^{i\boldsymbol{k}\cdot\boldsymbol{R}_l}$ und der zu $\boldsymbol{k}$ gehörigen Punktgruppe bestimmt sind.
Damit lassen sich die allgemeinen Aussagen der vorhergehenden Abschnitte ergänzen durch folgende spezielle, für das Bändermodell wichtige Angaben:
1. Jedem Zustand $E_n(\boldsymbol{k})$ ist eine irreduzible Darstellung zugeordnet. Die Dimensionen der möglichen irreduziblen Darstellungen zu einem gegebenen $\boldsymbol{k}$ geben die möglichen Entartungen bei diesem $\boldsymbol{k}$ an.
2. Da die einem speziellen $E_n(\boldsymbol{k})$ zugehörigen Eigenfunktionen als Basisfunktionen für die zugeordnete irreduzible Darstellung dienen können, lassen sich bei Kenntnis der irreduziblen Darstellungen auch die Transformationseigenschaften, also die Symmetrien der $\psi_n(\boldsymbol{k},\boldsymbol{r})$ angeben.
3. Geht man von einem Punkt $\boldsymbol{k}$ zu einem benachbarten Punkt geringerer Symmetrie über $(\boldsymbol{k}+\boldsymbol{\kappa})$, so kann eine Darstellung in $\boldsymbol{k}$ irreduzibel, in $\boldsymbol{k}+\boldsymbol{\kappa}$ reduzibel sein. Ein entarteter Term spaltet dann beim Übergang von $\boldsymbol{k}$ nach $\boldsymbol{k}+\boldsymbol{\kappa}$ auf.

In Darstellungen der Bandstruktur eines Festkörpers findet man diese Angaben in Form von Symbolen (z. B. $\Gamma_2, \Delta_5, \ldots$). Die Buchstaben geben dabei die Gruppe des Vektors $\boldsymbol{k}$ an (vgl. hierzu Abb. 28 und 37), die Indizes bezeichnen die jeweilige irreduzible Darstellung. Diese Symbole liefern bereits zahlreiche Informationen über die Symmetrien und Entartungen der Wellenfunktionen des betreffenden Eigenwertes.

Dies wollen wir am Beispiel des hexagonalen Punktnetzes erläutern, das wir schon in den Abb. 17, 20, 21, 23 und 24 als Beispiel herangezogen hatten. Folgende Frage können wir jetzt beantworten: In Abb. 24 hatten wir die Bandstruktur für freie und fast freie Elektronen im hexagonalen Punktnetz miteinander verglichen und gefunden, daß Entartungen der Bänder im Falle freier Elektronen durch das Gitterpotential aufgehoben werden. Wie weit können wir aus Symmetriebetrachtungen vorhersagen, welche Entartungen aufgehoben werden und in wieviele Einzelkomponenten ein entarteter Term aufspaltet?

Die Raumgruppe (Netzgruppe) des hexagonalen Punktnetzes besteht aus den primitiven Translationen $\{E|n_1 \boldsymbol{a}_1 + n_2 \boldsymbol{a}_2\}$, wo die beiden $\boldsymbol{a}_i$ in Abb. 18 definiert sind. Hinzu kommen die zwölf Operationen der Punktgruppe (Bezeichnung C_{6v}), die ein Sechseck invariant lassen. Nicht-primitive Translationen treten nicht auf. Die Raumgruppe ist also symmorph: $\{\alpha|\boldsymbol{R}_n\} = \{\alpha|0\}\,\{E|\boldsymbol{R}_n\}$.

Die Operationen α sind (geordnet nach Klassen):

E Einheitsoperation,

C_2 Drehung um 180° um den Mittelpunkt des Sechsecks,

C_3 zwei Drehungen um $\pm 120°$,

C_6 zwei Drehungen um $\pm 60°$,

σ drei Spiegelungen an den Geraden durch jeweils zwei gegenüberliegende Ecken,

σ' drei Spiegelungen an den Geraden durch jeweils zwei gegenüberliegende Seitenmitten.

Das sind zusammen zwölf Operationen. Da die Raumgruppe symmorph ist, brauchen wir uns nur um die irreduziblen Darstellungen der Punktgruppe $\{\alpha|0\}$ zu kümmern. Die Translationen geben die Brillouin-Zone, deren Form wir schon kennen, und die in ihr enthaltenen $\boldsymbol{k}$-Punkte. Die Punktgruppe hat sechs Klassen, also auch sechs irreduzible Darstellungen. Wegen $\sum_\alpha n_\alpha^2 = 12$, Gl. (26.3), bei ganzen Zahlen n_α gibt es zwei 2-dimensionale und vier 1-dimensionale irreduzible Darstellungen ($2^2+2^2+1^2+1^2+1^2+1^2=12$). Die Charaktere geben wir in der folgenden *Charaktertafel*:

	E	C_2	C_3	C_6	σ	σ'
D_1	1	1	1	1	1	1
D_2	1	1	1	1	−1	−1
D_3	1	−1	1	−1	−1	1
D_4	1	−1	1	−1	1	−1
D_5	2	−2	−1	1	0	0
D_6	2	2	−1	−1	0	0

Hieraus folgen alle gewünschten Aussagen:
Die Gruppe des $\boldsymbol{k}$-Vektors für den Mittelpunkt der Brillouin-Zone Γ ($\boldsymbol{k}=0$) ist die volle Raumgruppe. Die zugehörige Punktgruppe hat die Darstellungen D_1 bis D_6, die wir jetzt mit Γ_1 bis Γ_6 bezeichnen. Die Terme $E_n(\Gamma)$ werden durch diese sechs möglichen Symmetrietypen klassifiziert. Terme Γ_1 bis Γ_4 sind einfach, Terme Γ_5 und Γ_6 sind doppelt.
Gehen wir nun auf die T-Achse (zu den Bezeichnungen vgl. Abb. 24 und 41). Ein $\boldsymbol{k}$-Vektor längs T hat als Gruppe die Elemente E und ein σ. Das sind zwei Klassen und zwei 1-dimensionale Darstellungen. Es gibt also längs T nur einfache Bänder. Im Punkt K (Endpunkt der T-Achse) hat $\boldsymbol{k}$ als Gruppe die Symmetrieoperationen E, $C_3(2)$ und $\sigma(3)$. Vier dieser Operationen führen $\boldsymbol{k}$ in eine andere Ecke über, die um ein $\boldsymbol{K}_m$ entfernt ist. Das gibt drei Klassen und ebensoviele irreduzible Darstellungen (zwei 1-dimensionale und eine 2-dimensionale). Für alle anderen Punkte in der Brillouin-Zone gibt es nur ein-dimensionale irreduzible Darstellungen. Bei unserem einfachen Beispiel treten also nur in Γ und in K symmetrieentartete Terme auf. Bänder, die von solchen Termen ausgehen, spalten auf den Achsen auf.

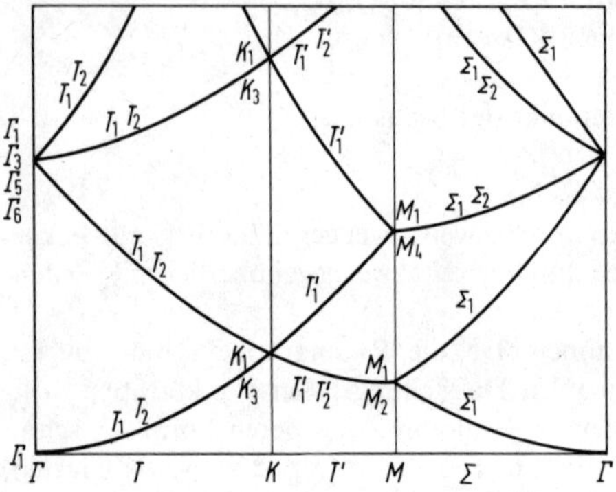

Abb. 41. Symmetrie-Klassifikation der Bänder freier Elektronen im hexagonalen Punktnetz

Eine Analyse der Symmetrieeigenschaften der Wellenfunktionen in Γ und in K zeigt dann im Falle freier Elektronen (Abb. 24 und 41): Für freie Elektronen sind zahlreiche Bänder in Symmetriepunkten miteinander entartet. Im Punkt Γ ist der tiefste Eigenwert $E_1(\Gamma)$ einfach, der nächste ($E_2(\Gamma)$) sechsfach entartet. Dabei ist $E_1(\Gamma)$ vom Typ Γ_1, $E_2(\Gamma)$ eine Überlagerung von Γ_1, Γ_3, Γ_5 und Γ_6. In K sind die beiden tiefsten Eigenwerte $E(K)$ jeweils dreifach entartet. Durch eine Störung, also durch ein endliches Gitterpotential, spaltet $E_2(\Gamma)$ in zwei einfache und zwei doppelte Terme auf, $E(K)$ jeweils in einen doppelten und einen einfachen. Alle in Γ und K verbleibenden Entartungen spalten dann beim Übergang auf die Achsen ebenfalls auf. Dies ist alles in Abb. 24 gezeigt. Dabei ist die Zuordnung in den Entartungspunkten allerdings willkürlich. Welche Bänder miteinander verknüpft bleiben, wo eventuell zufällige Entartungen erhalten bleiben, in welcher Reihenfolge die aufgespaltenen Terme in den Symmetriepunkten zu liegen kommen – solche Fragen bestimmt der quantitative Verlauf des Potentials. Sie werden erst durch eine numerische Rechnung beantwortet.

27. Berücksichtigung des Spins, Zeitumkehr

In der Schrödinger-Gleichung für das Elektron im periodischen Potential haben wir den Spin bisher nicht berücksichtigt. Die Einführung des Spins verdoppelt zunächst alle Terme $E_n(\boldsymbol{k})$, da dann jedes $\boldsymbol{k}$ zweifach besetzt werden kann. Durch Spin-Bahn-Wechselwirkung können diese Entartungen teilweise wieder aufspalten.

Zur quantitativen Erfassung der Korrekturen an den bisherigen Betrachtungen ergänzen wir den Hamilton-Operator durch das Spin-Bahn-Kopplungs-Glied

$$\Sigma = \frac{\hbar^2}{4 i m^2 c^2} \boldsymbol{\sigma} \cdot (\operatorname{grad} V \times \operatorname{grad}). \tag{27.1}$$

Σ wirkt auf Spinoren $\psi(\boldsymbol{r},s)$, wobei der Gradient in der Klammer auf den Ortsteil und der Spin-Operator $\boldsymbol{\sigma}$ auf den Spinanteil wirkt. Schreibt man die $\psi(\boldsymbol{r},s)$ als zweikomponentige Spinoren

$$\psi(\boldsymbol{r},s) = \begin{vmatrix} \psi_1(\boldsymbol{r}) \\ \psi_2(\boldsymbol{r}) \end{vmatrix}, \tag{27.2}$$

so haben die Komponenten von $\boldsymbol{\sigma}$ die Form

$$\sigma_x = \begin{vmatrix} 0 & 1 \\ 1 & 0 \end{vmatrix}, \quad \sigma_y = \begin{vmatrix} 0 & -i \\ i & 0 \end{vmatrix}, \quad \sigma_z = \begin{vmatrix} 1 & 0 \\ 0 & -1 \end{vmatrix}. \tag{27.3}$$

Der gesamte Hamilton-Operator erhält mit $\varepsilon = \begin{vmatrix} 1 & 0 \\ 0 & 1 \end{vmatrix}$ die Gestalt

$$H = \left(-\frac{\hbar^2}{2m} \Delta + V(\boldsymbol{r}) \right) \varepsilon + \frac{\hbar^2}{4 i m^2 c^2} \boldsymbol{\sigma} \cdot (\operatorname{grad} V \times \operatorname{grad}). \tag{27.4}$$

Die Elemente der Raumgruppe müssen jetzt ebenfalls durch Operatoren ergänzt werden, die auf den Spinanteil wirken. $S_{\{\alpha|\boldsymbol{a}\}}$ ist nicht mit (27.1) vertauschbar. Es genügt also nicht, die $S_{\{\alpha|\boldsymbol{a}\}}$ (so wie den spin-freien Teil des Hamilton-Operators) durch ε zu ergänzen. Die Diskussion dieser Frage verschieben wir auf den Anhang B des zweiten Bandes.

Wir hatten früher nachgewiesen, daß im spinlosen Fall $\psi(\boldsymbol{k},\boldsymbol{r})$ mit $\psi(-\boldsymbol{k},\boldsymbol{r})$ und damit $E(\boldsymbol{k})$ mit $E(-\boldsymbol{k})$ entartet sind. Dieses Ergebnis wollen wir nun verallgemeinern. Wir führen dazu den *Zeitumkehroperator* K ein. Er dreht den Bewegungszustand eines Systems um. In der zeitunabhängigen Schrödinger-Gleichung bedeutet dies, daß K den Ortsoperator invariant läßt, den Impuls- und den Spin-Operator jedoch umdreht:

$$K\boldsymbol{r}K^{-1}=\boldsymbol{r}, \quad K\boldsymbol{p}K^{-1}=-\boldsymbol{p}, \quad K\boldsymbol{\sigma}K^{-1}=-\boldsymbol{\sigma}. \tag{27.5}$$

Das wird erfüllt durch

$$K=-i\sigma_y K_0, \tag{27.6}$$

wo K_0 durch $K_0\psi=\psi^*$ und σ_y durch (27.3) definiert sind.
Da $\boldsymbol{p}=(\hbar/i)\,\mathrm{grad}$ ist, bewirkt K_0 die Vorzeichenumkehr von $\boldsymbol{p}$, während σ_y die Vorzeichenumkehr des Spins bewirkt ($\sigma_y\boldsymbol{\sigma}\sigma_y^{-1}=-\boldsymbol{\sigma}^*$). Nach (27.5) läßt K den Hamilton-Operator invariant $KH\psi=HK\psi$. $K\psi$ ist also mit ψ entartet. Für den spinlosen Fall ($K=K_0$) bedeutet dies, daß ψ mit ψ^* entartet ist. Mit Spin ist

$$K\begin{vmatrix}\psi\\0\end{vmatrix}=\begin{vmatrix}0\\\psi^*\end{vmatrix}, \quad K\begin{vmatrix}0\\\psi\end{vmatrix}=-\begin{vmatrix}\psi^*\\0\end{vmatrix}. \tag{27.7}$$

Aus (27.7) folgt, daß K den Spin umkehrt und die Bloch-Funktion $\psi(\boldsymbol{k},\boldsymbol{r})$ in $\psi^*(\boldsymbol{k},\boldsymbol{r})$ transformiert. Das gleiche Argument wie bei (20.20) zeigt dann, daß $\psi(\boldsymbol{k},\boldsymbol{r})$ mit „Spin aufwärts" und $\psi(-\boldsymbol{k},\boldsymbol{r})$ mit „Spin abwärts" entartet sind. Es gilt also auch hier das Kramerssche Theorem $E(\boldsymbol{k})=E(-\boldsymbol{k})$ mit der Erweiterung, daß beide Eigenwerte zu Zuständen mit entgegengesetztem Spin gehören.
Die „Zeitumkehrentartung" ist nicht auf dieses Beispiel beschränkt. Eigenwerte, die aus „Symmetriegründen" nicht entartet zu sein brauchen, können zeitumkehrentartet sein.

28. Pseudopotentiale

In den Abschnitten 17 und 19 hatten wir den Zugang zum Bändermodell über die Bragg-Reflexionen gefunden. Das kontinuierliche $E(\boldsymbol{k})$-Spektrum der freien Elektronen spaltet im periodischen Potential der Gitterionen in Bänder auf. Unser Vorgehen in Abschnitt 19 war allerdings auf schwache Potentiale beschränkt. Nur dann läßt sich $V(\boldsymbol{r})$ in der Schrödinger-Gleichung als kleine Störung behandeln. Die Bandstruktur folgt in dieser Näherung aus einer Störungsrechnung erster Ordnung als Lösung der Säkulardeterminante

$$\det\left|\left(\frac{\hbar^2}{2m}(\boldsymbol{k}+\boldsymbol{K}_n)^2-E(\boldsymbol{k})\right)\delta_{nm}+V(\boldsymbol{K}_n-\boldsymbol{K}_m)\right|=0. \tag{28.1}$$

$V(\boldsymbol{K}_i)$ ist die i-te Fourier-Komponente des Potentials. Gl. (28.1) ist eine Verallgemeinerung der in Abschnitt 19 auf zwei $\boldsymbol{K}_i$ beschränkten Betrachtung (Gl. (19.6)).
Tatsächlich ist das Gitterpotential nicht schwach genug, um es als kleine Störung aufzufassen. Demgemäß hat die Wellenfunktion $\psi_n(\boldsymbol{k},\boldsymbol{r})$ nicht den Charakter einer ebenen Welle. Nach (18.12) läßt sich ψ zwar immer als Bloch-Funktion schreiben, d.h. als gitterperiodisch modulierte ebene Welle. Der Modulationsfaktor $u_n(\boldsymbol{k},\boldsymbol{r})$

wird aber zumindest in der Nähe der Gitterionen ähnlich wie eine Wellenfunktion des freien Atoms stark oszillieren. In den Gebieten schwachen Potentials zwischen den Gitterionen werden die Bloch-Funktionen sich dagegen angenähert wie ebene Wellen verhalten.

Ein Ansatz für die Bloch-Funktion der Form (19.2), bei dem nur ebene Wellen superponiert werden, wird also unzweckmäßig sein, da zur Darstellung der Bloch-Funktion eine übergroße Anzahl ebener Wellen mitgenommen werden muß.

Um diesem Mangel abzuhelfen, gehen wir von folgendem Gedankengang aus: Wir teilen die Bänder eines Festkörpers in zwei Gruppen, die tief liegenden Bänder der Rumpfelektronen und die Valenz- und Leitungsbänder. Für die ersteren nehmen wir an, daß sie relativ schmal sind und ihre Lage nicht wesentlich gegen die atomaren Terme, aus denen sie entstanden sind, verschoben ist. Die Elektronenzustände in diesen Bändern kann man dann in guter Näherung durch die Rumpfzustände des freien Atoms approximieren. Die zweite Gruppe ist die uns eigentlich interessierende, und das Ziel soll sein, die Eigenwerte der Schrödinger-Gleichung für diese Bänder $E_n(\boldsymbol{k})$ zu berechnen.

Die Bloch-Funktionen des Valenz- und Leitungsbandes und die Wellenfunktionen der Rumpfzustände müssen als Lösungen der selben Schrödinger-Gleichung orthogonal zueinander sein. Bezeichnet man die Rumpfzustände mit φ_j und ihre Energie mit $E_j(H\varphi_j = E_j\varphi_j)$, so wird die Orthogonalitätsbedingung

$$\langle \varphi_j | \psi \rangle = 0 \tag{28.2}$$

durch den Ansatz

$$\psi_n(\boldsymbol{k},\boldsymbol{r}) = \chi_n(\boldsymbol{k},\boldsymbol{r}) - \sum_j \langle \varphi_j | \chi_n \rangle \varphi_j \tag{28.3}$$

befriedigt. Denn dann wird

$$\langle \varphi_{j'} | \psi \rangle = \langle \varphi_{j'} | \chi \rangle - \sum_j \langle \varphi_j | \chi \rangle \langle \varphi_{j'} | \varphi_j \rangle = \langle \varphi_{j'} | \chi \rangle - \sum_j \langle \varphi_j | \chi \rangle \delta_{jj'} = 0\,. \tag{28.4}$$

Wählt man für die $\chi_n(\boldsymbol{k},\boldsymbol{r})$ ebene Wellen, so nennt man (28.3) eine *orthogonalisierte ebene Welle* (OPW). Ein Ansatz der Form (19.2) mit solchen OPW's kann als Grundlage einer quantitativen Bandstrukturbestimmung dienen. Wir kommen hierauf am Ende dieses Abschnitts zurück.

Hier lassen wir die Gestalt der Funktion χ zunächst offen. Durch Einsetzen von (28.3) in die Schrödinger-Gleichung folgt als Bestimmungsgleichung für die $\chi_n(\boldsymbol{k},\boldsymbol{r})$

$$H\chi_n - \sum_j \langle \varphi_j | \chi_n \rangle H\varphi_j = E_n(\boldsymbol{k})\Big(\chi_n - \sum_j \langle \varphi_j | \chi_n \rangle \varphi_j\Big) \tag{28.5}$$

oder

$$H\chi_n + \sum_j (E_n(\boldsymbol{k}) - E_j)\varphi_j \langle \varphi_j | \chi_n \rangle = E_n(\boldsymbol{k})\chi_n\,. \tag{28.6}$$

Führt man den Integraloperator $V_p = \sum_j (E_n(\boldsymbol{k}) - E_j)\varphi_j \langle \varphi_j|$ ein, so folgt die formal einfache Gleichung

$$(H + V_p)\chi_n = (H_0 + V(\boldsymbol{r}) + V_p)\chi_n = E_n(\boldsymbol{k})\chi_n . \tag{28.7}$$

Hier ist gegenüber der ursprünglichen Gleichung die Bloch-Funktion $\psi_n(\boldsymbol{k},\boldsymbol{r})$ durch die *Pseudo-Wellenfunktion* $\chi_n(\boldsymbol{k},\boldsymbol{r})$ und das Potential $V(\boldsymbol{r})$ durch das Pseudopotential $V_{ps} = V(\boldsymbol{r}) + V_p$ ersetzt. V_p ist offensichtlich im wesentlichen positiv, da $E_n(\boldsymbol{k})$ immer größer als E_j ist. Da andererseits $V(\boldsymbol{r})$ negativ ist, kompensieren sich beide Anteile teilweise. Das Pseudopotential ist also schwächer als das tatsächliche Potential. Allerdings ist es nicht-lokal. V_p ist ja ein Integral-Operator und in $V_p\chi$ steht die Wellenfunktion im Integranden. Eine ähnliche Schwierigkeit hatten wir schon beim periodischen Potential gefunden, in dem nicht-lokale Austauschglieder auftreten. Wir müssen also wie in Abschnitt 3 die nicht-lokalen Glieder durch eine lokale Approximation beschreiben.
Im Ansatz (28.3) kann χ um beliebige Linearkombinationen $\sum_i a_i\varphi_i$ ergänzt werden, ohne daß sich damit die linke Seite ändert. Denn additive Glieder mit beliebig kombinierten Rumpffunktionen heben sich auf der rechten Seite von (28.3) immer heraus. Das Pseudopotential und die dazugehörige Wellenfunktion sind also nicht eindeutig bestimmt. Dies hilft wesentlich, die Lösung der Pseudopotential-Wellengleichung zu vereinfachen. Durch ein Variationsverfahren kann man die Koeffizienten a_i in dem additiven Anteil von χ so festlegen, daß entweder das Pseudopotential möglichst klein oder die Pseudowellenfunktion möglichst glatt wird. Beide Forderungen sind angenähert äquivalent. Die so optimalisierten Wellenfunktionen lassen sich dann durch wenige Glieder einer Superposition ebener Wellen (19.2) approximieren.
Durch die Einführung des Pseudopotentials haben wir damit folgenden Fortschritt erzielt. Der Hamilton-Operator $H = H_0 + V$ wurde durch einen neuen Hamilton-Operator $H_{ps} = H_0 + V_{ps}$ ersetzt, der unter Verzicht auf die nicht interessierenden tieferen Bänder im Bereich des Valenz- und Leitungsbandes *dieselben Eigenwerte* $E_n(\boldsymbol{k})$ liefert wie H. Die zugehörigen Wellenfunktionen χ sind aber glatter und deshalb durch ebene Wellen besser approximierbar.
Setzt man für χ den Ansatz (19.2) an, so kommt man auf eine Säkulargleichung (28.1), in der die $V(\boldsymbol{K}_n - \boldsymbol{K}_m)$ jetzt die Fourier-Komponenten des Pseudopotentials sind:

$$V_{ps}(\boldsymbol{K}_n - \boldsymbol{K}_m) = \frac{1}{V_g}\int e^{-i(\boldsymbol{k}+\boldsymbol{K}_n)\cdot\boldsymbol{r}}\, V_{ps}\, e^{i(\boldsymbol{k}+\boldsymbol{K}_m)\cdot\boldsymbol{r}}\, d\tau \tag{28.8}$$

In dieser Darstellung ist V_{ps} noch ein Integraloperator. Nähert man ihn durch eine lokale Funktion $V_{ps}(\boldsymbol{r})$ an, so wird

$$V_{ps}(\boldsymbol{q}) = \frac{1}{V_g}\int V_{ps}(\boldsymbol{r})\, e^{-i\boldsymbol{q}\cdot\boldsymbol{r}}\, d\tau \qquad (\boldsymbol{q} = \boldsymbol{K}_n - \boldsymbol{K}_m) . \tag{28.9}$$

Es ist zweckmäßig, $V_{ps}(\boldsymbol{r})$ in Beiträge der einzelnen Gitterbausteine zu zerlegen. Bei mehreren Basisatomen in der Wigner-Seitz-Zelle, die wir durch die Translationen $\boldsymbol{R}_\alpha$ unterscheiden, sei

$$V_{ps}(\boldsymbol{r}) = \sum_{\alpha n} v_\alpha(\boldsymbol{r} - (\boldsymbol{R}_n + \boldsymbol{R}_\alpha)). \tag{28.10}$$

Hiermit läßt sich $V_{ps}(\boldsymbol{q})$ schreiben als

$$\begin{aligned} V_{ps}(\boldsymbol{q}) &= \frac{1}{V_g} \sum_{\alpha n} \int v_\alpha(\boldsymbol{r} - \boldsymbol{R}_n - \boldsymbol{R}_\alpha) e^{-i\boldsymbol{q}\cdot\boldsymbol{r}} d\tau = \frac{N}{V_g} \sum_\alpha e^{-i\boldsymbol{q}\cdot\boldsymbol{R}_\alpha} \int e^{-i\boldsymbol{q}\cdot\boldsymbol{r}} v_\alpha(\boldsymbol{r}) d\tau \\ &= \sum_\alpha e^{-i\boldsymbol{q}\cdot\boldsymbol{R}_\alpha} F_\alpha . \end{aligned} \tag{28.11}$$

Der Anteil F_α wird *Formfaktor* genannt. Sind alle Basisatome gleich, so ist F_α unabhängig von α. $V_{ps}(\boldsymbol{q})$ ist dann das Produkt eines *Strukturfaktors*, in den allein die Gittersymmetrie eingeht, und des Formfaktors, der allein das Potential enthält.
Wenn das Pseudopotential hinreichend glatt ist, dann sind nur Fourier-Koeffizienten mit kleinen $\boldsymbol{q}$ wichtig; die Determinante (28.1) hat dann eine kleine Dimension. Bandstrukturen sind mit dieser Methode berechenbar, wenn man die Formfaktoren F_α kennt. Zu ihrer Bestimmung sind drei Wege möglich:

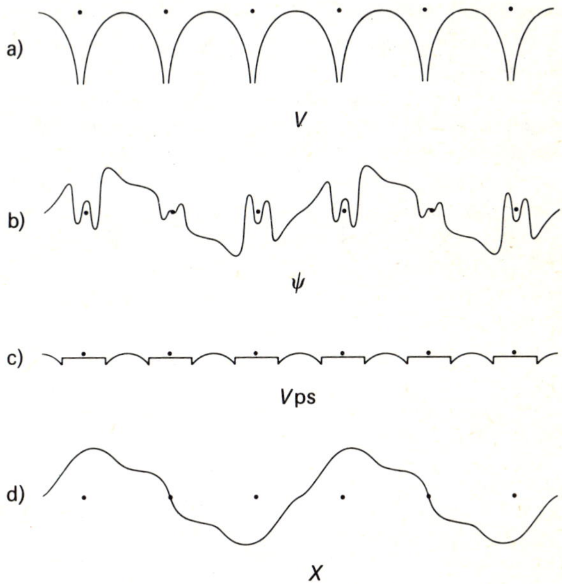

Abb. 42. Vergleich eines vorgegebenen Potentials a) und der zugehörigen Wellenfunktion b) mit einem Modell-Pseudopotential c) und der entsprechenden Pseudo-Wellenfunktion d) nach Harrison [10]

a) Man berechnet das Pseudopotential direkt aus dem tatsächlichen Potential. Dann ist diese Methode äquivalent mit der oben erwähnten Superposition von OPW's, und die Einführung eines Pseudopotentials bringt keine Vorteile.
b) Die Formfaktoren werden durch empirische Anpassung an experimentelle Daten bestimmt.
c) Man benutzt *Modellpotentiale*, d.h. einfache Potentialansätze mit einem oder mehreren freien Parametern, die später durch Anpassung bestimmt werden.
Wir wollen hier nicht auf Einzelheiten eingehen und verweisen auf die weiter unten zitierte Literatur. Abb. 42 zeigt als Beispiel ein Modellpotential V_{ps}, bei dem innerhalb eines gegebenen Abstandes um die Gitterionen das Potential durch ein konstantes Potential ersetzt und der Abstand so angepaßt wurde, daß die Pseudo-Wellenfunktion an diesen Stellen mit der Bloch-Funktion übereinstimmt.
Neben der offensichtlichen Vereinfachung der Schrödinger-Gleichung durch die Einführung des Pseudopotentials zeigen diese Ergebnisse, daß es nicht verwunderlich ist, wenn sich in Metallen die Valenzelektronen angenähert wie freie Elektronen verhalten. Allerdings muß die Grundlage der hier benutzten Näherung erfüllt sein, daß nämlich die Elektronengesamtheit des Metalls sich eindeutig in Rumpfelektronen und Valenzelektronen einteilen läßt. Treten höher liegende d-Bänder auf, so versagt diese Methode in der hier geschilderten Form.
Weiterführende Literatur zur Anwendung des Konzeptes des Pseudopotentials auf vielen Gebieten der Festkörperphysik ist vor allem das Buch von Harrison [92], ferner die Beiträge von Heine u.a. in [57.24], von Sandrock in [58.10] und von Ziman in [59.2].
Sowohl die *OPW-Methode* als auch die *Pseudopotentialmethode* mit empirischer Anpassung der Formfaktoren an das Experiment spielen bei der quantitativen Berechnung von Bandstrukturen eine große Rolle. Wir können auf diesen Fragenkomplex hier nicht eingehen. Auf die folgenden Darstellungen dieses Gebietes sei hingewiesen: Ziman [57.26], Callaway [91], Loucks [94], Treusch in [58.7], Ziman in [56], sowie die Sammelbände [47, 50].

V Gitterschwingungen: Phononen

29. Einführung

Nachdem wir uns in den letzten drei Kapiteln mit der Elektronenbewegung beschäftigt haben, wenden wir uns jetzt der Bewegung der Gitterbausteine selbst zu.
Die Gitterdynamik spielt in vielen Gebieten der Festkörperphysik eine wichtige Rolle. Infolge ihrer thermischen Bewegung schwingen die Gitterionen um ihre Gleichgewichtslagen. Die rücktreibenden Kräfte sind die Kräfte der chemischen Bindung. Alle elastischen Eigenschaften, die Kompressibilität, die Fortpflanzung akustischer Wellen hängen hiermit zusammen. Diese Erscheinungen werden meist im Rahmen einer Kontinuumstheorie beschrieben, von der atomaren Struktur wird also abgesehen.
Die Kontinuumsnäherung ist ein Grenzfall der mikroskopischen Theorie, die die Dynamik der Gitterbausteine selbst betrachtet. Hier kann man zunächst im Rahmen der klassischen Mechanik Bewegungsgleichungen für die Gitterionen aufstellen und daraus die Energie und Frequenz der „Normalschwingungen" des Gitters ableiten. Zur Beschreibung der Dispersionsrelationen dieser Normalschwingungen wird uns wieder der Raum des reziproken Gitters, der Begriff der Brillouin-Zone und weitere, schon in den letzten Kapiteln eingeführte mathematische Hilfsmittel begegnen. Überhaupt werden sich zahlreiche Parallelen zu früheren Ergebnissen ziehen lassen, die es gestatten, die Diskussion dieses Kapitels kürzer zu halten. Der klassischen Beschreibung der Gitterschwingungen ist der folgende Abschnitt 30 gewidmet.
Überträgt man thermische Energie an ein Gitterion, so wird sie sich durch die gegenseitige Wechselwirkung der Ionen rasch auf das ganze Gitter verteilen. Die Anregung einer lokalen Schwingung wird also zur Anregung einer *Kollektivschwingung* der Ionengesamtheit führen. Demgemäß ist es zweckmäßig, in der mathematischen Beschreibung von Ionenkoordinaten zu Kollektivkoordinaten (Normalkoordinaten) überzugehen. In dieser neuen Darstellung lassen sich die Gitterschwingungen leicht quantisieren. Die zugeordneten Quanten sind elementare Anregungen, die als *Phononen* bezeichnet werden. Phononen sind Bose-Teilchen, auf sie ist also eine anders geartete Statistik anzuwenden als auf die Elektronen. Den Phononen ist der Abschnitt 31 gewidmet.
Als erste Anwendung des Begriffs des Phonons befassen wir uns in Abschnitt 32 mit dem Energieinhalt der Gitterschwingungen und der spezifischen Wärme.

In Abschnitt 33 wird dann ein Überblick über die Berechnung der Dispersionsbeziehungen für die Phononen gegeben.
Ähnlich wie aus dem Bändermodell für Elektronen die Zustandsdichte der Ein-Elektronen-Zustände folgt, erhält man aus dem Dispersionsspektrum der Phononen die zugehörige Zustandsdichte. Wegen der großen Ähnlichkeit beider Fälle können wir uns in Abschnitt 34 bei der Behandlung dieser Frage sehr kurz fassen.
In den beiden letzten Abschnitten dieses Kapitels gehen wir dann auf den Grenzfall sehr langwelliger Gitterschwingungen ein. Ist die Wellenlänge groß gegen die atomaren Abstände, so fällt die mikroskopische Struktur des Festkörpers nicht ins Gewicht. Hier erfolgt also der Anschluß an die klassische Kontinuumstheorie.
Bei der hier durchgängig benutzten Näherung wird die potentielle Energie eines Gitterions nach Potenzen der momentanen Auslenkung entwickelt und nur das erste nicht-verschwindende (harmonische) Glied mitgenommen. Dies ist die *harmonische Näherung*. In ihr läßt sich der Hamilton-Operator in eine Summe unabhängiger Anteile zerlegen, die die Form der Hamilton-Operatoren harmonischer Oszillatoren haben. Das ist die Grundlage der Quantisierung und damit der Beschreibung der Gitterschwingungen als ein wechselwirkungsfreies Gas von Phononen. Die Mitnahme höherer anharmonischer Glieder in der Entwicklung bedeutet dann eine *Wechselwirkung zwischen den Phononen* und ist damit Gegenstand eines späteren Kapitels (Kapitel XI).
Das Gebiet der Gitterschwingungen in harmonischer Näherung wird in vielen Darstellungen abgehandelt. Zahlreiche der im folgenden genannten Literaturstellen gehen über das in diesem Kapitel Gebrachte hinaus: Korrekturen durch anharmonische Terme, Wechselwirkung der Phononen mit anderen elementaren Anregungen und mit lokalisierten Gitterstörungen. Spezielle Literatur hierzu geben wir auch in späteren Kapiteln.
In den Einführungen in die Festkörperphysik und Festkörpertheorie werden die Gitterschwingungen besonders betont bei Hellwege [5], Brauer [9], Haug [11], Ludwig [14] und Ziman [20, 21]. Speziell den Problemen der Gitterschwingungen sind gewidmet die Bücher von Maradudin, Montroll und Weiß [69], Wallis [51], Stevenson [40], Enns und Haering [43], Bak [96] und Born und Huang [97]. Eine vorzügliche Übersicht bilden auch die beiden Artikel von Leibfried [60, VII/1] und von Cochran und Cowley [60, XXV/2a] im Handbuch der Physik, sowie die Artikel von Leibfried in [56] und von Parrott in [49]. Die Buchreihe [56] enthält zahlreiche Spezialartikel.

30. Die klassischen Bewegungsgleichungen

Wir betrachten jetzt die Ion-Ion-Wechselwirkung und lassen dabei die Elektronenbewegung außer acht. Das Modell ist also das der Gl. (2.8): Die Gitterionen schwingen um ihre Gleichgewichtslagen. Zwischen ihnen bestehen Kräfte, die die Einzelschwingungen korrelieren. Die Elektronengesamtheit wird durch eine räumlich konstante mittlere negative Raumladung ersetzt (inverses Jellium-Modell). Das

Ionengitter betrachten wir wieder innerhalb eines Grundgebietes mit zyklischen Randbedingungen. Die Zahl der Wigner-Seitz-Zellen im Grundgebiet sei N. Die Gitterionen mögen die Gleichgewichtslagen $\boldsymbol{R}_{n\alpha} = \boldsymbol{R}_n + \boldsymbol{R}_\alpha$ haben. Dabei ist $\boldsymbol{R}_n$ ein geeigneter Bezugspunkt innerhalb der Wigner-Seitz-Zelle und die $\boldsymbol{R}_\alpha$ die Ortsvektoren von diesem Bezugspunkt zum α-ten Basisatom. Besteht die Basis aus r Ionen, so läuft der Index α von 1 bis r. Die momentane Auslenkung des $n\alpha$-ten Ions aus der Gleichgewichtslage möge durch den zeitabhängigen Verschiebungsvektor $\boldsymbol{s}_{n\alpha}(t)$ gegeben sein.

Wir betrachten in diesem Abschnitt das klassische Problem. Die Hamilton-Funktion setzt sich aus der kinetischen Energie aller Ionen und ihrer Wechselwirkungsenergie zusammen. Die *kinetische Energie* ist

$$T = \sum_{n\alpha i} \frac{M_\alpha}{2} \dot{s}_{n\alpha i}^2, \qquad n = 1 \ldots N, \qquad \alpha = 1 \ldots r, \qquad i = 1,2,3. \tag{30.1}$$

Dabei ist noch M_α die Masse des α-ten Basisatoms. Der Index i unterscheidet die drei kartesischen Koordinaten des Vektors $\boldsymbol{s}_{n\alpha}$.

Die *potentielle Wechselwirkungsenergie* entwickeln wir nach steigenden Potenzen der Verschiebungen $s_{n\alpha i}$. Das *erste* (konstante) Glied dieser Entwicklung ist die potentielle Energie des Ionengitters im Gleichgewicht. Wir lassen diesen Anteil zusammen mit dem negativen Hintergrund hier weg, da er für die hier allein interessierende Dynamik der Gitterschwingungen nichts beiträgt.

Das *zweite* Glied der Entwicklung ist linear in den $s_{n\alpha i}$. Da wir um eine Gleichgewichtslage entwickeln, muß auch dieses Glied verschwinden. Das *dritte* Glied ist quadratisch in den Verschiebungen und hat die Form

$$\frac{1}{2} \sum_{\substack{n\alpha i \\ n'\alpha' i'}} \frac{\partial^2 V}{\partial R_{n\alpha i} \partial R_{n'\alpha' i'}} s_{n\alpha i} s_{n'\alpha' i'} = \frac{1}{2} \sum_{\substack{n\alpha i \\ n'\alpha' i'}} \Phi_{n\alpha i}^{n'\alpha' i'} s_{n\alpha i} s_{n'\alpha' i'}. \tag{30.2}$$

Die hierin auftretende Matrix $\Phi_{n\alpha i}^{n'\alpha' i'}$ hat $3rN$ Zeilen und Spalten. Wir brechen die Entwicklung nach diesem ersten nicht-verschwindenden Glied an *(harmonische Näherung)*. Auf die Korrekturen dieser Näherung gehen wir erst in Kapitel XI ein. Die Bedeutung der $\Phi_{n\alpha i}^{n'\alpha' i'}$ erkennt man aus den Bewegungsgleichungen

$$M_\alpha \ddot{s}_{n\alpha i} = -\frac{dV}{\partial s_{n\alpha i}} = -\sum_{n'\alpha' i'} \Phi_{n\alpha i}^{n'\alpha' i'} s_{n'\alpha' i'}. \tag{30.3}$$

$\Phi_{n\alpha i}^{n'\alpha' i'}$ ist hiernach die Kraft in i-Richtung auf das α-te Ion in der n-ten Elementarzelle, wenn das α'-te Ion in der n'-ten Zelle um eine Einheitslänge in i'-Richtung verschoben wird.

Die $\Phi_{n\alpha i}^{n'\alpha' i'}$ werden atomare Kraftkonstanten genannt. Zwischen ihnen gelten eine große Anzahl von Symmetriebeziehungen. Zunächst erkennt man aus (30.2), daß die Kraftkonstanten symmetrisch sind:

$$\Phi_{n\alpha i}^{n'\alpha' i'} = \Phi_{n'\alpha' i'}^{n\alpha i}. \tag{30.4}$$

Daneben sind sie offensichtlich reell. Weitere Beziehungen gewinnt man, wenn man die Tatsache ausnutzt, daß die potentielle Energie gegen eine (infinitesimale) Translation oder Rotation des Kristalls invariant sein muß. Sei die Translation durch $s_{n\alpha i}=\delta s_i$ für alle n, α, i und die Rotation durch $s_{n\alpha i}=\sum_k \delta\omega_{ik} R_{n\alpha k}$ $(\delta\omega_{ik}=-\delta\omega_{ki})$ gegeben. Dann dürfen diese Operationen keine Kräfte auf die Gitterionen entstehen lassen, die rechte Seite von (30.3) muß dann also verschwinden. Das führt auf

$$\sum_{i'} \delta s_{i'} \sum_{n'\alpha'} \Phi_{n\alpha i}^{n'\alpha' i'} = 0 \quad \text{bzw.} \quad \sum_{i'k'} \delta\omega_{i'k'} \sum_{n'\alpha'} \Phi_{n\alpha i}^{n'\alpha' i'} R_{n'\alpha' k'} = 0 \tag{30.5}$$

für Translation bzw. Rotation und damit auf die Symmetriebeziehungen

$$\sum_{n\alpha} \Phi_{n\alpha i}^{n'\alpha' i'} = 0 \tag{30.6}$$

und

$$\sum_{n\alpha} \Phi_{n'\alpha' i'}^{n\alpha i} R_{n\alpha k} = \sum_{n\alpha} \Phi_{n'\alpha' i'}^{n\alpha k} R_{n\alpha i'}. \tag{30.7}$$

Über diese allgemeinen Beziehungen hinaus gibt es zahlreiche weitere Relationen, die durch Ausnutzung der *Gittersymmetrie* entstehen. Wir wollen hierauf später eingehen und zunächst die Gittersymmetrie bei unseren Betrachtungen aus dem Spiel lassen. Wir können dann später leichter die allgemeinen Aussagen von den speziell durch die Gittersymmetrie bedingten Aussagen trennen.

Wir suchen nun zeitlich periodische Lösungen der Bewegungsgleichungen. Dazu setzen wir an:

$$s_{n\alpha i}(t) = \frac{1}{\sqrt{M_\alpha}} u_{n\alpha i} e^{-i\omega t} \quad \text{mit zeitunabhängigen } u_{n\alpha i}. \tag{30.8}$$

Dabei haben wir einen Faktor $M_\alpha^{-\frac{1}{2}}$ herausgezogen. Die Bewegungsgleichungen werden mit diesem Ansatz

$$\omega^2 u_{n\alpha i} = \sum_{n'\alpha' i'} D_{n\alpha i}^{n'\alpha' i'} u_{n'\alpha' i'} \qquad \left(D \equiv \frac{\Phi}{\sqrt{M_\alpha M_{\alpha'}}}\right). \tag{30.9}$$

Das ist eine Eigenwertgleichung für die reelle symmetrische Matrix $D_{n\alpha i}^{n'\alpha' i'}$ mit $3rN$ reellen Eigenwerten ω_j^2. Die ω_j selbst können nur reell oder rein imaginär sein. Die letzte Möglichkeit scheidet aus, da der Ansatz (30.8) dann zu zeitlich unbegrenzt wachsenden oder abfallenden $s_{n\alpha i}$ führen würde.

Die Eigenvektoren $u_{n\alpha i}$ der Gleichung (30.9) sind entsprechend durch den Index j zu kennzeichnen: $u_{n\alpha i}^{(j)}$, d. h., zu jedem ω_j gehören $3rN\,u_{n\alpha i}^{(j)}$. Sie werden *Normalschwingungen* genannt.

Wir berücksichtigen jetzt die Translationssymmetrie des Gitters. Sie fordert, daß die $\Phi_{n\alpha i}^{n'\alpha' i'}$ (oder $D_{n\alpha i}^{n'\alpha' i'}$) nicht von den Zellenindizes n' und n einzeln, sondern nur von deren Differenz $n'-n$ abhängen können: $\Phi_{n\alpha i}^{n'\alpha' i'} = \Phi_{\alpha i}^{\alpha' i'}(n'-n)$.

Mit dieser Bedingung und dem Ansatz

$$u_{n\alpha i} = c_{\alpha i} e^{i\boldsymbol{q}\cdot\boldsymbol{R}_n} \tag{30.10}$$

wird (30.9)

$$\omega^2 c_{\alpha i} = \sum_{\alpha' i'} \left[\sum_{n'} \frac{1}{\sqrt{M_\alpha M_{\alpha'}}} \Phi_{\alpha i}^{\alpha' i'}(n'-n) e^{i\boldsymbol{q}\cdot(\boldsymbol{R}_n - \boldsymbol{R}_{n'})} \right] c_{\alpha' i'} \tag{30.11}$$

oder, da die Summation über n' in eine Summation über $n'-n$ umgewandelt werden kann:

$$\omega^2 c_{\alpha i} = \sum_{\alpha' i'} D_{\alpha i}^{\alpha' i'}(\boldsymbol{q}) c_{\alpha' i'}. \tag{30.12}$$

Die Gitterperiodizität hat also das System von $3rN$ Gleichungen (30.9) auf ein System von $3r$ Gleichungen reduziert. Zu diesem System gehören dann nur $3r$ Eigenwerte, also $3r\ \omega_j$. Diese sind dann aber Funktionen des Vektors $\boldsymbol{q}$:

$$\omega = \omega_j(\boldsymbol{q}) \qquad j = 1 \ldots 3r. \tag{30.13}$$

Für jedes ω_j hat (30.12) eine Lösung $c_{\alpha i} = e_{\alpha i}^{(j)}(\boldsymbol{q})$. Diese Lösungen lassen sich zu Vektoren zusammenfassen. Sie sind dann bestimmt bis auf einen gemeinsamen Faktor, der so gewählt werden kann, daß die $\boldsymbol{e}_\alpha^{(j)}(\boldsymbol{q})$ normiert (und zueinander orthogonal) sind.

Für die Verrückungen $\boldsymbol{s}_{n\alpha}(t)$ folgen dann als spezielle Lösungen der Bewegungsgleichungen (30.3):

$$\boldsymbol{s}_{n\alpha}^{(j)}(\boldsymbol{q}, t) = \frac{1}{\sqrt{M_\alpha}} \boldsymbol{e}_\alpha^{(j)}(\boldsymbol{q}) e^{i(\boldsymbol{q}\cdot\boldsymbol{R}_n - \omega_j(\boldsymbol{q})t)}, \tag{30.14}$$

aus denen die allgemeinen Lösungen zusammengesetzt werden können.

Bevor wir (30.14) näher diskutieren, betrachten wir die *Dispersionsrelationen* (30.13). ω_j ist bis auf einen Faktor $\hbar$ eine Energie, $\boldsymbol{q}$ ist ein Vektor im reziproken Gitter. Die Funktion $\omega_j(\boldsymbol{q})$ spielt also für die Gitterschwingungen die gleiche Rolle wie die Funktion $E_n(\boldsymbol{k})$ für die Elektronenbewegung im Gitter. Wir können alle wesentlichen Ergebnisse über die qualitativen Eigenschaften aus Kapitel IV übernehmen:

a) Die Funktion $\omega_j(\boldsymbol{q})$ ist periodisch im $\boldsymbol{q}$-Raum, man betrachtet also nur eine *Brillouin-Zone*, deren Gestalt durch die Translationsgruppe des Kristalls gegeben ist.

b) Durch die zyklischen Randbedingungen, die man dem Kristall auferlegt, wird der Wertevorrat der $\boldsymbol{q}$ endlich. Enthält das Grundgebiet N Elementarzellen, so liegen N Werte von $\boldsymbol{q}$ in der Brillouin-Zone. Da j $3r$ Werte annehmen kann, gibt es $3rN$ verschiedene $\omega_j(\boldsymbol{q})$, also so viele wie der Kristall innere Freiheitsgrade hat.

c) $\omega_j(\boldsymbol{q})$ ist eine analytische Funktion in der Brillouin-Zone im gleichen Sinne, wie $E_n(\boldsymbol{k})$ eine analytische Funktion von $\boldsymbol{k}$ ist. Während aber der Index n in $E_n(\boldsymbol{k})$ beliebig viele ganzzahlige Werte annehmen kann, hat j nur $3r$ verschiedene Werte: $\omega_j(\boldsymbol{q})$ hat $3r$ *Zweige*.

d) $\omega_j(\boldsymbol{q})$ hat in der Brillouin-Zone die gleichen Symmetrien wie die Bandstruktur $E_n(\boldsymbol{k})$. Insbesondere gilt über die durch die Raumgruppe des Kristalls bedingten Symmetrien hinaus wegen der Zeitumkehrsymmetrie $\omega_j(\boldsymbol{q}) = \omega_j(-\boldsymbol{q})$.

Wichtig ist das Verhalten von $\omega_j(\boldsymbol{q})$ für $\boldsymbol{q} \to 0$. Wir betrachten das Wesentliche an einem einfachen Beispiel, der schwingenden Kette. Sei eine Kette identischer Kugeln durch Federn der Federkonstanten f zusammengehalten (Abb. 43a). Sei

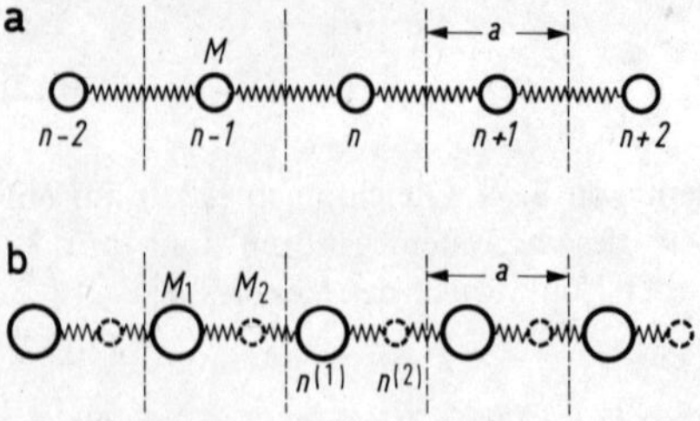

Abb. 43. Die lineare Kette a) ohne und b) mit Basis

weiter a der Abstand zwischen zwei Kugeln im Gleichgewicht und s_n die Verrückung der n-ten Kugel aus ihrer Gleichgewichtslage. Dann wird (30.3)

$$M\ddot{s}_n = -f(s_n - s_{n+1}) + f(s_{n-1} - s_n). \tag{30.15}$$

Setzt man gemäß (30.8) und (30.10)

$$s_n = \frac{1}{\sqrt{M}} c\, e^{i(qan-\omega t)}, \tag{30.16}$$

so folgt

$$\omega^2 M = f(2 - e^{-iqa} - e^{iqa}) \tag{30.17}$$

und

$$\omega = \sqrt{\frac{f}{M}}\, 2 \left|\sin\frac{qa}{2}\right|. \tag{30.18}$$

ω ist also eine periodische Funktion von q. Die erste Periode (Brillouin-Zone) liegt zwischen $-\pi/a$ und $+\pi/a$ (Abb. 44).

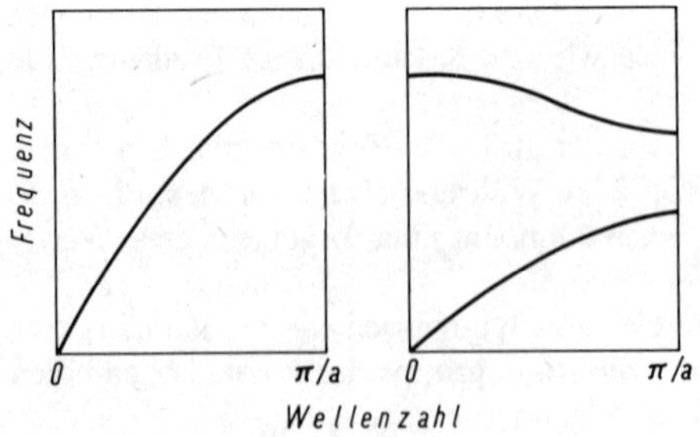

Abb. 44. Dispersionsbeziehung $\omega(q)$ für die lineare Kette ohne und mit Basis (linke bzw. rechte Teilfigur)

Liegen zwei Atome in der Einheitszelle, so gelten statt (30.15) die Gleichungen (zur Bezeichnung vgl. Abb. 43b):

$$\begin{aligned} M_1 \ddot{s}_n^{(1)} &= -f(2s_n^{(1)} - s_n^{(2)} - s_{n-1}^{(2)}), \\ M_2 \ddot{s}_n^{(2)} &= -f(2s_n^{(2)} - s_{n+1}^{(1)} - s_n^{(1)}). \end{aligned} \tag{30.19}$$

Wir machen den Ansatz

$$\begin{aligned} s_n^{(1)} &= \frac{1}{\sqrt{M_1}} c_1 e^{i\left(q\left(n-\frac{1}{4}\right)a-\omega t\right)}, \\ s_n^{(2)} &= \frac{1}{\sqrt{M_2}} c_2 e^{i\left(q\left(n+\frac{1}{4}\right)a-\omega t\right)} = e^{i\frac{qa}{2}} \frac{c_2}{c_1} s_n^{(1)} \sqrt{\frac{M_1}{M_2}} \end{aligned} \tag{30.20}$$

finden dann

$$\begin{aligned} -\omega^2 \sqrt{M_1}\, c_1 &= -\frac{2f}{\sqrt{M_1}} c_1 + \frac{2f}{\sqrt{M_2}} c_2 \cos\frac{qa}{2}, \\ -\omega^2 \sqrt{M_2}\, c_2 &= -\frac{2f}{\sqrt{M_2}} c_2 + \frac{2f}{\sqrt{M_1}} c_1 \cos\frac{qa}{2} \end{aligned} \tag{30.21}$$

und als Lösung der Determinante

$$\begin{vmatrix} \dfrac{2f}{\sqrt{M_1}} - \omega^2\sqrt{M_1} & -\dfrac{2f}{\sqrt{M_2}}\cos\dfrac{qa}{2} \\ -\dfrac{2f}{\sqrt{M_1}}\cos\dfrac{qa}{2} & \dfrac{2f}{\sqrt{M_2}} - \omega^2\sqrt{M_2} \end{vmatrix} = 0 \tag{30.22}$$

schließlich

$$\omega_\pm^2 = f\left(\frac{1}{M_1} + \frac{1}{M_2}\right) \pm f\sqrt{\left(\frac{1}{M_1} + \frac{1}{M_2}\right)^2 - \frac{4}{M_1 M_2}\sin^2\frac{qa}{2}}. \tag{30.23}$$

ω hat also zwei Lösungszweige $\omega_+(q)$ und $\omega_-(q)$, die bei $q=0$ die Werte $\sqrt{2f(1/M_1+1/M_2)}$ bzw. 0 und bei $q=\pm\pi/a$ die Werte $\sqrt{2f/M_1}$ bzw. $\sqrt{2f/M_2}$ annehmen (Abb. 44).

Für die beiden Grenzfälle $q=0$ und $\pm\pi/a$ wird nach (30.18) das Verhältnis der Amplituden c_2/c_1

$$\begin{aligned} \frac{c_2}{c_1} &= +\sqrt{\frac{M_2}{M_1}} \quad \text{für } q=0 \quad \text{und } \omega=\omega_- \\ &= -\sqrt{\frac{M_1}{M_2}} \quad \text{für } q=0 \quad \text{und } \omega=\omega_+ \end{aligned} \tag{30.24}$$

$$= 0 \text{ bzw. } \infty \quad \text{für } q = \pm\frac{\pi}{a} \quad \text{und } \omega=\omega_+ \text{ bzw. } \omega_-. \tag{30.25}$$

Diese Grenzfälle entsprechen typischen Schwingungsformen. $q=0$ bedeutet wegen $|q|=2\pi/\lambda$ Schwingungen unendlicher Wellenlänge. Alle Elementarzellen schwingen gleichsinnig. Dabei ist für $\omega=\omega_-$ die Amplitude beider Basisatome in der Elementarzelle gleichgerichtet, bei $\omega=\omega_+$ entgegengerichtet.
Der erste Fall ist der Grenzfall einer akustischen Welle. Entsprechend heißt der bei $q=0$ verschwindende Zweig *akustischer Zweig*. Die zweite Schwingungsform läßt sich in Ionenkristallen leicht optisch anregen. Der zugehörige Zweig heißt deshalb *optischer Zweig*.
Für $q=\pm\pi/a$ liegen die Basisatome der einen Sorte (M_1 oder M_2) gerade in den Knoten der Schwingungen der Wellenlänge 2a. Enthält jede Elementarzelle r Basisatome, so treten neben dem akustischen Zweig $r-1$ optische Zweige auf.
Wir haben in (30.15) noch keine Entscheidung getroffen, ob diese Gleichung *transversale* Schwingungen, also Auslenkungen senkrecht zur Kette, oder *longitudinale* Schwingungen (Verschiebungen in Kettenrichtung) beschreiben soll. Für beide Möglichkeiten ist (30.15) brauchbar, solange die Schwingungsamplituden klein sind. Die Bedeutung der Konstanten f ist dabei natürlich verschieden. Bei kleinen Amplituden läßt sich jede drei-dimensionale Schwingung der Kette in drei unabhängige Anteile zerlegen, von denen eine longitudinal und zwei transversal sind. Die beiden transversalen Schwingungen erfolgen dabei in zwei senkrecht aufeinanderstehenden Ebenen, deren Schnittgerade die Gleichgewichtslage der Kette ist.
Wir finden also im allgemeinen Fall der schwingenden Kette drei akustische und $3(r-1)$ optische Zweige der Funktion $\omega_j(q)$.
Gehen wir von diesem Beispiel zu einem Kristall mit r Atomen in jeder Elementarzelle über, so finden wir qualitativ das gleiche Bild. $\omega_j(\boldsymbol{q})$ besteht aus drei in $\boldsymbol{q}=0$ miteinander entarteten akustischen Zweigen und $3(r-1)$ optischen Zweigen. Diese Zweige sind jetzt Funktionen eines Vektors $\boldsymbol{q}$. Die im eindimensionalen Fall paarweise Entartung der beiden transversalen Zweige bleibt nur noch in Punkten oder auf Linien hoher Symmetrie in der Brillouin-Zone erhalten. In einem allgemeinen Punkt $\boldsymbol{q}$ sind alle $3r$ Zweige aufgespalten.
Der Ausdruck *optischer* Zweig darf nicht immer wörtlich genommen werden. Es gibt zu einem optischen Zweig gehörige Normalschwingungen, die optisch nicht anregbar sind. Ebenso sind außerhalb von $\boldsymbol{q}=0$ die Schwingungen eines optischen Zweiges nicht immer außer Phase und die eines akustischen Zweiges in Phase. Hier können komplizierte Mischformen der beiden im Punkte $\boldsymbol{q}=0$ realisierten Grenzfälle (30.24) auftreten. Ebenso sind nur in Punkten und längs Linien hoher Symmetrie die Gitterschwingungen streng longitudinal oder transversal.

31. Normalkoordinaten, Phononen

Die Hamilton-Funktion der Gitterschwingungen hat nach (30.1) und (30.2) die Form

$$H=\sum_{n\alpha i}\frac{M_\alpha}{2}\dot{s}_{n\alpha i}^2+\frac{1}{2}\sum_{\substack{n\alpha i\\ n'\alpha' i'}}\Phi_{n\alpha i}^{n'\alpha' i'}\,s_{n\alpha i}s_{n'\alpha' i'}\,. \qquad (31.1)$$

Die $s_{n\alpha i}(t)$ sind Linearkombinationen der speziellen Lösungen (30.14):

$$s_{n\alpha i}(t) = \frac{1}{\sqrt{NM_\alpha}} \sum_{jq} Q_j(\boldsymbol{q},t)\, e_{\alpha i}^{(j)}(\boldsymbol{q})\, e^{i\boldsymbol{q}\cdot\boldsymbol{R}_n}, \tag{31.2}$$

wo der zeitabhängige Exponentialfaktor in (30.14) in die $Q_i(\boldsymbol{q},t)$ einbezogen und ein Faktor $1/\sqrt{N}$ abgespalten wurde.
Durch Einsetzen von (31.2) in (31.1) läßt sich die Hamilton-Funktion durch die *Normalkoordinaten* Q_j ausdrücken. Zur Umformung benutzen wir:

a)
$$\sum_n e^{i(\boldsymbol{q}-\boldsymbol{q}')\cdot\boldsymbol{R}_n} = N\,\Delta(\boldsymbol{q}-\boldsymbol{q}'), \tag{31.3}$$

wo $\Delta(\boldsymbol{q})$ gleich Eins ist, wenn $\boldsymbol{q}$ gleich Null oder gleich einem reziproken Gittervektor $\boldsymbol{K}_m$ ist, und sonst verschwindet.
Da die $s_{n\alpha i}(t)$ reell sein müssen, gilt

b)
$$e_{\alpha i}^{*(j)}(\boldsymbol{q})\, Q_j^*(\boldsymbol{q},t) = e_{\alpha i}^{(j)}(-\boldsymbol{q})\, Q_j(-\boldsymbol{q},t). \tag{31.4}$$

Wir erfüllen dies durch die Forderungen

$$e_{\alpha i}^{*(j)}(\boldsymbol{q}) = e_{\alpha i}^{(j)}(-\boldsymbol{q}) \quad \text{und} \quad Q_j^*(\boldsymbol{q},t) = Q_j(-\boldsymbol{q},t). \tag{31.5}$$

Dabei haben wir komplexe $e_{\alpha i}$ zugelassen. Nach (30.12) können die $c_{\alpha i}$ zueinander orthogonal gewählt werden. Es muß dann ferner für die $e_{\alpha i}$ gelten:

$$\sum_{\alpha i} e_{\alpha i}^{*(j)}(\boldsymbol{q})\, e_{\alpha i}^{(j')}(\boldsymbol{q}) = \delta_{jj'}. \tag{31.6}$$

Mit (31.3) bis (31.6) erhält man dann nach längerer Rechnung:

$$H = \tfrac{1}{2} \sum_{jq} \left(\dot{Q}_j^*(\boldsymbol{q},t)\, \dot{Q}_j(\boldsymbol{q},t) + \omega_j^2\, Q_j^*(\boldsymbol{q},t)\, Q_j(\boldsymbol{q},t) \right). \tag{31.7}$$

Durch die Einführung von Normalkoordinaten zerfällt die Hamilton-Funktion in eine Summe von $3rN$ Einzelbeiträgen. Die gekoppelten Einzelschwingungen der Ionen sind formal durch entkoppelte Kollektivschwingungen ersetzt. Die hier verwendeten Normalkoordinaten sind komplex. Statt ihrer kann man auch reelle Normalkoordinaten wählen.
Den zu den Q^* konjugierten Impuls P findet man aus der Lagrange-Funktion zu (31.1) $L = T - V$ gemäß

$$P_j(\boldsymbol{q},t) = \frac{\partial L}{\partial \dot{Q}_j^*(\boldsymbol{q},t)} = \dot{Q}_j(\boldsymbol{q},t). \tag{31.8}$$

Damit wird

$$H = \tfrac{1}{2} \sum_{jq} \left(P_j^*(\boldsymbol{q},t)\, P_j(\boldsymbol{q},t) + \omega_j^2(\boldsymbol{q})\, Q_j^*(\boldsymbol{q},t)\, Q_j(\boldsymbol{q},t) \right). \tag{31.9}$$

Die Hamiltonsche Gleichung liefert ($\dot{P} = -\partial H/\partial Q^*$)

$$\dot{P}_j(\boldsymbol{q},t) = \ddot{Q}_j(\boldsymbol{q},t) = -\omega_j^2(\boldsymbol{q})\,Q_j(\boldsymbol{q},t)\,. \tag{31.10}$$

Für die Normalkoordinaten $Q_j(\boldsymbol{q},t)$ gilt dann die Bewegungsgleichung

$$\ddot{Q}_j(\boldsymbol{q},t) + \omega_j^2(\boldsymbol{q})\,Q_j(\boldsymbol{q},t) = 0, \tag{31.11}$$

die formal mit der Bewegungsgleichung eines harmonischen Oszillators der Frequenz $\omega_j(\boldsymbol{q})$ identisch ist.
Der Übergang zur quantenmechanischen Beschreibung ist jetzt leicht zu vollziehen. Wir brauchen lediglich die Q und P als Operatoren aufzufassen, die Vertauschungsrelationen unterworfen sind:

$$[Q_j(\boldsymbol{q}), P_{j'}(\boldsymbol{q}')] = i\hbar\,\delta_{\boldsymbol{q}\boldsymbol{q}'}\,\delta_{jj'}\,. \tag{31.12}$$

Der Hamilton-Operator (31.9) zusammen mit den Vertauschungsrelationen (31.12) entspricht genau den Gln. (A.1) und (A.2) des Anhanges A. Wir können also die quantisierten Kollektivschwingungen als *elementare Anregungen* auffassen. Sie werden als *Phononen* bezeichnet. Die Einführung von Erzeugungs- und Vernichtungsoperatoren führt auf einen Hamilton-Operator der Form

$$H = \sum_{j\boldsymbol{q}} \hbar\omega_j(\boldsymbol{q})\left(a_j^+(\boldsymbol{q})\,a_j(\boldsymbol{q}) + \tfrac{1}{2}\right). \tag{31.13}$$

Jeder der durch ein Paar $j, \boldsymbol{q}$ definierten Zustände ist durch eine Besetzungszahl $n_j(\boldsymbol{q})$ mit Phononen der Energie $\hbar\omega_j(\boldsymbol{q})$ gekennzeichnet. Der Beitrag eines solchen Zustandes (einer Normalschwingung) zur Gesamtenergie ist $n_j(\boldsymbol{q})\hbar\omega_j(\boldsymbol{q})$ und die Gesamtenergie (einschließlich der Nullpunktsenergie) wird

$$E = \sum_{j\boldsymbol{q}} \hbar\omega_j(\boldsymbol{q})\left(n_j(\boldsymbol{q}) + \tfrac{1}{2}\right). \tag{31.14}$$

Das durch (31.13) beschriebene Phononengas besteht in der hier benutzten harmonischen Näherung aus wechselwirkungsfreien Teilchen. Es ist deshalb zweckmäßig, einen Vergleich mit dem wechselwirkungsfreien Elektronengas des Kapitels II durchzuführen. Der grundsätzliche Unterschied beider Fälle liegt darin, daß die Elektronen *Fermionen*, die Phononen dagegen *Bosonen* sind. Jeder Zustand des Gitterschwingungs-Spektrums kann also mit beliebig vielen (ununterscheidbaren) Phononen besetzt werden. Hinzu kommt, daß die Zahl der Phononen vom Energieinhalt der Gitterschwingungen abhängt, also von der Temperatur. Bei $T=0$ sind keine Phononen angeregt, das Gitter enthält nur die Nullpunktsenergie.
Infolgedessen ändert sich auch die Fragestellung der Statistik. Es interessiert nicht – wie in Abschnitt 6 – die Verteilung von N ununterscheidbaren Fermionen auf gegebene Energiezustände bei gegebener Temperatur, sondern die Zahl der angeregten Bosonen in den Oszillator-Zuständen als Funktion der Temperatur. Dazu beachten wir, daß jeder Oszillator unabhängig von den anderen mit einer

Wahrscheinlichkeit $\sim e^{-E_n/k_BT}$ die Anregungsenergie $E_n = \hbar\omega(n+\frac{1}{2})$ hat. Explizit ist diese Wahrscheinlichkeit wegen $\sum_n P_n = 1$:

$$P_n = \frac{e^{-\frac{E_n}{k_B T}}}{\sum_n e^{-\frac{E_n}{k_B T}}} = \frac{e^{-\frac{n\hbar\omega}{k_B T}}}{\sum_n e^{-\frac{n\hbar\omega}{k_B T}}}. \tag{31.15}$$

Wegen $\sum_n x^n = (1-x)^{-1}$ (die Summen laufen alle von $n=0$ bis $n=\infty$) folgt

$$P_n = e^{-\frac{n\hbar\omega}{k_B T}}\left(1 - e^{-\frac{\hbar\omega}{k_B T}}\right) \tag{31.16}$$

und damit als mittlere Energie des Oszillators

$$\bar{E} = \sum_n E_n P_n = E_0 + \sum_n n\hbar\omega P_n. \tag{31.17}$$

Wegen $\sum_n n x^n = x/(1-x)^2$ folgt schließlich

$$\bar{E} = \frac{\hbar\omega}{e^{\frac{\hbar\omega}{k_B T}} - 1} + \frac{\hbar\omega}{2}. \tag{31.18}$$

Die mittlere Besetzungswahrscheinlichkeit eines Oszillators, hier also die *mittlere Zahl der Phononen* im Zustand j, $\boldsymbol{q}$ wird dann

$$\bar{n}_j(\boldsymbol{q}) = \frac{1}{e^{\frac{\hbar\omega_j(\boldsymbol{q})}{k_B T}} - 1} \qquad \textit{(Bose-Verteilung)}. \tag{31.19}$$

Nach Abschnitt 30 zerfällt das Spektrum der Gitterschwingungen in $3r$ Zweige (Laufindex j), die jeweils als Funktionen von $\boldsymbol{q}$ im $\boldsymbol{q}$-Raum darstellbar sind. Da jedem (quasidiskreten) Punkt $\boldsymbol{q}$ jedes Zweiges ein Zustand zugeordnet ist, haben wir zu unterscheiden zwischen den Phononen der verschiedenen Zweige. Je nach dem Verhalten eines Zweiges bei $\boldsymbol{q}=0$ und der Polarisation der Normalschwingung unterscheidet man hier zwischen *akustischen* und *optischen*, *longitudinalen* und *transversalen* Phononen. Da ihre Eigenschaften bei der Wechselwirkung mit anderen Quasiteilchen und Kollektivanregungen verschieden sind, wird diese Unterscheidung, soweit notwendig, vermerkt: *TA-*, *TO-*, *LA- und LO-Phononen.*

Wir schließen mit zwei grundsätzlichen Bemerkungen:

Den Übergang zu Normalkoordinaten und die dadurch erreichte Entkopplung der Hamilton-Funktion in unabhängige Normalschwingungen ist dadurch möglich gewesen, daß die Hamilton-Funktion (31.1) eine positiv definite quadratische Form ist. Jede solche Form kann diagonalisiert werden. Wir hätten also schon im Anschluß an (30.9) vor der expliziten Berücksichtigung der Gitterperiodizität den Übergang zur Quantenmechanik machen und Phononen einführen können. Das Auftreten von elementaren Anregungen an dieser Stelle ist also nicht an die

Eigenschaften des Gitters gebunden. Die Aufteilung aller ω_j in Zweige, die in einer Brillouin-Zone des $\boldsymbol{q}$-Raumes dargestellt werden können, ist dann allerdings eine Folge der Periodizität.

Hätten wir nicht nach dem zweiten Glied der Entwicklung (30.2) abgebrochen, so wäre eine Diagonalisierung nicht möglich gewesen. Die Berücksichtigung höherer, anharmonischer Glieder bringt also eine *Wechselwirkung zwischen den Phononen* ins Spiel (Kapitel XI).

32. Der Energieinhalt der Gitterschwingungen, spezifische Wärme

Nach (31.14) und (31.19) ist die Gesamtenergie der Gitterschwingungen bei einer gegebenen Temperatur T

$$E=\sum_{j\boldsymbol{q}}\left(\frac{1}{e^{\frac{\hbar\omega_j}{k_B T}}-1}+\frac{1}{2}\right)\hbar\omega_j(\boldsymbol{q}). \tag{32.1}$$

Die Summation über alle $\boldsymbol{q}$ und alle Zweige j läßt sich in zwei Grenzfällen leicht durchführen:

a) *Hohe Temperatur:* Wenn $k_B T$ groß ist gegen $\hbar\omega_j$, so läßt sich die Exponentialfunktion im Nenner entwickeln, und es folgt

$$E=\sum_{j\boldsymbol{q}} k_B T\left(1+\frac{1}{2}\,\frac{\hbar\omega_j(\boldsymbol{q})}{k_B T}+\cdots\right)\approx 3rNk_B T. \tag{32.2}$$

Jeder der $3rN$ Oszillatoren trägt in erster Näherung jeweils den Betrag $k_B T$ zur Gesamtenergie bei *(Dulong-Petitsches Gesetz)*. Dies ist das klassische Resultat, Quanteneffekte treten nicht auf.

b) *Tiefe Temperatur:* In diesem Fall können wir nicht etwa $k_B T$ klein gegen $\hbar\omega_j$ setzen, da unter den Frequenzen alle Werte von Null bis $\hbar\omega_j \gg k_B T$ vorkommen. Dagegen läßt sich aus (32.1) schließen, daß Frequenzen mit $\hbar\omega_j \gg k_B T$ nichts beitragen. Damit können wir die Summation auf die drei akustischen Zweige beschränken. Auch hier werden nur die tiefsten Frequenzen wichtig sein, für die die Dispersionsrelation $\omega_j=\omega_j(\boldsymbol{q})$ durch den linearen Ansatz $\omega_j(\boldsymbol{q})=s_j(\vartheta,\varphi)\cdot q$ angenähert werden kann. Dann wird

$$E=\sum_{j\boldsymbol{q}}\frac{\hbar s_j q}{e^{\frac{\hbar s_j q}{k_B T}}-1}+\text{Nullpunktsenergie } E_0. \tag{32.3}$$

Bei hinreichend großem Grundgebiet können wir die Summation über die diskreten $\boldsymbol{q}$-Punkte durch eine Integration im $\boldsymbol{q}$-Raum ersetzen: $\sum_{\boldsymbol{q}}=V_g/(2\pi)^3\int d\tau_{\boldsymbol{q}}$. Damit wird (32.3)

$$E-E_0=\frac{V_g}{(2\pi)^3}\sum_j\int\frac{\hbar s_j q}{e^{\frac{\hbar s_j q}{k_B T}}-1}\,d\tau_q=\frac{V_g}{(2\pi)^3}\,\frac{(k_B T)^4}{\hbar^3}\sum_j\int\frac{d\Omega}{s_j^3}\int_0^\infty\frac{x^3\,dx}{e^x-1}. \tag{32.4}$$

Die Integration konnte hier bis Unendlich erstreckt werden, da hohe x zum Integranden nichts beitragen. Mittelt man noch s_j^{-3} über alle Richtungen und Zweige, so folgt

$$E = \frac{\pi^2}{10} \frac{V_g}{\hbar^3} \frac{(k_B T)^4}{\overline{s}^3} + \text{Nullpunktsenergie}, \tag{32.5}$$

wobei rechts für das bestimmte Integral sein Wert $\pi^4/15$ eingesetzt wurde.
Für den Temperaturbereich zwischen den beiden Grenzfällen sind die genannten Näherungen unzureichend. Wir bemerken zunächst, daß unter der Summe über $\boldsymbol{q}$ in (32.1) eine Funktion von $\omega_j(\boldsymbol{q})$ steht. Man kann also beim Ersetzen der Summation durch eine Integration sogleich in eine Integration über ω_j umformen. Dazu führt man – wie in Abschnitt 22 – eine *Zustandsdichte* $z(\omega)$ ein durch

$$z(\omega)\,d\omega = \frac{V_g}{(2\pi)^3} \int\limits_{\omega=\text{const}} \frac{df_q}{|\text{grad}_{\boldsymbol{q}}\, \omega_j(\boldsymbol{q})|}\, d\omega. \tag{32.6}$$

(Im Gegensatz zu Abschnitt 22 haben wir hier $z(\omega)$ nicht auf das Grundgebiet 1 normiert.) Mit (32.6) wird allgemein:

$$\sum_{\boldsymbol{q}} g(\omega) = \frac{V_g}{(2\pi)^3} \int g(\omega)\, d\tau_{\boldsymbol{q}} = \int\limits_0^\infty g(\omega)\, z(\omega)\, d\omega. \tag{32.7}$$

Für die Näherung $\omega_j(q) = \overline{s}_j q$ (mit bereits über die Winkel gemittelten s_j) wird z. B.

$$z_j(\omega_j)\, d\omega_j = \frac{V_g}{2\pi^2} \frac{\omega_j^2\, d\omega_j}{\overline{s}_j^3} \tag{32.8}$$

und

$$E - E_0 = \sum_j \int\limits_0^\infty \frac{\hbar\omega_j}{e^{\frac{\hbar\omega_j}{k_B T}} - 1}\, z_j(\omega_j)\, d\omega_j = \sum_j \frac{V_g}{2\pi^2} \frac{(k_B T)^4}{\hbar^3} \frac{1}{\overline{s}_j^3} \int\limits_0^\infty \frac{x^3}{e^x - 1}\, dx. \tag{32.9}$$

Das ist aber genau das Ergebnis, das wir oben für den Grenzfall tiefer Temperatur bereits erzielt hatten. In dieser Formulierung können wir es zumindest in einer Hinsicht korrigieren: Die Integration der Zustandsdichte (32.6) über alle ω muß gerade die Anzahl N der $\boldsymbol{q}$-Werte eines Zweiges ergeben (Gl. (32.7) mit $g = 1$). In der linearen Näherung müssen wir also das Spektrum $\omega_j(\boldsymbol{q})$ bei einer Frequenz ω_D *(Debye-Frequenz)* abschneiden, so daß die eben genannte Bedingung erfüllt ist. Das ergibt hier

$$\frac{V_g}{2\pi^2} \frac{1}{\overline{s}_j^3} \frac{\omega_{jD}^3}{3} = N, \tag{32.10}$$

oder mit $q_{jD} = \omega_{jD}/\overline{s}_j$ unabhängig von j:

$$q_{jD} = \left(\frac{6\pi^2 N}{V_g}\right)^{\frac{1}{3}} = (6\pi^2 n)^{\frac{1}{3}}. \tag{32.11}$$

Nun ist N/V_g das reziproke Volumen einer Wigner-Seitz-Zelle und damit gleich dem Volumen einer Brillouin-Zone geteilt durch $(2\pi)^3$. Setzt man dies in (32.11) ein, so folgt unmittelbar, daß q_D der Radius einer Kugel mit dem Volumen der Brillouin-Zone ist. Die hier benutzte *Debyesche Näherung* besteht also aus drei Approximationen an dem Spektrum $\omega_j(\boldsymbol{q})$: Vernachlässigung der optischen Zweige, lineare Approximation der akustischen Zweige, Ersetzen der Brillouin-Zone durch eine Kugel gleichen Inhalts und Annahme einer Richtungsunabhängigkeit der linearen Näherung in dieser Kugel.

Für unsere Näherung bedeutet die Debyesche Korrektur das Ersetzen der oberen Grenze ∞ im Integral (32.4) durch $\hbar\omega_D/k_B T$ und damit die Multiplikation der Näherungsformeln mit einem temperaturabhängigen Faktor

$$\frac{15}{\pi^4}\int\limits_0^{\frac{\hbar\omega_D}{kT}} \frac{x^3}{e^x-1}\,dx = f\left(\frac{\hbar\omega_D}{k_B T}\right) = f\left(\frac{\Theta_D}{T}\right), \tag{32.12}$$

wo noch die *Debye-Temperatur* Θ_D durch die Definitionsgleichung $k_B\Theta_D = \hbar\omega_D$ eingeführt wurde.

Ein von Einstein eingeführtes Modell soll hier noch im Hinblick auf eine spätere Anwendung gestreift werden: In ihm wird angenommen, daß nur eine einzige Schwingungsfrequenz überhaupt auftritt: $\omega_j(\boldsymbol{q}) = \omega_E$. Dann wird die Zustandsdichte

$$z(\omega_j)\,d\omega_j = N\,\delta(\omega_j-\omega_E)\,d\omega_j, \tag{32.13}$$

und aus (32.9) folgt:

$$E - E_0 = \frac{N\hbar\omega_E}{e^{\frac{\hbar\omega_E}{k_B T}}-1}. \tag{32.14}$$

So roh diese Annahme scheint, so wichtig ist sie doch zur Ergänzung der Debyeschen Näherung. Aus Abb. 44 läßt sich im Falle der linearen Kette mit Basis erkennen, daß die Debyesche Näherung den akustischen Zweig recht gut approximiert. Zur Approximation des optischen Zweiges ist jedoch sicher die Annahme einer konstanten Frequenz aller optischen Phononen besser, als eine lineare Näherung, wie bei der Debyesche Näherung.

Für den Vergleich mit dem Experiment ist die bisher betrachtete Gesamtenergie weniger wichtig als ihre Änderung mit der Temperatur, also als die *spezifische Wärme.*

In der harmonischen Näherung ist ein Unterschied zwischen c_v und c_p nicht nötig, da diese Näherung eine thermische Expansion des Gitters nicht enthält.

Für die Debye-Näherung folgt als spezifische Wärme durch Differentiation von (32.9), (32.12) nach der Temperatur

$$c_D(T) = 3N k_B f_D\left(\frac{\Theta_D}{T}\right) \quad \text{mit} \quad f_D(x) = \frac{3}{x^3}\int\limits_0^x \frac{y^4\,dy}{(e^y-1)^2}. \tag{32.15}$$

Für große Θ_D/T (kleine Temperatur) läßt sich $f_D(x)$ durch den Wert $4\pi^4/5x^3$ approximieren. In dieser Näherung wird die spezifische Wärme proportional zu T^3 (Debyesches T^3-Gesetz).
Für die Einstein-Näherung folgt, wenn wir noch die Einstein-Temperatur Θ_E entsprechend der Debye-Temperatur einführen und einen Faktor 3 entsprechend der drei optischen Zweige hinzufügen

$$c_E(T) = 3\,N\,k_B\,f_E\left(\frac{\Theta_E}{T}\right) \quad \text{mit} \quad f_E(x) = \frac{x^2}{(e^x-1)^2}\,. \tag{32.16}$$

Der Temperaturverlauf beider Näherungen ist in Abb. 45 gegeben.

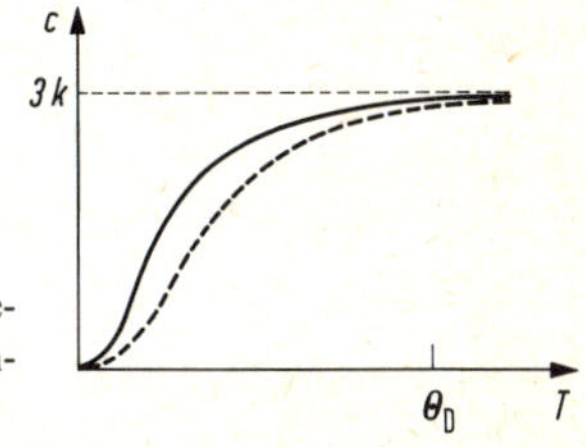

Abb. 45. Spezifische Wärme nach der Debyeschen Näherung (obere Kurve) und der Einsteinschen Näherung (untere Kurve)

33. Berechnung der Dispersionskurven

Wie schon in Abschnitt 30 bemerkt, läßt sich die Funktion $\omega_j(\boldsymbol{q})$ in einer Brillouin-Zone des $\boldsymbol{q}$-Raumes entsprechend darstellen wie die Bandstruktur $E_n(\boldsymbol{k})$ in einer Brillouin-Zone des $\boldsymbol{k}$-Raumes. Insbesondere gelten die gleichen Symmetrieforderungen.
Bevor wir auf die Berechnung solcher Dispersionskurven eingehen, sei an dem einfachen Fall eines zwei-dimensionalen quadratischen Netzes einiges Wesentliche gezeigt.
Die Funktion $\omega_j(\boldsymbol{q})$ folgt aus Gl. (30.12) bei Kenntnis der $3r x 3r$-Matrix $D_{\alpha i}^{\alpha' i'}(\boldsymbol{q})$. Diese wiederum bestimmt sich aus den Kraftkonstanten nach der Gleichung

$$D_{\alpha i}^{\alpha' i'}(\boldsymbol{q}) = \sum_{n'} \frac{1}{\sqrt{M_\alpha M_{\alpha'}}}\,\Phi_{n\alpha i}^{n'\alpha' i'}\,e^{i\boldsymbol{q}\cdot(\boldsymbol{R}_n - \boldsymbol{R}_{n'})}\,. \tag{33.1}$$

Für unser Modell nehmen wir, wie im eindimensionalen Fall des Abschnittes 33, Federkräfte zwischen Nachbaratomen an. Gemäß der Annahme, daß die Kräfte zwischen nächsten Nachbarn am stärksten sind und mit wachsendem Abstand zu den übernächsten, drittnächsten usw. Nachbarn abnehmen, beschränken wir uns auf Federbindungen zu den nächsten und übernächsten Nachbarn (Abb. 46). Eine Beschränkung auf die nächsten Nachbarn allein wäre schon wegen der Tatsache unrealistisch, daß ein quadratisches Netz (so wie im Raum ein kubisches Gitter) bei Federbindungen nur zwischen unmittelbaren Nachbarn gegenüber Scherkräften nicht stabil wäre.

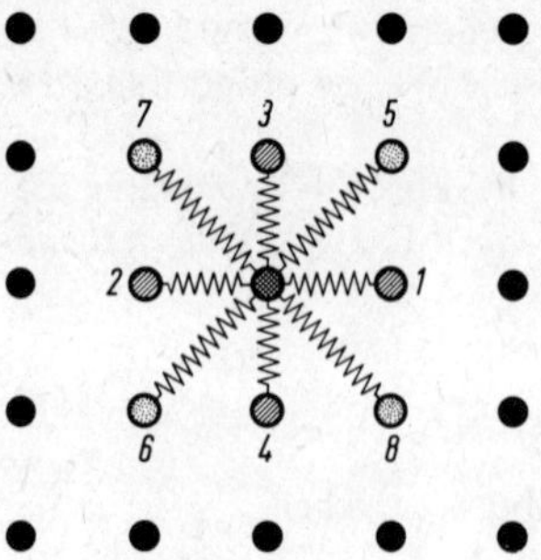

Abb. 46. Federbindungen zu nächsten und übernächsten Nachbarn im quadratischen Netz

Wir betrachten nun ein spezielles Atom $n=0$. Die i-te Komponente der Kraft auf dieses Atom, wenn das n'-te Atom um den Vektor $s_{n'}$ aus seiner Gleichgewichtslage gebracht wird, ist

$$F_{n'\to 0} = a_{n'} e_{n'}(e_{n'} \cdot s_{n'}). \tag{33.2}$$

Dabei ist $a_{n'}$ die Federkonstante der speziellen Feder. $e_{n'}$ ist der Einheitsvektor, der die Richtung von $R_{n'}$ angibt. Vergleichen wir diesen Ausdruck mit (30.3), wobei wir den Index α bei der Betrachtung von Bravais-Gittern weglassen können, so finden wir für die Kraftkonstanten

$$\Phi_{0i}^{n'i'} = -a_{n'} e_{n'i} e_{n'i'} \quad (n' \neq 0). \tag{33.3}$$

Die Kraftkonstante $\Phi_{0i}^{0i'}$, die die Kraft auf das Atom 0 bei Verrückung dieses Atoms um den Vektor s_0 beschreibt, folgt sofort als Summe über alle Kräfte, die bei Verrückung aller anderen Atome um den Vektor $-s_0$ entstehen würden:

$$\Phi_{0i}^{0i'} = -\sum_{n'(\neq 0)} \Phi_{0i}^{n'i'} = \sum_{n'(\neq 0)} a_{n'} e_{n'i} e_{n'i'}. \tag{33.4}$$

Aus (33.3) und (33.4) können wir für unser spezielles Beispiel alle Kraftkonstanten leicht angeben. Seien die Federkonstante zu den vier nächsten Nachbarn f_1 und die zu den vier übernächsten Nachbarn f_2, und sei a die Gitterkonstante, so wird

$$\begin{aligned}
&\Phi_{01}^{11} = \Phi_{01}^{21} = \Phi_{02}^{32} = \Phi_{02}^{42} = -f_1,\\
&\Phi_{0i}^{5i'} = \Phi_{0i}^{6i'} = -\frac{f_2}{2} \quad (i, i' = 1, 2),\\
&\Phi_{0i}^{7i} = \Phi_{0i}^{8i} = -\frac{f_2}{2} \quad (i = 1, 2),\\
&\Phi_{0i}^{7j} = \Phi_{0i}^{8j} = +\frac{f_2}{2} \quad (i \neq j = 1, 2),\\
&\Phi_{01}^{01} = \Phi_{02}^{02} = 2(f_1 + f_2),\\
&\text{alle anderen } \Phi_{0i}^{n'i'} = 0.
\end{aligned} \tag{33.5}$$

Die Numerierung der einzelnen Nachbaratome ist in Abb. 46 ersichtlich.
Mittels (33.5) lassen sich die $D_i^{i'}(\boldsymbol{q})$ berechnen und in (30.12) einsetzen. (30.12) ist ein Gleichungssystem, das nur lösbar ist, wenn die Determinante

$$|D_i^{i'}(\boldsymbol{q})-\omega^2\delta_{ii'}|=0 \tag{33.6}$$

verschwindet. Dies führt im vorliegenden Fall auf

$$\begin{vmatrix} [f_1(1-\cos q_x a)+f_2(1-\cos q_x a\cos q_y a)]-\frac{M}{2}\omega^2 & \sin q_x a\sin q_y a \\ \sin q_x a\sin q_y a & [f_1(1-\cos q_y a)+f_2(1-\cos q_x a\cos q_y a)]-\frac{M}{2}\omega^2 \end{vmatrix}=0. \tag{33.7}$$

q_x und q_y sind die Komponenten von $\boldsymbol{q}$ in der (zwei-dimensionalen) Brillouin-Zone. Diese ist beim quadratischen Netz selbst ein Quadrat mit der Kantenlänge π/a.
Die Determinantenbedingung (33.7) führt auf zwei Lösungen von $\omega_j(\boldsymbol{q})$ gemäß den zwei Zweigen, die bei einem zwei-dimensionalen Bravais-Netz möglich sind. Wir geben sie für einige Symmetriepunkte und -linien an. Die Symmetriesymbole sind diejenigen der Abb. 28a (Brillouin-Zone des kubischen Gitters im $\boldsymbol{k}$-Raum), die in dem Quadrat $k_z=0$ enthalten sind. Der Mittelpunkt ist also Γ, zu einer Seitenmitte (X) des Quadrates führt die Δ-Achse, zu einer Ecke des Quadrates (M) die Σ-Achse. Die Seiten des Quadrates $X-M-X-\cdots$ sind Z-Achsen. Für den zweidimensionalen Fall sind die zu den einzelnen Punkten und Linien gehörigen Punktgruppen natürlich andere.

Aus (33.7) folgt

$$\begin{aligned}
&\Delta\text{-Achse } (\Gamma\to X)\text{:} & \omega_1 &= \sqrt{\frac{2}{M}(f_1+f_2)(1-\cos q_x a)},\\
& & \omega_2 &= \sqrt{\frac{2}{M}f_2(1-\cos q_x a)};\\
&\Sigma\text{-Achse } (\Gamma\to M)\text{:} & \omega_1 &= \sqrt{\frac{2}{M}(f_1(1-\cos q_x a)+f_2(1-\cos 2q_x a))},\\
& & \omega_2 &= \sqrt{\frac{2}{M}f_1(1-\cos q_x a)};\\
&Z\text{-Achse } (X\to M)\text{:} & \omega_1 &= \sqrt{\frac{2}{M}(2f_1+f_2(1+\cos q_y a))},\\
& & \omega_2 &= \sqrt{\frac{2}{M}(f_1+f_2-(f_1-f_2)\cos q_y a)}.
\end{aligned} \tag{33.8}$$

Die Dispersionskurven sind für willkürlich gewählte Zahlenwerte ($f_1/f_2=2$) in Abb. 47 aufgetragen. Abb. 47 enthält ferner die Symbole der irreduziblen Darstellungen, die den ω_i in den Punkten und Linien hoher Symmetrie zugeordnet sind. Wir gehen auf die gruppentheoretische Seite hier nicht ein. Sie verläuft analog zu dem in Kapitel IV behandelten Beispiel. Dagegen ist noch eine Bemerkung wichtig:

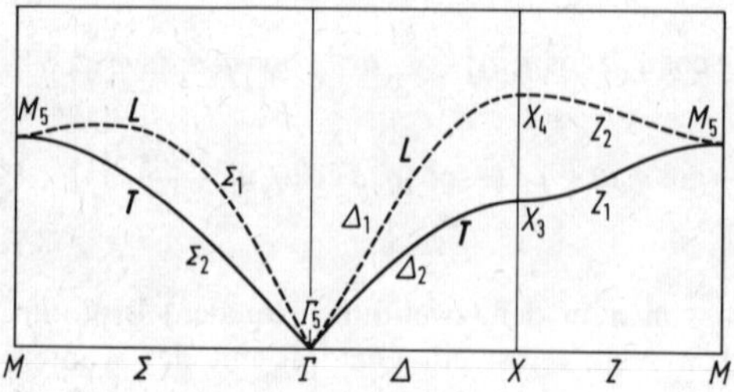

Abb. 47. Dispersionskurven für das quadratische Netz bei Berücksichtigung von Federbindungen zu nächsten und übernächsten Nachbarn ($f_1/f_2=2$)

Geht man mit den Lösungen $\omega_j(\boldsymbol{q})$ in (30.12), so lassen sich die $c_i^{(j)}$ bestimmen. Dann findet man etwa auf der Δ-Achse für ω_1: $c_x^1=1$, $c_y^1=0$. Der ω_1-Zweig beschreibt also longitudinale Gitterschwingungen. Entsprechend findet man für ω_2 transversale Schwingungen ($c_x^2=0$, $c_y^2=1$). Auch auf der Σ-Achse läßt sich so der obere Zweig longitudinalen Schwingungen und der untere Zweig transversalen Schwingungen zuordnen. Dagegen sind die Schwingungen mit einem $\boldsymbol{q}$-Vektor auf der Z-Achse nicht derartig zu klassifizieren. Die Einteilung in longitudinale und transversale Schwingungen ist also nur für bestimmte $\boldsymbol{q}$-Werte möglich.

Rechnungen analog zu dem oben behandelten Modell sind für viele Festkörper durchgeführt worden. Dabei ist diese Methode durch folgende Fakten in ihrer Anwendbarkeit beschränkt:

a) Ein Modell, in dem die chemische Bindung zwischen den Atomen durch Federkräfte simuliert wird, kann nur dann erfolgreich sein, wenn die chemischen Bindungskräfte Zentralkräfte sind. Dies ist in Ionenkristallen der Fall, wo die elektrostatischen Kräfte zwischen den Gitterionen für die Bindung verantwortlich sind. Schon bei kovalent gebundenen Gittern sind die Bindungen gerichtet, also abhängig vom Bindungswinkel. Solche Kräfte sind durch einfache Federn nur schlecht zu simulieren. Trotzdem sind auch hier relativ gute Ergebnisse erzielt worden.

b) Das Ersetzen der Gitterionen durch starre Kugeln, die durch Federn verbunden sind, läßt die Polarisierbarkeit der Ionen und ihre Kompressibilität außer acht.

c) Bindungskräfte wirken nicht nur zwischen nächsten Nachbarn, sondern müssen im Prinzip bis zu sehr weit entfernten Ionen berücksichtigt werden. Damit kommen aber immer mehr Parameter in die Ergebnisse, die durch Anpassung an das Experiment bestimmt werden müssen. Dann ist es zwecklos, das Modell durch Verfeinerung mit mehr freien Parametern zu belasten als durch experimentelle Messungen bestimmbar sind.

Im Rahmen des Modells der Federbindungen ist der einfachste Ansatz das *Modell der starren Ionen.* Hier ist die Zahl der notwendigen Parameter aber sehr groß, wenn man sich nicht auf nächste Nachbarn beschränken kann. Für Germanium z. B. müssen nach Rechnungen von Herman noch sechst-nächste Nachbarn berücksichtigt werden, um befriedigende Ergebnisse zu erhalten.

Die Theorie wird wesentlich verbessert, wenn man die Polarisierbarkeit der Gitterionen mitberücksichtigt. Das kann dadurch geschehen, daß die Valenzelektronen des Ions durch eine massenlose negativ geladene Schale beschrieben werden, die durch isotrope elastische Kräfte an den positiven Ionenrumpf gebunden sind *(Schalenmodell).* Bei Berücksichtigung nur der nächsten Nachbarn konnte mittels des Schalenmodells bei nur fünf freien Parametern in Ge eine befriedigende Übereinstimmung mit dem Experiment gefunden werden. Aber auch hier steigt die Zahl der Parameter schnell an, wenn man Feinheiten des Schwingungsspektrums klären will.

Eine weitere wesentliche Verbesserung dieses Modells bringt die Berücksichtigung der Kompressibilität der Gitterionen durch Annahme einer kompressiblen Schale („atmendes" Schalenmodell). Diese Verfeinerung führte in vielen Fällen zu einer fast quantitativen Übereinstimmung mit dem Experiment.

Für die Anpassung der Parameter stehen zunächst die elastischen Konstanten und die Dielektrizitätskonstante zur Verfügung (Abschnitte 35 und 36). Diese reichen meist nicht aus, um alle freien Parameter zu bestimmen. Man ist dann darauf angewiesen, die Ergebnisse an experimentell bestimmte Schwingungsspektren anzupassen. Die experimentelle Ausmessung von Dispersionskurven ist durch inelastische Neutronenbeugung möglich, wobei diese Methode auf Festkörper mit einem nicht zu großen Streuquerschnitt beschränkt bleibt.

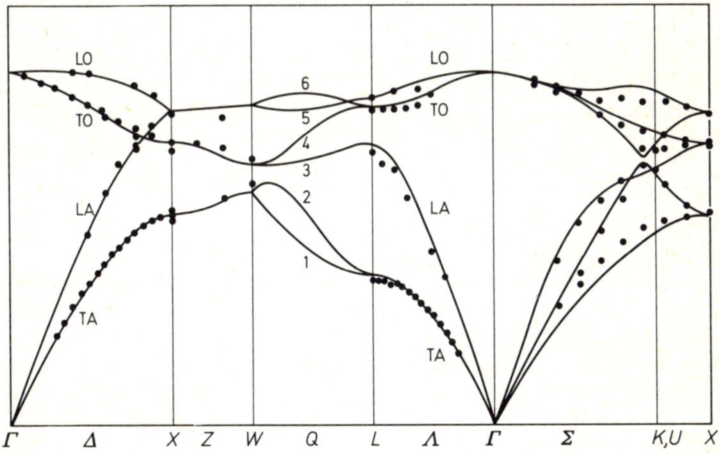

Abb. 48. Dispersionskurven $\omega_j(\boldsymbol{q})$ für Diamant. (Nach Bilz [58.6])

Abb. 48 zeigt die Zweige der Funktion $\omega_j(\boldsymbol{q})$ für Diamant längs der wichtigsten Achsen in und auf der Oberfläche der Brillouin-Zone. Die wesentlichsten Aspekte der Abb. 48 sind bereits durch Symmetrieüberlegungen ableitbar, wie wir sie in Abschnitt 26 kennengelernt haben.
Wir wollen hier nicht auf alle Feinheiten eingehen, die bei der Berechnung der Dispersionskurven noch möglich sind. Insbesondere ist bei kovalenten Kristallen eine Berücksichtigung der winkelabhängigen Kräfte in gewissen Grenzen möglich.
Bei Metallen ist die Abschirmung der Ion-Ion-Wechselwirkung durch das Elektronengas der Valenzelektronen wichtig. Hier ist also ein Punkt, in dem die Elektron-Elektron-Wechselwirkung in die Theorie einbezogen werden muß.
Im Prinzip lassen sich natürlich die Kraftkonstanten auch aus der Schrödinger-Gleichung des Gesamtproblems ableiten. Bei Metallen hilft hier das Konzept des *Pseudopotentials*, ein Näherungsverfahren zur Berechnung der Dispersionskurven zu entwickeln, das auf die unphysikalische Einführung von Federkräften verzichtet. Wir können hier nur auf die Literatur verweisen, besonders auf Harrison [10, 92] und Sandrock [59, X].

34. Die Zustandsdichte

Bei Kenntnis der Dispersionskurven für die ganze Brillouin-Zone, also der Funktion $\omega_j(\boldsymbol{q})$, läßt sich die Zustandsdichte nach Gl. (32.6) berechnen.
Abb. 49a zeigt für den ein-dimensionalen Fall der linearen Kette mit zweiatomiger Basis die Zustandsdichte bei zwei verschiedenen Massenverhältnissen. Für gleiche Massen (linke Teilfigur) entspricht die Zustandsdichte dem Fall der einfachen linearen Kette. Es gibt nur einen akustischen Zweig. Der in der Teilfigur erscheinende obere Zweig ist nur die Fortsetzung des unteren akustischen Zweiges. Betrachtet man nämlich die lineare Kette mit einem Atom in der Elementarzelle als eine Kette doppelter Gitterkonstanten mit zwei gleichen Atomen pro Elementarzelle, so ist die zugehörige Brillouin-Zone nur halb so groß. Der akustische Zweig der üblichen Darstellung muß dann in der neuen Darstellung in die erste Brillouin-Zone reduziert werden. Er bildet dann einen oberen Zweig, der mit der unteren Hälfte an der Oberfläche der (eindimensionalen) Brillouin-Zone zusammenhängt. Nimmt man dann infinitesimal verschiedene Massen der beiden Basisatome an, so spalten beide Zweige auf, und der obere Zweig wird ein „echter" optischer Zweig. Schon aus dieser Betrachtung ist zu erkennen, daß die Worte „optisch" und „akustisch", ebenso wie „transversal" und „longitudinal", nur in Grenzfällen sinnvoll sind.
Für den zwei- und drei-dimensionalen Fall können sich die Zustandsdichten verschiedener Zweige überlappen. Das Spektrum wird komplizierter gegenüber dem ein-dimensionalen Fall, wo die Zustandsdichte aus den energetisch getrennten Anteilen der beiden Zweige besteht. Wie auch bei der Bandstruktur $E_n(\boldsymbol{k})$ braucht man zur Berechnung der Zustandsdichte die Funktion $\omega_j(\boldsymbol{q})$ in der ganzen

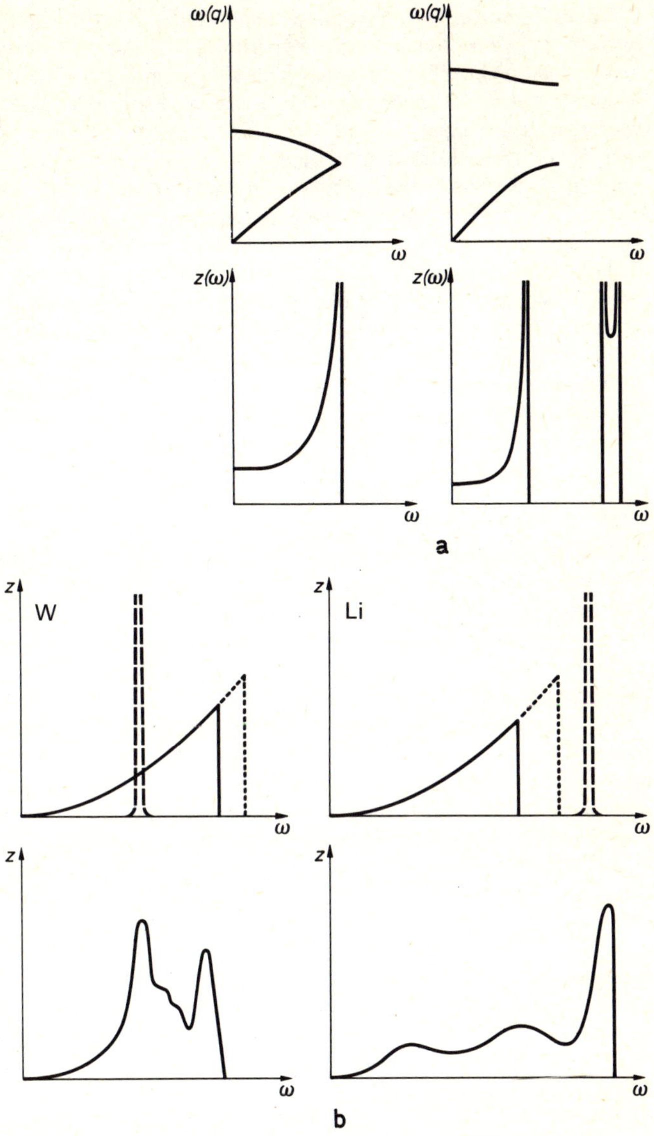

Abb. 49. a) Dispersionskurven und Zustandsdichte für die lineare Kette mit zweiatomiger Basis für verschiedene Massenverhältnisse ($M_1 = M_2$, $M_1 \neq M_2$), b) Approximation der Zustandsdichten von Wolfram und Lithium durch Debye- und Einstein-Terme. (Nach Leibfried [60. VII/1])

Brillouin-Zone. Auf Berechnungsmethoden wollen wir hier nicht eingehen. Häufig werden solche Spektren dadurch approximiert, daß man die Zustandsdichten der Debyeschen und der Einsteinschen Näherung kombiniert. Abb. 49a zeigt ja, daß in einer groben Näherung ein akustischer Zweig durch ein Debye-Spektrum wiedergegeben werden kann (Näherung $\omega_{ak}(q) \sim q$). Optische Zweige sind oft sehr flach. Vernachlässigt man eine Frequenzabhängigkeit ganz, so kann der optische Zweig durch eine δ-Funktion mit einer Einstein-Frequenz approximiert werden. Kombiniert man beide Möglichkeiten, so lassen sich die Zustandsdichten soweit approximieren, daß sie zur Berechnung des Temperaturverlaufs der spezifischen Wärme benutzt werden können. Abb. 49b zeigt eine solche Approximation für Wolfram und für Lithium. Bei einer Kombination von Debye- und Einstein-Termen muß die Debye-Temperatur soweit herabgesetzt werden, daß die Summation über alle Zustände in beiden Zweigen die Gesamtzahl der Normalschwingungen ergibt.

35. Der Grenzfall langer Wellen – akustischer Zweig

Der Grenzfall langer Wellen (kleiner $\boldsymbol{q}$) ist aus verschiedenen Gründen besonders interessant. Wir betrachten hier zunächst den akustischen Zweig; auf den optischen Zweig gehen wir im folgenden Abschnitt ein.

Im akustischen Zweig schwingen alle Atome einer Basis gleichsinnig. Für große Wellenlängen ändern sich auch die Schwingungsamplituden von Elementarzelle zu Elementarzelle nur wenig. Dann spielt die atomare Struktur keine Rolle und der Übergang zum Kontinuum ist möglich. Den Übergang vollziehen wir wie folgt:

Zunächst können wir die Atome der Basis im Schwerpunkt vereinigt denken (Gesamtmasse M). Wir brauchen also nur ein Bravais-Gitter zu betrachten, und die Bewegungsgleichungen werden

$$M \ddot{s}_{ni} = -\sum_{n'i'} \Phi_{ni}^{n'i'} s_{n'i'} . \tag{35.1}$$

Wir definieren nun ein (langsam veränderliches) *Verschiebungsfeld* $\boldsymbol{s}(\boldsymbol{r},t)$, das an den Gitterpunkten mit den diskreten $\boldsymbol{s}_n(t)$ identisch sein soll:

$$\boldsymbol{s}(\boldsymbol{r}=\boldsymbol{R}_n,t)=\boldsymbol{s}_n(t). \tag{35.2}$$

Mit diesem Verschiebungsfeld gehen wir in Gl. (35.1) ein. Das Feld $\boldsymbol{s}$ an der Stelle $\boldsymbol{R}_{n'}$ entwickeln wir um die Stelle $\boldsymbol{R}_n=0$ und nehmen an, daß Beiträge zur Summe in (35.1) nur aus Bereichen kommen, wo $\boldsymbol{s}$ sich wenig ändert. Man kann dann die Entwicklung nach dem ersten nicht-verschwindenden Glied abbrechen:

$$s_{n'i'} = s_{i'}(\boldsymbol{R}_{n'}) = s_{i'}(0) + \sum_j \frac{\partial s_{i'}}{\partial r_j} R_{n'j} + \frac{1}{2} \sum_{kl} \frac{\partial^2 s_{i'}}{\partial r_k \partial r_l} R_{n'k} R_{n'l} . \tag{35.3}$$

Beim Einsetzen dieser Entwicklung in (35.1) verschwindet das erste Glied wegen Gl. (30.6) und das zweite Glied wegen der Bedingung $\Phi_{0i}^{n'i'} = \Phi_{0i}^{-n'i'}$. Es bleibt dann

$$M\ddot{s}_{ni} = -\frac{1}{2}\sum_{\substack{n'i'\\kl}} \Phi_{ni}^{n'i'} R_{n'k} R_{n'l} \frac{\partial^2 s_{i'}}{\partial r_k \partial r_l}. \tag{35.4}$$

Multipliziert man diese Gleichung noch mit der Dichte $M/V_{WSZ} = \rho$ und führt die Abkürzung

$$C_{ii'kl} = \sum_{n'} \Phi_{ni}^{n'i'} R_{n'k} R_{n'l} \tag{35.5}$$

ein, so wird schließlich

$$\rho\ddot{s}_i = \sum_{i'kl} C_{ii'kl} \frac{\partial^2 s_{i'}}{\partial r_k \partial r_l}. \tag{35.6}$$

Die $C_{ii'kl}$ besitzen eine Reihe von Symmetrien. Insbesondere gilt

$$C_{iklm} = C_{lmik}. \tag{35.7}$$

Wir wollen diese Beziehung nicht für den allgemeinen Fall ableiten. Falls Zentralkräfte zwischen allen Gitterteilchen wirken, folgt sie aus einer allgemeineren Symmetriebeziehung, die wir hier allein angeben wollen. Für Zentralkräfte ist

$$V = \sum_{ss'} v(|\boldsymbol{R}_{s'} - \boldsymbol{R}_s|) \tag{35.8}$$

und die Kraftkonstanten werden

$$\Phi_{ni}^{n'i'} = g(|\boldsymbol{R}_{n'} - \boldsymbol{R}_n|) R_{n'i} R_{n'i'}. \tag{35.9}$$

Setzt man dies in (35.5) ein, so erkennt man, daß für diesen Spezialfall alle Indizes der $C_{ii'kl}$ vertauschbar sind.
Damit kann man (35.6) auch schreiben

$$\rho\ddot{s}_i = \sum_k \sum_{mn} C_{ikmn} \frac{\partial}{\partial r_k} \frac{1}{2}\left(\frac{\partial s_m}{\partial r_n} + \frac{\partial s_n}{\partial r_m}\right). \tag{35.10}$$

Dies ist aber genau die Bewegungsgleichung eines elastischen Kontinuums. $\frac{1}{2}((\partial s_m/\partial r_n) + (\partial s_n/\partial r_m))$ ist der Deformationstensor ε_{mn}, der durch das Hookesche Gesetz mit dem Spannungstensor

$$\sigma_{ik} = \sum_{mn} C_{ikmn} \varepsilon_{mn} \tag{35.11}$$

verbunden ist. Danach können wir den *elastischen Tensor* C_{ikmn} der Gl. (35.11) mit dem entsprechenden Tensor (4. Stufe) der Gl. (35.10) identifizieren und erhalten

$$\rho\ddot{s}_i = \sum_k \frac{\partial}{\partial r_k} \sigma_{ik}. \tag{35.12}$$

Damit ist der Anschluß an die Mechanik der Kontinua gefunden.

Diese Ergebnisse können wir benutzen, um unbekannte Parameter bei der Berechnung der Kraftkonstanten (z. B. beim Schalenmodell) durch die der Messung zugänglichen Komponenten des elastischen Tensors anzupassen.

Spannungs- und Deformationstensor und damit auch der elastische Tensor sind symmetrisch. Man faßt üblicherweise die Indizesgruppen 11, 22, 33, 23, 13, 12 zu neuen Indizes 1, 2, 3, 4, 5, 6 zusammen und schreibt dann (35.11) in der Form

$$\sigma_\alpha = \sum_\beta C_{\alpha\beta}\varepsilon_\beta. \tag{35.13}$$

Die (symmetrische) 6×6-Matrix der $C_{\alpha\beta}$ hat 21 unabhängige Parameter *(elastische Konstanten)*. Aus Symmetriegründen sind meist zahlreiche dieser Konstanten gleich Null oder einander gleich.

Ein kubischer Kristall etwa wird durch die drei elastischen Konstanten $C_{11} = C_{22} = C_{33}$, $C_{12} = C_{23} = C_{31}$, $C_{44} = C_{55} = C_{66}$ beschrieben, während alle anderen C_{ik} Null sind.

Ein isotroper Körper wird durch zwei elastische Konstanten beschrieben. Hierfür sind die drei eben erwähnten kubischen elastischen Konstanten mit der Nebenbedingung $C_{11} = C_{12} + 2C_{44}$ üblich.

Kompliziertere Kristalle können bis zu 21 verschiedene elastische Konstanten haben. Bei Zentralkräften, also bei der Gültigkeit von (35.9), beschränken weitere Beziehungen *(Cauchy-Relationen)* diese Zahl auf 15.

In der Gitterdynamik der letzten Abschnitte haben wir insbesondere Lösungen der Bewegungsgleichungen mit Wellencharakter betrachtet. Wir suchen also auch hier Lösungen von (35.10) der Form

$$\boldsymbol{s} = \boldsymbol{e}\, e^{i(\boldsymbol{q}\cdot\boldsymbol{r} - \omega t)}. \tag{35.14}$$

Das führt bei isotropen Medien auf die Gleichung

$$\rho\omega^2 \boldsymbol{e} = (C_{12} + C_{44})\boldsymbol{q}(\boldsymbol{q}\cdot\boldsymbol{e}) + C_{44} q^2 \boldsymbol{e}. \tag{35.15}$$

Sie hat eine Lösung, die longitudinalen Wellen entspricht ($\boldsymbol{q} \parallel \boldsymbol{e}$), und zwei zu transversalen Wellen führende Lösungen ($\boldsymbol{q} \perp \boldsymbol{e}$). Die Dispersionsbeziehungen für die beiden Fälle sind

$$\rho\omega_l^2 = (C_{12} + 2C_{44})q^2 = C_{11} q^2 \tag{35.16}$$

und

$$\rho\omega_t^2 = C_{44} q^2.$$

In beiden Fällen ist ω proportional q, die Wellen pflanzen sich mit der longitudinalen bzw. transversalen *Schallgeschwindigkeit*

$$c_l = \sqrt{\frac{C_{11}}{\rho}}, \quad c_t = \sqrt{\frac{C_{44}}{\rho}} \tag{35.17}$$

fort. Wir erkennen, daß die isotrope lineare Beziehung zwischen ω und q dieser Näherung gerade der Debyeschen Näherung entspricht. Die dort benutzte Konstante $\overline{s_j}^{-3}$ wird für jeden der drei akustischen Zweige gleich c_l^{-3} bzw. c_t^{-3}. Über alle drei Zweige gemittelt wird

$$\frac{1}{\overline{s}^3}=\frac{1}{c_l^3}+\frac{2}{c_t^3}. \tag{35.18}$$

Dies ist der Ausdruck, der in die Zustandsdichte (32.8) einzusetzen ist.
Wir diskutieren noch kurz die entsprechenden Beziehungen für kubische Kristalle. Hier wird

$$\rho\ddot{s}_x = C_{11}\frac{\partial^2 s_x}{\partial x^2}+(C_{12}+C_{44})\left(\frac{\partial^2 s_y}{\partial x\partial y}+\frac{\partial^2 s_z}{\partial x\partial z}\right)+C_{44}\left(\frac{\partial^2 s_x}{\partial y^2}+\frac{\partial^2 s_x}{\partial z^2}\right). \tag{35.19}$$

Die beiden weiteren Gleichungen für die y- und z-Komponente von $\boldsymbol{s}$ folgen durch zyklische Vertauschung der x, y, z.
Auch hier treten longitudinale und transversale Lösungen nur für spezielle Richtungen auf, während für eine allgemeine Richtung $\boldsymbol{e}$ weder senkrecht noch parallel zu $\boldsymbol{q}$ ist.

36. Der Grenzfall langer Wellen – optischer Zweig

Im Grenzfall langer Wellen des optischen Zweiges schwingen in den einzelnen Wigner-Seitz-Zellen die Basis-Atome relativ zueinander, wobei die Bewegung in benachbarten Zellen praktisch die gleiche ist. Betrachten wir speziell einen Festkörper mit zwei entgegengesetzt geladenen Ionen in der Basis, so schwingen beide Ionen-Teilgitter praktisch starr gegeneinander.
Wir betrachten die momentane Auslenkung $\boldsymbol{s}_\pm$ eines Ions. Seine effektive Ladung sei $\pm e^*$. Dann läßt sich diese Verschiebung formal auch durch das zusätzliche Einbringen eines Dipols mit dem Moment $\pm e^*\boldsymbol{s}_\pm$ beschreiben (Hinzufügen einer Ladung $\pm e^*$ an der Stelle $\boldsymbol{s}_\pm$ und einer Ladung $\mp e^*$ im Ursprung zur Kompensation der Ladung des Ions). Die Polarisation einer Zelle wird dadurch $e^*(\boldsymbol{s}_+ - \boldsymbol{s}_-)\equiv e^*\boldsymbol{s}$. Zusätzlich können aber durch die Ladungsverschiebungen innere Felder entstehen, die in den Gitterionen weitere Dipolmomente induzieren. Dadurch kommt ein weiterer Beitrag zur Polarisation der Zelle der Größe $\alpha\boldsymbol{E}_{\text{eff}}$ ($\alpha=\alpha_+ + \alpha_-$). $\alpha_\pm$ ist die Polarisierbarkeit der Ionen und $\boldsymbol{E}_{\text{eff}}$ das effektive Feld am Ort des Ions. Dieses lokale Feld hängt bekanntlich mit dem makroskopischen Feld für einfache Gitter zusammen durch

$$\boldsymbol{E}_{\text{eff}} = \boldsymbol{E} + \frac{4\pi}{3}\boldsymbol{P}. \tag{36.1}$$

Zur Ableitung dieser Gleichung wird in hinreichendem Abstand um das betrachtete Ion eine Kugel gelegt und der Bereich außerhalb dieser Kugel als homogenes Dielektrikum betrachtet. In der Kugel werden die Beiträge der anderen Gitter-

ionen zum effektiven Feld aufsummiert. Dieser Beitrag verschwindet für kubische Gitter. Dann bleibt gerade der in Gl. (36.1) aufgeführte Beitrag.
Die gesamte Polarisation ist bei Gültigkeit von (36.1) bei N Wigner-Seitz-Zellen im Grundgebiet

$$\boldsymbol{P} = \frac{N}{V_g}(e^* \boldsymbol{s} + \alpha \boldsymbol{E}_{\text{eff}}) = \frac{N}{V_g} \frac{e^* \boldsymbol{s} + \alpha \boldsymbol{E}}{1 - \dfrac{4\pi}{3} \dfrac{N}{V_g} \alpha}. \tag{36.2}$$

Für die Verrückungen $\boldsymbol{s}_+$ und $\boldsymbol{s}_-$ gelten die Bewegungsgleichungen

$$\begin{aligned} M_+ \ddot{\boldsymbol{s}}_+ &= -k(\boldsymbol{s}_+ - \boldsymbol{s}_-) + e^* \boldsymbol{E}_{\text{eff}}, \\ M_- \ddot{\boldsymbol{s}}_- &= +k(\boldsymbol{s}_+ - \boldsymbol{s}_-) - e^* \boldsymbol{E}_{\text{eff}}, \end{aligned} \tag{36.3}$$

wo k der Proportionalitätsfaktor der rücktreibenden Kraft ist. Mit der reduzierten Masse $\bar{M} = M_+ M_- /(M_+ + M_-)$ folgt daraus

$$\bar{M} \ddot{\boldsymbol{s}} = -k \boldsymbol{s} + e^* \boldsymbol{E}_{\text{eff}}. \tag{36.4}$$

Drückt man hierin das effektive Feld durch das makroskopische Feld aus, so folgen zwei Gleichungen, die $\boldsymbol{s}, \boldsymbol{E}$ und $\boldsymbol{P}$ verkoppeln. Es ist zweckmäßig, von dem Vektor $\boldsymbol{s}$ auf den Vektor $\boldsymbol{w} = \sqrt{N M / V_g}\, \boldsymbol{s}$ überzugehen. Dann werden nämlich die Gln. (36.2) und (36.4)

$$\begin{aligned} \ddot{\boldsymbol{w}} &= b_{11} \boldsymbol{w} + b_{12} \boldsymbol{E}, \\ \boldsymbol{P} &= b_{21} \boldsymbol{w} + b_{22} \boldsymbol{E} \end{aligned} \tag{36.5}$$

mit symmetrischer Koeffizientenmatrix ($b_{12} = b_{21}$).
Die Koeffizienten können wir auf experimentell zugängliche Parameter zurückführen.
Im statischen Fall ist $\ddot{\boldsymbol{w}} = 0$ und damit

$$\boldsymbol{P} = \left(b_{22} - \frac{b_{12} b_{21}}{b_{11}} \right) \boldsymbol{E} = \frac{1}{4\pi} (\varepsilon_0 - 1) \boldsymbol{E}. \tag{36.6}$$

ε_0 ist dabei die *statische Dielektrizitätskonstante.*
Für sehr hohe Frequenzen eines äußeren elektrischen Feldes vermögen die Ionen der hochfrequenten Kraft nicht mehr zu folgen. Es wird dann $\boldsymbol{w} = 0$ und mit der Dielektrizitätskonstanten für diesen Grenzfall ε_∞ wird

$$\boldsymbol{P} = b_{22} \boldsymbol{E} = \frac{1}{4\pi} (\varepsilon_\infty - 1) \boldsymbol{E}. \tag{36.7}$$

Für die Gitterschwingungen betrachten wir nun Lösungen von (36.5) vom Typ $\exp(i(\boldsymbol{q} \cdot \boldsymbol{r} - \omega t))$. Äußere Felder seien nicht vorhanden. $\boldsymbol{w}$ teilen wir auf in einen rotationsfreien und einen divergenzfreien Anteil ($\boldsymbol{w} = \boldsymbol{w}_l + \boldsymbol{w}_t$, rot $\boldsymbol{w}_l = 0$, div $\boldsymbol{w}_t = 0$). Beide Anteile entsprechen gerade bei unserem Ansatz ebener Wellen den longitudinalen bzw. den transversalen Wellen. Außerdem beachten wir die Beziehung $\operatorname{div} \boldsymbol{D} = \operatorname{div}(\boldsymbol{E} + 4\pi \boldsymbol{P}) = 0$. Daraus wird hier

$$\operatorname{div}(\boldsymbol{E} + 4\pi b_{21} \boldsymbol{w} + 4\pi b_{22} \boldsymbol{E}) = 0 \tag{36.8}$$

mit der Lösung

$$\boldsymbol{E} = -\frac{4\pi b_{21}}{1 + 4\pi b_{22}} \boldsymbol{w}_l \,. \tag{36.9}$$

Setzt man dies in die erste Gleichung (36.5) ein, so wird

$$\ddot{\boldsymbol{w}}_t + \ddot{\boldsymbol{w}}_l = b_{11}(\boldsymbol{w}_t + \boldsymbol{w}_l) - \frac{4\pi b_{12} b_{21}}{1 + 4\pi b_{22}} \boldsymbol{w}_l \,. \tag{36.10}$$

Teilt man diese Gleichung in die divergenzfreien und die rotationsfreien Glieder auf, so folgen die Gleichungen

$$\ddot{\boldsymbol{w}}_t = b_{11} \boldsymbol{w}_t, \qquad \ddot{\boldsymbol{w}}_l = \left(b_{11} - \frac{4\pi b_{12} b_{21}}{1 + 4\pi b_{22}} \right) \boldsymbol{w}_l = b_{11} \frac{\varepsilon_0}{\varepsilon_\infty} \boldsymbol{w}_l \,. \tag{36.11}$$

Nennt man die Frequenzen der transversalen bzw. longitudinalen Wellen ω_t und ω_l (dies sind gerade die Grenzfrequenzen der entsprechenden optischen Zweige für $\boldsymbol{q}$ gegen Null), so wird schließlich

$$b_{11} = -\omega_t^2, \quad b_{11} \frac{\varepsilon_0}{\varepsilon_\infty} = -\omega_l^2 \tag{36.12}$$

also

$$\omega_l^2 = \frac{\varepsilon_0}{\varepsilon_\infty} \omega_t^2 \,. \tag{36.13}$$

Diese letzte Beziehung ist unter dem Namen *Lyddane-Sachs-Teller-Beziehung* bekannt. Sie stellt für Ionenkristalle mit zwei Atomen in der Basis einer Wigner-Seitz-Zelle eine Beziehung zwischen den Grenzfrequenzen der beiden optischen Schwingungstypen auf. Allerdings ist diese Beziehung in der angegebenen Form nach den Bemerkungen bei Gl. (36.1) auf kubische Gitter beschränkt.

Die hier betrachtete klassische Behandlung optischer Gitterschwingungen wird für die Wechselwirkung der Phononen mit den Photonen in Kapitel IX wichtig.

Die Gültigkeitsgrenzen der Betrachtung seien zum Abschluß noch einmal genannt: Der Formalismus dieses und des letzten Abschnittes ist in dem Grenzfall anwendbar, in dem die Wellenlänge der Gitterschwingungen groß gegen die Gitterkonstante ist. Da wir Oberflächeneffekte ganz beiseite gelassen haben, müssen wir allerdings fordern, daß die Wellenlänge gleichzeitig klein gegen die Dimensionen des Kristalls (Grundgebietes) ist. Die optischen Gitterschwingungen sind durch Licht anregbar. Damit die obigen Gleichungen gelten, muß die Wellenlänge des Lichtes groß gegen die der Gitterschwingungen sein. Werden beide in ihrer Größe vergleichbar, so müssen Photonen- und Phononenfeld gemeinsam betrachtet werden (Polaritonen, Kapitel IX).

VI Der Spin der Gitterionen: Magnonen

37. Einführung

Bei den bisher betrachteten elementaren Anregungen haben wir den *Spin* der Elektronen und Gitterionen meist unbeachtet gelassen. Neben einer kurzen Diskussion des Einflusses der Spin-Bahn-Kopplung auf die Bandstruktur eines Festkörpers in Abschnitt 28 war es allein das Pauli-Prinzip, über das der Spin Eingang in unsere Betrachtungen fand. Das Pauli-Prinzip ist verantwortlich für die Austausch-Wechselwirkung (Abschnitt 3), die wir in der Ein-Elektronen-Schrödinger-Gleichung (3.20) pauschal berücksichtigten. Dagegen haben wir uns mit dem Spin der Gitterionen noch nicht beschäftigt. Tragen die Gitterionen einen Spin, so sind durch Austausch-Wechselwirkung auch in diesem Spinsystem Kollektivanregungen möglich, die als *Spinwellen* bezeichnet werden. Die zugeordneten Quanten heißen *Magnonen.*

Kollektivanregungen sind die niedrigsten angeregten Zustände über einem Grundzustand. Der Grundzustand des Spinsystems ist also von Bedeutung. Sind alle Spins einheitlich ausgerichtet, so ist der Festkörper ein *Ferromagnet.* Sind nur die Spins in verschiedenen Teilgittern des Festkörpers einheitlich ausgerichtet, so betrachten wir *Ferrimagneten* und *Antiferromagneten.* Wir werden auf die Spinwellen in Ferromagneten im folgenden Abschnitt eingehen und an diesem einfachen Beispiel die Grundlagen des Konzeptes der Magnonen kennenlernen. Diese Ergebnisse lassen sich dann leicht auf Ferri- und Antiferromagnetismus erweitern. Dies geschieht in Abschnitt 39.

Mit der Betrachtung der elementaren Anregungen in magnetischen Festkörpern erfassen wir nur einen Teil der wichtigen Phänomene des Magnetismus. Wir ergänzen diese Betrachtungen deshalb in Abschnitt 40 durch eine kurze Beschreibung der Molekularfeld-Näherung, die zur Erklärung der Eigenschaften eines Ferromagneten nahe der Curie-Temperatur wichtig ist.

Für die Fragen des Magnetismus ist nicht nur der Spin der Gitterionen wichtig. Wir haben schon früher gesehen, daß die Einteilung in Gitterionen und Valenzelektronen eine Idealisierung ist, die sich nicht immer durchführen läßt. Besonders wenn *d*-Elektronen mit ins Spiel kommen, läßt sich diese Einteilung nicht aufrechterhalten. Wir besprechen deshalb in Abschnitt 41 Fragen des geordneten Magnetismus unter Beteiligung der Valenz- und Leitungselektronen.

Da wir hier das Schwergewicht der Darstellung auf die elementaren Anregungen legen, überdecken wir in diesem Kapitel nur einen Teil des Gesamtgebietes des Magnetismus in Festkörpern. Für weitergehende Darstellungen sei auf die allgemeinen Lehrbücher und Monographien [98–102] verwiesen. Speziell für die Diskussion der Spinwellen sei an weiterführender Literatur auf den Handbuchartikel von Keffer [60, XVIII/2], den Beitrag von Elliott in [49] und die betreffenden Kapitel in den Büchern von Hellwege [5], Harrison [10] und Kittel [12] verwiesen. Der Tagungsband [37] bringt zahlreiche Beiträge zum Magnetismus in Übergangsmetallen (vgl. hierzu auch Biondi in [56]). Schließlich seien die Review-Artikel von Kittel in [57.22] und Nagamiya [57.20] genannt.

38. Spinwellen in Ferromagneten, Magnonen

Bei der Beschreibung angeregter Zustände hatten wir uns bisher stets auf einen Grundzustand bezogen, in dem die Spins der Valenzelektronen sich gegenseitig kompensieren. Das Argument hierfür war, daß im Energieschema der Ein-Elektronen-Näherung Zustände aufeinanderfolgen, die jeweils mit zwei Elektronen entgegengesetzten Spins besetzt werden können. Der Grundzustand wurde als derjenige angesehen, in dem das Energieschema bis zu einer Grenzenergie E_F voll besetzt ist und oberhalb von E_F alle Zustände frei sind. Ein solcher Zustand hat weder einen Gesamtspin noch (wegen $E(\boldsymbol{k})=E(-\boldsymbol{k})$) einen Gesamtimpuls.
Dieses Argument braucht nicht mehr zu stimmen, wenn wir die Wechselwirkung der Elektronen untereinander berücksichtigen. Dies läßt sich schon in der Hartree-Fock-Näherung leicht zeigen. Ein Hartree-Fock-Elektron hat nach den Ergebnissen des Abschnittes 11 eine mittlere kinetische Energie proportional zu k_F^2 und eine mittlere Austausch-Energie proportional zu $-k_F$ (falls das Austauschintegral selbst positiv ist). Die Energie des spinkompensierten Grundzustandes ist dann $N(a k_F^2 - b k_F)$. Richten wir nun alle Spins parallel aus, so besetzen die Elektronen Zustände in einer Kugel doppelten Volumens im $\boldsymbol{k}$-Raum. Die Energie eines solchen „ferromagnetischen" Zustandes wird $N(a 2^{\frac{2}{3}} k_F^2 - b 2^{\frac{1}{3}} k_F)$. Diese Energie liegt *unterhalb* der Energie des spinkompensierten Zustandes, wenn k_F kleiner als $0.44\, b/a$ ist. Für ein Elektronengas geringer Dichte (kleiner Radius der Fermi-Kugel) ist der „ferromagnetische" Zustand also begünstigt.
Bei dieser Beschreibung haben wir die Coulomb-Wechselwirkung unterschlagen. Sie verhindert, daß bei kleinen Dichten eine Spinausrichtung auftritt. Dieses Beispiel zeigt trotzdem, daß die Austausch-Wechselwirkung für Spin-Korrelationen verantwortlich sein kann, wie sie in *Ferromagneten* (einheitliche Ausrichtung des Spins) und in *Antiferromagneten* und *Ferrimagneten* (verschiedene Ausrichtung der korrelierten Spinsysteme verschiedener Teilgitter) beobachtet wird.
Wir gehen noch einen Schritt in der Betrachtung des ferromagnetischen Hartree-Fock-Elektronengases weiter. Die Energie des Grundzustandes ist durch (3.8) gegeben, wo alle Wellenfunktionen gleichen Spin haben. Wegen der Orthogonalität der Spinfunktionen bedeutet dies, daß aus (3.8) die Spinfunktionen gerade heraus-

fallen und die q_i durch die r_i ersetzt werden können. Wir betrachten jetzt einen angeregten Zustand, bei dem der Spin *eines* Elektrons umgedreht ist. Die Energie dieses Zustandes folgt aus (3.8), indem man $N-1$ Elektronen die Spinfunktion $\alpha(j)$ und dem i-ten Elektron die Spinfunktion $\beta(i)$ zuordnet. Dann fallen alle Austauschintegrale weg, die dieses eine Elektron mit den anderen Elektronen koppelt. Die Energiedifferenz zwischen angeregtem Zustand und Grundzustand wird

$$E_i - E_0 = \frac{e^2}{2} \sum_{j(\neq i)} \int \frac{\varphi_j^*(\boldsymbol{r}_1)\,\varphi_j(\boldsymbol{r}_2)\,\varphi_i^*(\boldsymbol{r}_2)\,\varphi_i(\boldsymbol{r}_1)}{|\boldsymbol{r}_1 - \boldsymbol{r}_2|}\, d\tau_1\, d\tau_2 \equiv \frac{1}{2} \sum_{j(\neq i)} J_{ij}. \tag{38.1}$$

Der betrachtete angeregte Zustand $|i\rangle$ ist mit allen Zuständen $|n\rangle$ entartet, in denen jeweils ein anderes Elektron entgegengesetzten Spin hat. Die Lösung der Schrödinger-Gleichung für einen angeregten Zustand dieser Energie ist also aufzubauen als Linearkombination aller $|n\rangle: \Phi = \sum_n a_n |n\rangle$.

Wir haben hier analoge Verhältnisse vorliegen wie bei den Gitterschwingungen, bei denen die einem Gitterion zugeführte kinetische Energie sich durch Coulomb-Wechselwirkung auf alle Gitterionen ausbreitet. Die resultierende Anregung läßt sich durch wellenartige Zustände beschreiben. Entsprechend hat das hier betrachtete Problem wellenartige Lösungen $(a_n \sim e^{i\boldsymbol{k}\cdot\boldsymbol{r}_n})$. Die zum Umdrehen eines Spins aufgebrachte Energie wird auf das ganze Spinsystem verteilt *(Spinwellen)* (Abb. 50). Spinwellen können wie Gitterwellen quantisiert werden. Hier finden wir also die *Magnonen* als neue Kollektivanregungen.

Wir wollen diesen neuen Typ von elementaren Anregungen jedoch nicht anhand der Hartree-Fock-Gleichungen des freien Elektronengases studieren, sondern einen allgemeineren Ansatz machen. Meist sind die Spins, deren Korrelation beim Ferromagnetismus und verwandten Phänomenen zu einem spontanen magnetischen Moment führt, an den Gitterionen lokalisiert. Hinzu kommt, daß häufig mehrere Elektronen zu dem Gesamtspin eines Gitterions beitragen. Der ferromagnetische Zustand wird dann durch Austausch-Wechselwirkung zwischen diesen Gesamtspins der verschiedenen Gitterionen verursacht.

Der Hamilton-Operator der Austausch-Wechselwirkung läßt sich formal durch den von Heisenberg eingeführten Operator

$$H = -\sum_{ij}{}' J_{ij} \boldsymbol{S}_i \cdot \boldsymbol{S}_j \tag{38.2}$$

ersetzen. J_{ij} ist hier das Austausch-Integral. Die $\boldsymbol{S}_i$ sind die vektoriellen Spin-Operatoren des i-ten Gitterions. Summiert wird über alle Paare von Gitterionen.

Die in (38.2) auftretenden Spin-Operatoren sind für den Fall $s=\frac{1}{2}$ gegeben durch die Pauli-Matrizen

$$S_x = \tfrac{1}{2}\begin{vmatrix} 0 & 1 \\ 1 & 0 \end{vmatrix}, \quad S_y = \tfrac{1}{2}\begin{vmatrix} 0 & -i \\ i & 0 \end{vmatrix}, \quad S_z = \tfrac{1}{2}\begin{vmatrix} 1 & 0 \\ 0 & -1 \end{vmatrix} \tag{38.3}$$

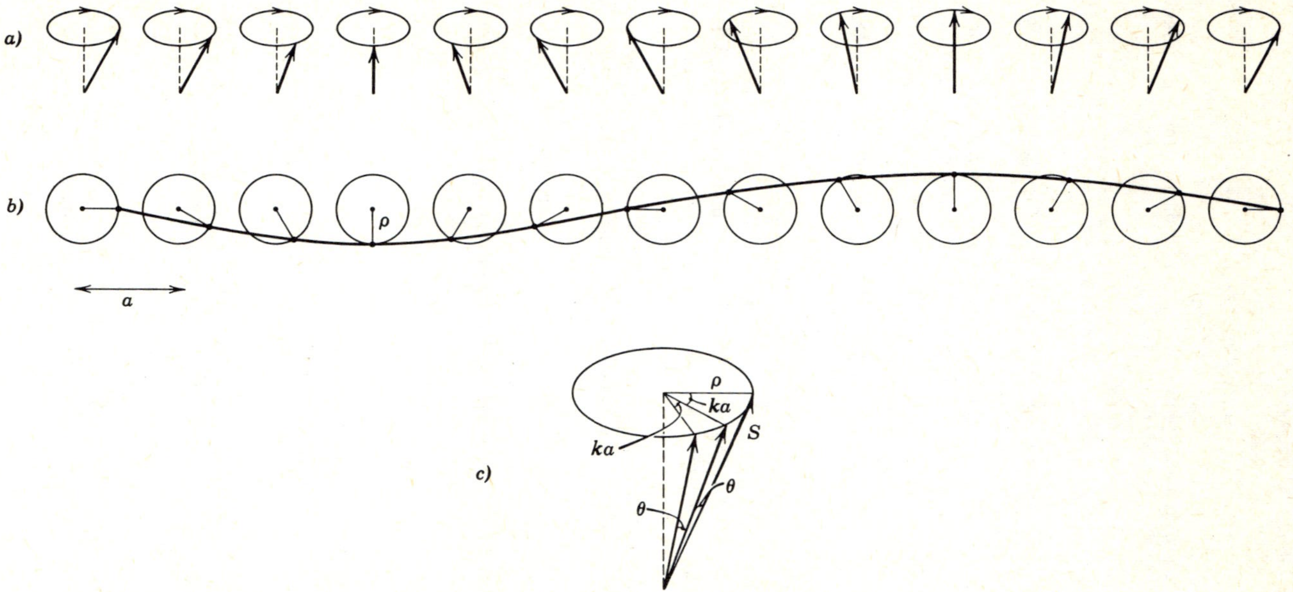

Abb. 50. Spinwelle der Wellenzahl k in einer eindimensionalen Kette. Die Spins präzessieren phasenverschoben um die durch das Magnetfeld ausgezeichnete Richtung. a) perspektivische Ansicht, b) von oben gesehen, c) Beziehung zwischen den Spins dreier benachbarter Atome. (Nach Morrish [98])

mit den Vertauschungsrelationen

$$[S_\lambda, S_\mu] = i S_\nu, \qquad \lambda, \mu, \nu = x, y, z \text{ und cycl.} \tag{38.4}$$

Die Pauli-Matrizen wirken auf Spinoren $\left|\begin{matrix}\alpha\\ \beta\end{matrix}\right\rangle$, und für die beiden Spin-Funktionen α und β gilt

$$S_z \alpha = \tfrac{1}{2}\alpha, \qquad S_z \beta = -\tfrac{1}{2}\beta, \qquad S^2 \alpha = \tfrac{3}{4}\alpha, \qquad S^2 \beta = \tfrac{3}{4}\beta. \tag{38.5}$$

α beschreibt also den Zustand mit $s_z = +\frac{1}{2}$, β den Zustand mit $s_z = -\frac{1}{2}$. Der Eigenwert des Operators S^2 ist $s(s+1) = \frac{3}{4}$.

Für einen Gesamtspin $s = n/2$ läßt sich entsprechend ein Spin-Operator $\boldsymbol{S}$ mit $[S_\lambda S_\mu] = i S_\nu$ einführen. Die seinen Komponenten zugeordneten Matrizen werden dann $(n+1)$-dimensional, und es gibt $n+1$ Spin-Funktionen. Die Eigenwerte von S_z werden $-s, -s+1, \dots s-1, s$ und von S^2: $s(s+1)$.

Man führt häufig anstelle von S_x und S_y die Operatoren $S_+ = S_x + i S_y$ und $S_- = S_x - i S_y$ ein. Im Falle $s = \frac{1}{2}$ wird dann

$$S_+ \alpha = 0, \qquad S_+ \beta = \alpha, \qquad S_- \alpha = \beta, \qquad S_- \beta = 0. \tag{38.6}$$

S_+ dreht also einen Minus-Spin in einen Plus-Spin und umgekehrt. Für $s > \frac{1}{2}$ heben die S_+ den Gesamtspin um eine Einheit, die S_- senken ihn um eine Einheit.

Mit diesen Spin-Operatoren berechnen wir nunmehr den Erwartungswert des Operators (38.2) im Falle $s = \frac{1}{2}$ für ein Paar von Indizes i, j. Dann wird

$$E_{\uparrow\uparrow} = -J_{ij} \langle \alpha_i \alpha_j | \boldsymbol{S}_i \cdot \boldsymbol{S}_j | \alpha_i \alpha_j \rangle, \qquad E_{\uparrow\downarrow} = -J_{ij} \langle \alpha_i \beta_j | \boldsymbol{S}_i \cdot \boldsymbol{S}_j | \alpha_i \beta_j \rangle \tag{38.7}$$

oder unter Verwendung von (38.3) und Berücksichtigung der Orthonormierung der Spin-Funktionen α und β

$$E_{\uparrow\uparrow} = -\tfrac{1}{4} J_{ij}, \qquad E_{\uparrow\downarrow} = +\tfrac{1}{4} J_{ij}. \tag{38.8}$$

Der Energieunterschied zwischen beiden Möglichkeiten ist also $J_{ij}/2$ und der Unterschied zwischen einem Zustand, in dem alle Spins ausgerichtet sind, und einem Zustand, in dem der i-te Spin umgedreht ist, ist $\sum_{j(\neq i)} J_{ij}/2$. Das stimmt mit (38.1) überein.

Die Austausch-Wechselwirkung wird also formal durch den Operator (38.2) so wiedergegeben, als wäre sie explizit eine Spin-Spin-Wechselwirkung.

Da die Austausch-Wechselwirkung zwischen nächsten Nachbarn weit überwiegt, beschränkt man sich meist auf diese Terme, nimmt also in der Summe über die j nur die Terme mit, die mit einem $\boldsymbol{R}_j = \boldsymbol{R}_i + \boldsymbol{R}_\delta$ gebildet werden, wo $\boldsymbol{R}_\delta$ ein Vektor zu den nächsten Nachbarn $(\delta = 1, 2 \dots \nu)$ des i-ten Ions ist. Nimmt man ferner

$J_{i,i+\delta}=J$ für alle δ gleich an, beschränkt sich also auf einfache Gitter, so wird die effektive Wechselwirkung

$$H = -J \sum_{i,\delta} \boldsymbol{S}_i \cdot \boldsymbol{S}_{i+\delta}. \tag{38.9}$$

Wir nehmen nun an, daß im Grundzustand die Spins der Gitterionen so ausgerichtet sind, daß die z-Komponenten des Spins den Maximalwert s haben. Für die Wellenfunktion des Grundzustandes setzen wir ein Produkt von Spin-Funktionen $|s\rangle_n$ an, die den Spin des n-ten Ions im Zustand s beschreiben: $\Phi_0 = \prod |s\rangle_n$. Wir führen Spin-Erhöhungs- und Spin-Erniedrigungs-Operatoren S_+ und S_- ein und schreiben damit den Hamilton-Operator (38.9) in der Form

$$H = J \sum_{ij} (S_{iz} S_{jz} + \tfrac{1}{2}(S_{i+} S_{j-} + S_{i-} S_{j+})) \quad (j = i+\delta). \tag{38.10}$$

Die Anwendung dieses Operators auf den Grundzustand ergibt

$$E_0 = -s^2 J \sum_{i,i+\delta} 1 = -J s^2 \nu N, \tag{38.11}$$

da die Anwendung eines Spin-Erhöhungs-Operators auf eine Funktion maximalen Spins Null ergibt. ν ist wieder die Zahl der nächsten Nachbarn eines Ions.

Wir betrachten nun den Zustand $\Phi_m = S_{m-} \prod_n |s\rangle_n$, in dem der m-te Spin um Eins erniedrigt ist. Dann wird

$$H \Phi_m = -J \sum_{ij}{}' (S_{iz} S_{jz} S_{m-} + \tfrac{1}{2}(S_{i+} S_{j-} S_{m-} + S_{i-} S_{j+} S_{m-})) \Phi_0. \tag{38.12}$$

Die Produkte von Spin-Operatoren auf der rechten Seite von (38.12) kann man mittels der aus (38.4) folgenden Vertauschungsrelationen $[S_+ S_-] = 2 S_z$, $[S_- S_z] = S_-$, $[S_z S_+] = S_+$ umformen. Man erhält dann

$$H \Phi_m = E_0 \Phi_m + 2 J s \sum_{\delta} (\Phi_m - \Phi_{m+\delta}). \tag{38.13}$$

Φ_m ist also kein Eigenzustand von H. Ein solcher muß vielmehr aus allen entarteten $\Phi_m = S_{m-} \Phi_0$ aufgebaut werden: $\Phi = \sum_m a_m \Phi_m$. Wegen der Translationsinvarianz des Gitters haben die a_m die Form $e^{i\boldsymbol{k} \cdot \boldsymbol{R}_m}$. Es folgt dann

$$H \Phi = \sum_m e^{i\boldsymbol{k} \cdot \boldsymbol{R}_m} \Phi_m = (E_0 + 2 J \nu s (1 - \gamma_{\boldsymbol{k}})) \Phi, \tag{38.14}$$

wo

$$\gamma_{\boldsymbol{k}} = \frac{1}{\nu} \sum_{\delta} e^{i\boldsymbol{k} \cdot \boldsymbol{R}_\delta} \tag{38.15}$$

ist. Die Energie des angeregten Zustandes ist also

$$E_{\boldsymbol{k}} = E_0 + 2 J \nu s (1 - \gamma_{\boldsymbol{k}}), \tag{38.16}$$

wo $\boldsymbol{k}$ (bei zyklischen Randbedingungen) auf die N Werte innerhalb einer Brillouin-Zone des $\boldsymbol{k}$-Raumes beschränkt ist.

Für kleine $\boldsymbol{k}$ wird

$$E_{\boldsymbol{k}} = E_0 + J s \sum_{\delta} (\boldsymbol{k} \cdot \boldsymbol{R}_{\delta}). \tag{38.17}$$

(38.16) bzw. (38.17) ist die Dispersionsbeziehung für Spinwellen.

Zur Quantisierung der Spinwellen gehen wir von folgenden Gedanken aus: Im Grundzustand sind alle Spins ausgerichtet. Ihre z-Komponenten haben den Maximalwert $s_z = s$. Einen angeregten Zustand können wir beschreiben durch die Angabe, um wieviele Einheiten die s_z vom Maximalwert abweichen. Nennen wir diese Zahl n und fügen den Index des jeweiligen Ions bei, so wird jeder Zustand durch Angabe der $n_1, n_2 \dots n_N$ $(n_i = 0, 1, 2 \dots 2s)$ beschrieben, und wir können diesen Zustand in einer Teilchenzahl-Darstellung durch einen Zustandsvektor $|n_1, n_2 \dots n_N\rangle$ für Bosonen (Anhang) beschreiben. Entsprechend können wir Erzeugungs- und Vernichtungs-Operatoren gemäß Gl. (A. 15) einführen. $a_j^+ a_j$ ist dann ein Operator, dessen Eigenzustände die Spinabweichungen des j-ten Ions vom Maximalwert beschreiben.

Die a^+ und a lassen sich leicht aus den früher eingeführten S_+ und S_- gewinnen. Für die $S_\pm$ findet man aus den Vertauschungsrelationen

$$\begin{aligned} S_{j+}\, |n_j\rangle &= \sqrt{2s+1-n_j}\sqrt{n_j}\, |n_j - 1\rangle, \\ S_{j-}\, |n_j\rangle &= \sqrt{2s-n_j}\sqrt{n_j+1}\; |n_j + 1\rangle, \\ S_{jz}\, |n_j\rangle &= (s-n_j)\, |n_j\rangle, \end{aligned} \tag{38.18}$$

wo wir in den Wellenfunktionen nur den Zustand des j-ten Ions angegeben haben.

Ein Vergleich von (38.18) mit (A. 15) zeigt dann den Zusammenhang der a^+ und a mit den S_+, S_- und S_z:

$$S_+ = \sqrt{2s - a^+ a}\; a, \quad S_- = a^+ \sqrt{2s - a^+ a}, \quad S_z = s - a^+ a. \tag{38.19}$$

Für die Operatoren auf der rechten Seite der beiden ersten Gleichungen ist hier die Reihenentwicklung der Wurzeln einzusetzen.

Diese Beziehungen kann man verwenden, um den Hamilton-Operator (38.10) auf Erzeugungs- und Vernichtungs-Operatoren umzuschreiben *(Holstein-Primakoff-Transformation)*.

Es ist jedoch zweckmäßig, gleich einen Schritt weiterzugehen. Die a_j^+ und a_j ändern die Spin-Einstellung des j-ten Ions. Wir hatten jedoch schon gesehen, daß durch die Austausch-Wechselwirkung eine solche Spin-Änderung sich auf das ganze Spin-System ausbreitet. Eine Transformation auf Erzeugungs- und Vernichtungs-Operatoren der Quanten der Spinwellen ist also anzuschließen. Dies entspricht dem Übergang von Atomkoordinaten zu Normalkoordinaten, die wir bei den Gitterschwingungen vor der Quantisierung durchgeführt hatten.

Die entsprechende Transformation ist hier

$$a_j^+ = \frac{1}{\sqrt{N}} \sum_{\boldsymbol{k}} e^{i\boldsymbol{k}\cdot\boldsymbol{R}_j} b_{\boldsymbol{k}}^+, \qquad a_j = \frac{1}{\sqrt{N}} \sum_{\boldsymbol{k}} e^{-i\boldsymbol{k}\cdot\boldsymbol{R}_j} b_{\boldsymbol{k}}. \tag{38.20}$$

Die neuen Operatoren genügen dann den gleichen Vertauschungsrelationen

$$[b_{\boldsymbol{k}} b_{\boldsymbol{k}'}^+] = \delta_{\boldsymbol{k}\boldsymbol{k}'}, \qquad [b_{\boldsymbol{k}}^+ b_{\boldsymbol{k}'}^+] = [b_{\boldsymbol{k}} b_{\boldsymbol{k}'}] = 0 \tag{38.21}$$

und es wird auch

$$\sum_j a_j^+ a_j = \sum_{\boldsymbol{k}} b_{\boldsymbol{k}}^+ b_{\boldsymbol{k}}. \tag{38.22}$$

Die Transformation des Hamilton-Operators auf die $b_{\boldsymbol{k}}^+$, $b_{\boldsymbol{k}}$ stößt auf die Schwierigkeit, daß in (38.19) $a_j^+ a_j$, d.h. Summen über Produkte der $b_{\boldsymbol{k}}^+$ und $b_{\boldsymbol{k}}$ unter der Wurzel stehen. Beschränkt man sich auf schwache Abweichungen vom Grundzustand – und das ist ja allein der Bereich, in dem das Konzept der elementaren Anregungen vernünftig ist –, also auf kleine n_j, so kann man die Reihenentwicklungen der Wurzeln frühzeitig abbrechen. S_+ wird dann eine Reihe mit Operatoren der Form $b_{\boldsymbol{k}}$, $b_{\boldsymbol{k}}^+ b_{\boldsymbol{k}'} b_{\boldsymbol{k}''}$ usw., S_- eine Reihe mit Operatoren $b_{\boldsymbol{k}}^+$, $b_{\boldsymbol{k}}^+ b_{\boldsymbol{k}'}^+ b_{\boldsymbol{k}''}$ usw. Dazu treten Exponentialfunktionen mit Summe über die $\boldsymbol{k}, \boldsymbol{k}', \boldsymbol{k}''$ im Exponenten.
Bei der Summation über die i, j in (38.10) folgen dann Beziehungen zwischen diesen $\boldsymbol{k}, \boldsymbol{k}', \boldsymbol{k}''$, so daß letztlich H sich als Reihe schreiben läßt, deren Glieder bis zur vierten Ordnung in den $b_{\boldsymbol{k}}$ für Gitter mit Inversionszentrum ($\gamma_{\boldsymbol{k}} = \gamma_{-\boldsymbol{k}}$) die folgende Form haben

$$\begin{aligned} H = E_0 &+ \sum_{\boldsymbol{k}} 2J\nu s(1-\gamma_{\boldsymbol{k}}) b_{\boldsymbol{k}}^+ b_{\boldsymbol{k}} \\ &+ \frac{\nu J}{2N} \sum_{\boldsymbol{k}\boldsymbol{k}'\boldsymbol{\kappa}} (\gamma_{\boldsymbol{k}-\boldsymbol{\kappa}} + \gamma_{\boldsymbol{k}'} - 2\gamma_{\boldsymbol{k}-\boldsymbol{\kappa}-\boldsymbol{k}'}) b_{\boldsymbol{k}-\boldsymbol{\kappa}}^+ b_{\boldsymbol{k}'+\boldsymbol{\kappa}}^+ b_{\boldsymbol{k}'} b_{\boldsymbol{k}} + \cdots, \end{aligned} \tag{38.23}$$

wo $\gamma_{\boldsymbol{k}}$ wieder durch (38.15) gegeben ist.
Das erste Glied ist die Energie des Grundzustandes, das zweite Glied die in den Magnonen enthaltene Energie. Die Energie eines Magnons ist nach (38.23) der schon in (38.16) gegebene Ausdruck

$$\hbar\omega_{\boldsymbol{k}} = 2J\nu s(1-\gamma_{\boldsymbol{k}}). \tag{38.24}$$

$b_{\boldsymbol{k}}^+ b_{\boldsymbol{k}}$ ist der Teilchenzahl-Operator der Magnonen.
Die weiteren Glieder von (38.23) beschreiben die Magnon-Magnon-Wechselwirkung. Das dritte Glied speziell enthält Prozesse, bei denen zwei Magnonen $\boldsymbol{k}$ und $\boldsymbol{k}'$ vernichtet und zwei Magnonen $\boldsymbol{k}-\boldsymbol{\kappa}$ und $\boldsymbol{k}'+\boldsymbol{\kappa}$ unter Erhaltung des Gesamtimpulses erzeugt werden, oder anders ausgedrückt, Prozesse, bei denen der Impuls $\boldsymbol{\kappa}$ von einem Magnon auf ein anderes übertragen wird.
Dieses Glied enthält auch Prozesse, für die $\boldsymbol{\kappa}=0$ bzw. $\boldsymbol{k}'=\boldsymbol{k}-\boldsymbol{\kappa}$ gilt. Solche Glieder liefern Beiträge zur Magnonenenergie (38.24) und können – ähnlich wie in (11.17) im Falle der Hartree-Fock-Elektronen – als Renormalisierung der Energie der Magnonen durch Austausch-Wechselwirkung aufgefaßt werden.
Als einfache Anwendung der Ergebnisse wollen wir den Energieinhalt der Magnonen und damit ihren Beitrag zur spezifischen Wärme abschätzen. Der einzige Unterschied zu dem in Abschnitt 34 behandelten Fall liegt in der verschiedenen Form der Dispersionsbeziehung für Phononen und Magnonen. Während für

kleine q die Phononenenergie linear ansteigt, ist der Anstieg der Magnonenenergie quadratisch in k. Beschränken wir uns auf den isotropen Fall $\hbar\omega_k \sim k^2$, so folgt die Energie entsprechend (32.4) zu

$$E = \sum_k \frac{\hbar\omega_k}{e^{\frac{\hbar\omega_k}{k_B T}} - 1} \sim \int d\tau_k \frac{k^2}{e^{\frac{\alpha k^2}{T}} - 1} \sim \int_0^{k_{\max}} \frac{k^4\, dk}{e^{\frac{\alpha k^2}{T}} - 1}. \tag{38.25}$$

Dabei haben wir wieder die Summation im $\boldsymbol{k}$-Raum durch ein Integral ersetzt.
Da die Abschätzung nur für niedrige Temperaturen gilt, wo wenig Magnonen angeregt sind, können wir die obere Grenze $k_{\max}$ des Magnonen-Dispersionsspektrums im Integral durch Unendlich ersetzen. Die Umformung auf dimensionslose Integrationsvariable bringt dann einen Faktor $T^{\frac{5}{2}}$ vor das (konstante) Integral. E wird also für tiefe Temperaturen proportional zu $T^{\frac{5}{2}}$ und die spezifische Wärme dann proportional zu $T^{\frac{3}{2}}$ im Einklang mit dem Experiment.
Ähnlich läßt sich die Temperaturabhängigkeit der Magnetisierung berechnen. Die Abweichung der Magnetisierung von der Sättigung $\Delta M = M(T) - M(O)$ ist proportional zur mittleren Magnonenzahl $\sum_{\boldsymbol{k}} \bar{n}_{\boldsymbol{k}}$, also nach (38.25) zu einem Integral mit k^2 anstelle von k^4 im Zähler des Integranden. Das führt auch hier zu einem $T^{\frac{3}{2}}$-Gesetz.
Korrekturen zu den beiden $T^{\frac{3}{2}}$-Gesetzen der spezifischen Wärme und der Magnetisierung sind bei höherer Temperatur aus verschiedenen Gründen notwendig. Vor allem die Magnon-Magnon-Wechselwirkung und das Ersetzen der Gl. (38.17) durch ein isotropes k^2-Gesetz schränken die Gültigkeit ein. Da das Konzept der elementaren Anregungen nur wesentlich ist, solange die Wechselwirkung dieser Anregungen untereinander vernachlässigt werden kann, gehen wir hier auf bessere Approximationen nicht ein. Dem Temperaturbereich in der Nähe der Curie-Temperatur eines Ferromagneten wenden wir uns später zu.
Zuvor sind einige Bemerkungen zum Konzept der Magnonen wichtig. Unser Modellansatz beschränkt die Ergebnisse zunächst auf Festkörper, die im Grundzustand ein an die Ionen eines Bravais-Gitters gebundenes Spinsystem haben. Wir haben also die Theorie in zwei Richtungen zu erweitern:
a) Nicht-Bravais-Gitter. Das schließt den Fall des Antiferromagnetismus und des Ferrimagnetismus ein.
b) Ferromagnetische Metalle. Hier spielt der Spin der nicht-lokalisierten Valenzelektronen eine entscheidende Rolle.

39. Spinwellen in Gittern mit Basis, Ferri- und Antiferromagnetismus

Für Bravais-Gitter gibt die Dispersionsbeziehung (38.24) eine $\boldsymbol{k}$-Abhängigkeit der Magnonenenergie, die ähnlich wie bei einem akustischen Zweig im Phononenspektrum mit der Energie Null bei $\boldsymbol{k} = 0$ beginnt und bis zur Oberfläche der Brillouin-Zone ansteigt. Für *Gitter mit Basis* haben wir weitere Zweige im

Magnonenspektrum zu erwarten, die den optischen Phononen entsprechen. Bei solchen Gittern wird eine Beschränkung des Heisenberg-Operators auf Austausch-Wechselwirkung zwischen nächsten Nachbarn nicht möglich sein. Die verschiedenen Basisatome bilden ja Untergitter, und neben der Wechselwirkung innerhalb eines Untergitters ist die Wechselwirkung zwischen den Untergittern wichtig. Eine Erweiterung unseres Modells ist aber auch aus anderen Gründen notwendig. Die Ionen der einzelnen Untergitter werden in den meisten Fällen verschieden sein. Sie werden dann einen unterschiedlichen Gesamtspin und häufig auch eine verschiedene Richtung der (in sich parallel ausgerichteten) Spin-Systeme der Untergitter besitzen. Der Grundzustand wird dann zwar ein magnetisches Moment aufweisen. Dieses wird aber die Vektorsumme der Spins der Untergitter sein, bei zwei Untergittern mit entgegengesetztem Spin also die Differenz der Spins. Ein solcher *Ferrimagnet* weist Unterschiede gegenüber einem echten Ferromagneten auf. Echte ferromagnetische Isolatoren mit einem Gitter mit Basis, auf die unser bisheriges Modell anzuwenden ist, sind selten.

Bevor wir auf diese Fragen eingehen, behandeln wir einen einfacheren Fall, der schon alles Wesentliche zeigt. Wir hatten bisher angenommen, daß in einem Bravais-Gitter eines Ferromagneten die Spins nächster Nachbarn durch Austausch-Wechselwirkung im Grundzustand alle parallel ausgerichtet sind. Dazu ist notwendig, daß das Austausch-Integral positiv ist. Der Fall negativer Austausch-Integrale ist dagegen auch möglich, ja sogar in vielen Fällen wahrscheinlicher. Eine Antiparallelstellung der Spins nächster Nachbarn ist dann bevorzugt. Im Grundzustand – so nehmen wir jedenfalls zunächst einmal an – finden wir dann zwei Teilgitter gleicher Atome, aber entgegengesetzter Spinrichtung. Dies ist der Fall eines *Antiferromagneten* mit sich gegenseitig kompensierenden spontanen magnetischen Momenten der beiden Teilgitter.

Wir können dieses Modell mittels des Operators (38.9) behandeln. Das Austausch-Integral zwischen den (als gleichartig angenommenen) Gitterionen sei also negativ. Wir bezeichnen den Betrag mit J und schreiben

$$H = +J \sum_{i,\delta} \boldsymbol{S}_i \cdot \boldsymbol{S}_{i+\delta}. \tag{39.1}$$

Bei der Aufstellung der Wellenfunktion des Grundzustandes stoßen wir auf eine Schwierigkeit. Im Falle des Ferromagneten konnten wir den Grundzustand nur auf eine Weise realisieren, nämlich durch Ausrichtung aller Spins in eine Vorzugsrichtung, die wir als z-Achse einführten. Zur Einstellung des Grundzustandes konnte etwa ein vernachlässigbar kleines Magnetfeld dienen, das durch ein additives Glied im Hamilton-Operator berücksichtigt werden kann. Auf die gleiche Weise können wir auch jetzt eine Vorzugsrichtung definieren und sie z-Achse nennen. Es bleibt dann aber immer noch die Wahl, welche Ionen des bis auf die Spineinstellung einheitlichen Gitters wir zu dem Untergitter mit Spin + und welche zu dem Untergitter mit Spin − zusammenfassen wollen. Diese Möglichkeiten sind miteinander entartet, und um eine auszuzeichnen, den Zustand also zu stabilisieren, müssen wir ein kleines endliches Magnetfeld *(Anisotropiefeld)* einführen, das bei den Ionen des einen Teilgitters positiv, bei den Ionen des anderen Teilgitters negativ ist. Solche Felder, die klein gegen die sonstigen inneren Felder (siehe weiter unten) sind, werden auch experimentell beobachtet. Man kann sie durch ein additives Glied der Art

$$g\mu_B B_A\left[\sum_b S_{bz} - \sum_a S_{az}\right] \tag{39.2}$$

im Hamilton-Operator berücksichtigen. Dabei haben wir das Anisotropiefeld mit B_A und die beiden Teilgitter mit den Indizes a und b bezeichnet. Für unsere Überlegungen brauchen wir zunächst das Anisotropiefeld nicht, werden aber später darauf zurückkommen.

Für jedes Teilgitter müssen wir durch eine Holstein-Primakoff-Transformation eigene Erzeugungs- und Vernichtungs-Operatoren einführen. Der Übergang zu Magnonen-Operatoren ist dann analog zu (38.20) möglich. Einsetzen in (39.1) und entwickeln der Wurzeln liefern schließlich bis zu Gliedern zweiter Ordnung in den Magnonen-Operatoren anstelle von (38.23)

$$H = -2NJ\nu s^2 + 2J\nu s\left[\sum_{\boldsymbol{k}}(b^+_{a\boldsymbol{k}}b_{a\boldsymbol{k}} + b^+_{b\boldsymbol{k}}b_{b\boldsymbol{k}}) + \sum_{\boldsymbol{k}}\gamma_{\boldsymbol{k}}(b^+_{a\boldsymbol{k}}b^+_{b\boldsymbol{k}} + b_{a\boldsymbol{k}}b_{b\boldsymbol{k}})\right]. \tag{39.3}$$

N ist hier die Anzahl der Ionen eines Teilgitters. Das erste Glied gibt die Energie des ungestörten Zustandes. Das zweite Glied beschreibt Spinwellen in den jeweiligen Untergittern. Das dritte Glied bedeutet eine Wechselwirkung zwischen beiden Teilgittern, bei der jeweils ein Paar von Magnonen erzeugt oder vernichtet wird mit der effektiven Spinänderung Null. Diese Wechselwirkung kann beseitigt werden durch Einführung von Magnonen-Operatoren, die kombinierte Spinwellen in beiden Teilgittern beschreiben.

Dazu führt man folgende Operatoren ein:

$$\begin{aligned} c_{1\boldsymbol{k}} &= u_{\boldsymbol{k}}b_{a\boldsymbol{k}} - v_{\boldsymbol{k}}b^+_{b\boldsymbol{k}}, \quad & c^+_{1\boldsymbol{k}} &= u_{\boldsymbol{k}}b^+_{a\boldsymbol{k}} - v_{\boldsymbol{k}}b_{b\boldsymbol{k}}, \\ c^+_{2\boldsymbol{k}} &= u_{\boldsymbol{k}}b_{b\boldsymbol{k}} - v_{\boldsymbol{k}}b^+_{a\boldsymbol{k}}, \quad & c_{2\boldsymbol{k}} &= u_{\boldsymbol{k}}b^+_{b\boldsymbol{k}} - v_{\boldsymbol{k}}b_{a\boldsymbol{k}} \end{aligned} \tag{39.4}$$

mit reellen $u_{\boldsymbol{k}}, v_{\boldsymbol{k}}, u^2_{\boldsymbol{k}} - v^2_{\boldsymbol{k}} = 1$ und $[c_{1,2\boldsymbol{k}}, c^+_{1,2\boldsymbol{k}}] = 1$, $[c_{1\boldsymbol{k}}, c_{2\boldsymbol{k}}] = 0$.

Die $u_{\boldsymbol{k}}$ und $v_{\boldsymbol{k}}$ werden so bestimmt, daß die Faktoren der gemischten Glieder $c_{1\boldsymbol{k}}c_{2\boldsymbol{k}}$ und $c^+_{1\boldsymbol{k}}c^+_{2\boldsymbol{k}}$ Null werden. Dann bleibt

$$H = -2N\nu Js(s+1) + \sum_{\boldsymbol{k}} \hbar\omega_{\boldsymbol{k}}(c^+_{1\boldsymbol{k}}c_{1\boldsymbol{k}} + c^+_{2\boldsymbol{k}}c_{2\boldsymbol{k}} + 1), \tag{39.5}$$

wo

$$\hbar\omega_{\boldsymbol{k}} = +2J\nu s\sqrt{1-\gamma_{\boldsymbol{k}}}\,. \tag{39.6}$$

Der Hamilton-Operator enthält neben der Energie des Grundzustandes Teilchenzahl-Operatoren für Magnonen. Zu jedem $\boldsymbol{k}$ gehören zwei durch die Indizes 1 und 2 unterschiedene Magnonen. Der Grundzustand des Systems (Magnonenzahl Null) ist offensichtlich

$$E_0 = -2N\nu Js(s+1) + 2J\nu s \sum_{\boldsymbol{k}} \sqrt{1-\gamma_{\boldsymbol{k}}^2}\,. \tag{39.7}$$

Wäre $\gamma_{\boldsymbol{k}}=0$, so ergäbe sich $E_0 = -2NJ\nu s^2$, die Energie des streng antiparallel geordneten Gitters. Wegen $\gamma_{\boldsymbol{k}} \neq 0$ ist das zweite Glied kleiner als $2NJ\nu s$. Der *Grundzustand* ist also nicht der streng ausgerichtete, geordnete Zustand. Jedes Teilgitter enthält eine geringe Unordnung in der Spin-Ausrichtung.

(39.6) gibt die Dispersionsbeziehung für die *antiferromagnetischen Magnonen.* Die Zweige der durch die Indizes 1 und 2 unterschiedenen Magnonen spalten in einem äußeren Magnetfeld auf. Für kleine $\boldsymbol{k}$ wird $\sqrt{1-\gamma_{\boldsymbol{k}}^2} \sim k$ für einfache Gitter. Die Magnonenenergie steigt hier also im Gegensatz zum Ferromagnetismus mit k linear an.

Hier ist eine Korrektur durch das stabilisierende Anisotropiefeld zu erwähnen. Die Dispersionsbeziehungen (38.24) und (39.6) lauten für den Fall, daß ein äußeres Magnetfeld B und (in (39.6)) ein Anisotropiefeld B_A hinzugefügt werden

$$\hbar\omega_{\boldsymbol{k}} = 2Js\nu(1-\gamma_{\boldsymbol{k}}) + 2\mu_B B \qquad \text{für Ferromagneten,} \tag{39.8 a}$$

$$\hbar\omega_{\boldsymbol{k}} = 2Js\nu \sqrt{\left(1+\frac{\mu_B B_A}{Js\nu}\right)^2 - \gamma_{\boldsymbol{k}}^2} \pm 2\mu_B B \qquad \text{für Antiferromagneten.} \tag{39.8 b}$$

B kann man in beiden Fällen beliebig klein machen. Auch B_A ist nach experimentellen Resultaten von der Größenordnung 1000 Gauß, also neben $Js\nu/\mu_B$ (Größenordnung 10^6 Gauß) vernachlässigbar. Für $k=0$ wird aber $\gamma_{\boldsymbol{k}}=1$ und (39.8 b)

$$\hbar\omega_0 = 2Js\nu \sqrt{\frac{\mu_B B_A}{Js\nu}\left(1+\frac{\mu_B B_A}{Js\nu}\right)} \approx \sqrt{4Js\nu\mu_B B_A}\,. \tag{39.9}$$

Da hier B_A in einem Produkt mit $Js\nu$ auftritt, kann $\hbar\omega_0$ merklich von Null abweichen. Zwischen dem Grundzustand und dem tiefsten angeregten Zustand liegt dann eine Energielücke.

Spezifische Wärme und Magnetisierung können jetzt ähnlich wie für den Ferromagneten berechnet werden.

Die Theorie der *ferrimagnetischen Magnonen* kann entsprechend formuliert werden. Wir beschränken uns auf die Angabe der Dispersionsbeziehungen für den einfachsten Fall, daß in dem oben betrachteten Antiferromagneten die Spins der Teilgitter verschiedene Beträge $s_a \neq s_b$ haben. Vernachlässigen wir wieder das Anisotropiefeld, so folgt

$$\hbar\omega_{\boldsymbol{k}} = J\nu\left(\sqrt{(s_a-s_b)^2 + 4s_a s_b(1-\gamma_{\boldsymbol{k}}^2)} \pm (s_a-s_b)\right). \tag{39.10}$$

Für $s_a = s_b$ folgt hieraus (39.6). Das Dispersionsspektrum hat zwei Äste, die für $k=0$ die Werte $\hbar\omega_0 = 0$ resp. $2J\nu(s_a-s_b)$ haben.

Im allgemeinen haben Ferrimagneten eine komplizierte Gitterstruktur. Wir werden also neben den hier gefundenen Zweigen des Spektrums „optische" Zweige finden.

Ein Beispiel eines komplizierten Magnonen-Dispersionsspektrums zeigt Abb. 51. Die Berücksichtigung des Austausches nächster Nachbarn in verschiedenen Teilgittern und innerhalb eines Teilgitters von YIG (Yttrium-Eisen-Granat) führt auf das abgebildete Spektrum mit vierzehn Zweigen. Für solche Spektren sind wieder gruppentheoretische Klassifizierungen angebracht. Die Raumgruppensymmetrie wird hier dadurch eingeschränkt, daß gleiche Ionen mit ungleicher Spinrichtung im Grundzustand jetzt als verschieden angesehen werden *(magnetische Raumgruppen)*. Hinzu kommen Symmetrieoperationen im „Spin-Raum", die die relative Spinverteilung der Gitterionen invariant lassen. Auf diese Seite der gruppentheoretischen Hilfsmittel können wir hier nicht eingehen.

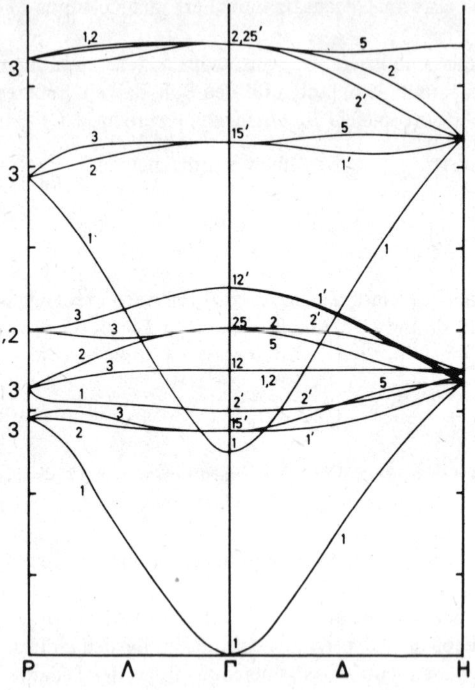

Abb. 51. Magnonen-Dispersionsspektrum für Yttrium-Eisen-Granat ($Y_3Fe_5O_{12}$) mit Angabe der Symmetrien der einzelnen Zweige. (Nach Brinkman und Elliott (J. Appl. Phys. 37, 1458, 1966))

40. Ferromagnetismus in der Nähe der Curie-Temperatur

Das Konzept der Magnonen als Kollektivanregungen ohne gegenseitige Wechselwirkung ist sicher nur dann auf Probleme des Ferromagnetismus anwendbar, wenn die Magnetisierung nur schwach von der Sättigungsmagnetisierung abweicht. Dies ist aber nicht der einzige interessierende Bereich. Gerade die Umgebung der Curie-

Temperatur, oberhalb derer die spontane Magnetisierung verschwindet, verdient besondere Aufmerksamkeit. Wir wollen deshalb als Ergänzung zur Spinwellen-Theorie in diesem Abschnitt zeigen, daß das Verhalten eines Ferromagneten in diesem Temperaturbereich ebenfalls aus dem Konzept der Austausch-Wechselwirkung erklärt werden kann. Die dabei benutzte Näherung heißt *Molekularfeld-Näherung*.

Der Hamilton-Operator der Austausch-Wechselwirkung (38.2) lautet – ergänzt durch ein äußeres Magnetfeld $\boldsymbol{B}$ –

$$H = -\sum_{ij}{}' J_{ij} \boldsymbol{S}_i \cdot \boldsymbol{S}_j - g\mu_B \boldsymbol{B} \cdot \sum_{i=1}^{N} \boldsymbol{S}_i . \tag{40.1}$$

Die Schwierigkeit der Lösung einer Schrödinger-Gleichung mit diesem Hamilton-Operator liegt in der Nicht-Linearität des ersten Gliedes. Im Falle der Spinwellen konnte diese Schwierigkeit durch die Holstein-Primakoff-Transformation mit anschließender Entwicklung des Wurzel-Operators und Mitnehmen nur des ersten Gliedes umgangen werden. Für das hier vorliegende Problem müßten also zumindest weitere Glieder der Reihenentwicklung mitgenommen werden. Als einfachere Approximation für (40.1) bietet sich eine Linearisierung des Operators dadurch an, daß man einen der beiden Spin-Operatoren durch seinen Mittelwert ersetzt:

$$H = -\sum_{i=1}^{N} \left(g\mu_B \boldsymbol{B} + \sum_{\substack{j=1 \\ (\neq i)}}^{N} J_{ij} \langle \boldsymbol{S}_j \rangle \right) \cdot \boldsymbol{S}_i . \tag{40.2}$$

Zum äußeren Magnetfeld tritt also ein *inneres Feld* $\boldsymbol{B}_M = (1/g\mu_B) \sum_j J_{ij} \langle \boldsymbol{S}_j \rangle$.

Ein solches inneres Feld war schon frühzeitig von Weiss zur Erklärung des Ferromagnetismus eingeführt worden *(Weiss'sches Feld)*. In isotropen Medien wird $\boldsymbol{B}_M$ nicht vom Index des Austausch-Integrals abhängen. Der Mittelwert $\langle \boldsymbol{S}_j \rangle$ wird ferner die gleiche Richtung wie die Magnetisierung M haben: $\boldsymbol{M} = g\mu_B \langle \boldsymbol{S}_j \rangle N$, so daß

$$\boldsymbol{B}_M = \lambda \boldsymbol{M} \quad \text{mit } \lambda = \frac{\nu J}{g^2 \mu_B^2 N} \tag{40.3}$$

folgt.

Die *Weiss'sche Konstante* λ ist also direkt proportional zum Austausch-Integral J. (In (40.3) wurde wie schon früher nur Austausch-Wechselwirkung zwischen nächsten Nachbarn angenommen.)

Gleichung (40.3) genügt, um die Curie-Temperatur auszurechnen und damit λ mit experimentell zugänglichen Werten zu verknüpfen. Um dies zu tun, müssen wir zunächst auf die Theorie der Magnetisierung eines paramagnetischen Stoffes zurückgreifen. Wir nehmen an, die Ionen eines Festkörpers besäßen ein magnetisches Moment $\boldsymbol{\mu}$, das in einem äußeren Magnetfeld die Einstellmöglichkeiten $g\mu_B M_j$ ($M_j = j, j-1, \dots -j+1, -j$) besitzt. Die thermische Bewegung der Ionen um ihre Gleichgewichtslagen bewirkt eine statistische Gleichverteilung aller Momente. Legen wir nun ein äußeres Magnetfeld $\boldsymbol{B}$ an, so hängt die Magnetisierung M von dem Verhältnis der magnetischen Energie $\boldsymbol{\mu}\cdot\boldsymbol{B}=g\mu_B M_j$ und der thermischen Energie $k_B T$ ab:

$$M=N\frac{\sum\limits_{-j}^{+j} g\mu_B M_j e^{\frac{g\mu_B M_j B}{k_B T}}}{\sum\limits_{-j}^{+j} e^{\frac{g\mu_B M_j B}{k_B T}}}. \tag{40.4}$$

Die Reihen lassen sich aufsummieren und ergeben

$$M=N g\mu_B j B_j(y) \tag{40.5}$$

mit $y=g\mu_B jB/k_B T$ und der Brillouin-Funktion

$$B_j(y)=\frac{2j+1}{2j}\,\mathrm{Coth}\left(\frac{2j+1}{2j}y\right)-\frac{1}{2j}\,\mathrm{Coth}\,\frac{y}{2j}. \tag{40.6}$$

Für kleine y (kleine Magnetfelder) läßt sich $B_j(y)$ durch das erste Glied einer Reihenentwicklung ersetzen: $B_j=y/3\cdot(j+1)/j$, und damit wird

$$M=\chi B \quad \text{mit } \chi=\frac{N g^2\mu_B^2 j(j+1)}{3k_B T}=\frac{C}{T}. \tag{40.7}$$

(40.7) heißt *Curiesches Gesetz* und C *Curie-Konstante*. Die Zahl $p_j=g\sqrt{j(j+1)}$ wird als effektive Magnetonenzahl bezeichnet.

Gleichung (40.5) können wir nun auf den ferromagnetischen Fall anwenden, wenn wir die Wechselwirkung zwischen den magnetischen Momenten durch ein inneres Feld beschreiben. Wir haben dann nur zu $\boldsymbol{B}$ dieses innere Feld $\lambda\boldsymbol{M}$ zu addieren.

Das spontane magnetische Moment erhalten wir durch Nullsetzen des äußeren Feldes:

$$M=N g\mu_B s B_s\left(\frac{g\mu_B s\lambda M}{k_B T}\right). \tag{40.8}$$

Für $T=0$ folgt hieraus wegen $\mathrm{Coth}\,y=1$ für $y=\infty$: $M=N g\mu_B s$ als Sättigungsmagnetisierung. Mit wachsender Temperatur wird M kleiner und geht schließlich gegen Null. In diesem Grenzfall können wir eine Entwicklung der Brillouin-Funktion benutzen:

$$B_s(y)=\frac{s+1}{s}\,\frac{y}{3}-\frac{(2s+1)^4-1}{(2s)^4}\,\frac{y^3}{45} \quad \text{für kleine } y. \tag{40.9}$$

Setzt man dies in (40.8) ein, so folgt für die Sättigungsmagnetisierung ein Gesetz der Form

$$M\sim\sqrt{T_c-T}, \quad T_c=N\frac{g^2\mu_B^2\lambda}{3k_B}s(s+1)=\frac{s(s+1)\nu J}{3k_B}. \tag{40.10}$$

Die Magnetisierung verschwindet also bei der *Curie-Temperatur* T_c. Oberhalb dieser Temperatur ist der Festkörper paramagnetisch. Abb. 52 zeigt die vollständige Temperaturkurve der spontanen Magnetisierung nach (40.8) und ein Vergleich mit dem Experiment.

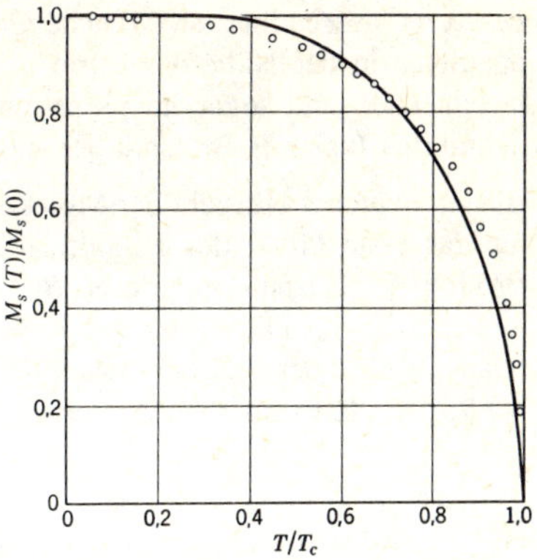

Abb. 52. Sättigungsmagnetisierung nach Gl. (40.8) und Vergleich mit experimentellen Ergebnissen an Nickel. (Nach Kittel [12])

In der paramagnetischen Phase können wir die Temperaturabhängigkeit der Magnetisierung wieder durch ein Curiesches Gesetz der Form (40.7) beschreiben, wenn wir das äußere Magnetfeld durch das innere Feld ergänzen. Es wird dann

$$\boldsymbol{M}=\frac{C}{T}(\boldsymbol{B}+\lambda\boldsymbol{M}) \quad \text{oder} \quad \boldsymbol{M}=\frac{C}{T-C\lambda}\boldsymbol{B}. \tag{40.11}$$

Nach (40.7) und (40.10) ist die hier einzusetzende Curie-Konstante gleich der Curie-Temperatur dividiert durch die Weisssche Konstante λ. Damit wird

$$\boldsymbol{M}=\chi\boldsymbol{B}=\frac{C}{T-T_c}\boldsymbol{B}. \tag{40.12}$$

Dies ist das *Curie-Weiss'sche Gesetz*. Die magnetische Suszeptibilität steigt oberhalb T_c proportional $(T-T_c)^{-1}$.

Ähnliche Betrachtungen lassen sich für Antiferromagneten und Ferrimagneten anstellen. Anstelle eines inneren Weiss'schen Feldes haben wir dann für die einzelnen Teilgitter verschiedene innere Felder anzunehmen. Wir verzichten auf die Wiedergabe dieser Rechnungen, die für die allgemeine Theorie nichts Neues bringen. So wie die Spinwellen-Theorie in der Nähe des Curie-Punktes der Molekularfeld-Theorie unterlegen ist, so ist umgekehrt die Molekularfeld-Näherung bei tiefen Temperaturen zu grob. Die aus (40.8) folgende Näherung für tiefe Temperaturen liefert für die Sättigungsmagnetisierung eine Temperaturabhängigkeit der Form $M(T)/M(O)=1-(1/s)\exp(-3\,T_c/(s+1)\,T)$, die im Widerspruch zu dem experimentell gesicherten $T^{\frac{3}{2}}$-Gesetz der Spinwellentheorie steht.

Wir haben hiernach zwei Gebiete des geordneten Magnetismus zu unterscheiden, die mit verschiedenen Methoden angegangen werden: Bei schwacher Abweichung vom Grundzustand ist die Methode der elementaren Anregungen allen anderen Näherungsmethoden überlegen. Bei höherer Temperatur sind halbklassische Methoden vorteilhafter, die jedoch auch auf das gemeinsame Konzept der Austauschwechselwirkung zurückführbar sind. Das soll nicht heißen, daß die Anwendung des Konzeptes der elementaren Anregungen grundsätzlich nicht bei hohen Temperaturen anwendbar ist. Manche Gesichtspunkte für das Verhalten eines Ferromagneten in der Nähe der Curie-Temperatur lassen sich mit Magnonen gut erfassen. Hier sind sogar im paramagnetischen Temperaturbereich *Paramagnonen* definierbar (vgl. z.B. Brenig in [59.4]).

Eine in mancher Hinsicht der Molekularfeld-Näherung überlegene Methode wählt für das erste Glied des Hamilton-Operators (40.1) anstelle einer Summe über Produkte von Spin-Operatoren $\boldsymbol{S}_i \cdot \boldsymbol{S}_j$ eine Summe über Produkte ihrer z-Komponenten $S_{iz} S_{jz}$. Dieses sog. *Ising-Modell* spielt eine wichtige Rolle bei der statistischen Theorie der Phasenumwandlungen, wie der hier auftretenden Umwandlung bei T_c. Dies führt über die Zielsetzung dieses Kapitels hinaus.

41. Geordneter Magnetismus unter Beteiligung der Valenz- und Leitungselektronen, Kollektiv-Elektronen-Modell

Das Modell, das wir bisher allein unseren Überlegungen zugrunde gelegt haben, beruht auf einer direkten Austausch-Wechselwirkung zwischen lokalisierten Spins nächster Nachbarn. Dies setzt voraus, daß einerseits die zum magnetischen Moment beitragenden Elektronen eines Gitterions fest genug gebunden sind, daß die Ionen als isolierte Gitterbausteine betrachtet werden können, daß andererseits aber die nächsten Nachbarn so nahe beieinander sind, daß eine merkliche Austausch-Wechselwirkung wirksam ist.

Ein Austausch zwischen magnetischen Ionen eines Isolators findet aber häufig über größere Entfernungen dadurch statt, daß ein dazwischen eingelagertes paramagnetisches Ion die Wechselwirkung vermittelt. Werden z.B. zwei Metallionen mit nicht gefüllter d-Schale durch ein Sauerstoffatom verbunden (Beispiel MnO), so tritt je ein d-Elektron mit einem der beiden p-Elektronen des äußersten abgesättigten Elektronenpaares des Sauerstoffs in Wechselwirkung. Da die Spinrichtung der beiden p-Elektronen durch das Pauli-Prinzip gekoppelt ist, bedeutet dies eine effektive Wechselwirkung zwischen beiden d-Elektronen *(Superaustausch)*.

Eine weitere Möglichkeit ist der *indirekte Austausch*, bei dem lokalisierte Spins der Gitterionen mit den Leitungselektronen eines Metalls wechselwirken. Die bei einer Wechselwirkung übertragene „Information" über die Spinrichtung des Ions gibt das Elektron an ein benachbartes Ion weiter. Diese Wechselwirkung fällt unter die sog. *Ruderman-Kittel-Wechselwirkungen.* Sie spielt bei den seltenen Erden (Gd bis Tm) die entscheidende Rolle. Diese Elemente zeichnen sich dadurch aus, daß der geordnete Magnetismus eine Vielfalt der verschiedensten Ordnungen (ferromagnetisch, spiralförmig u.a.) zeigt. Abb. 53 zeigt einige mögliche Spinanordnungen längs der c-Achse dieser Schichtengitter. Angeregte Zustände lassen sich auch hier durch Spinwellen beschreiben. Für Einzelheiten verweisen wir auf einen Artikel von Cooper in [57.21].

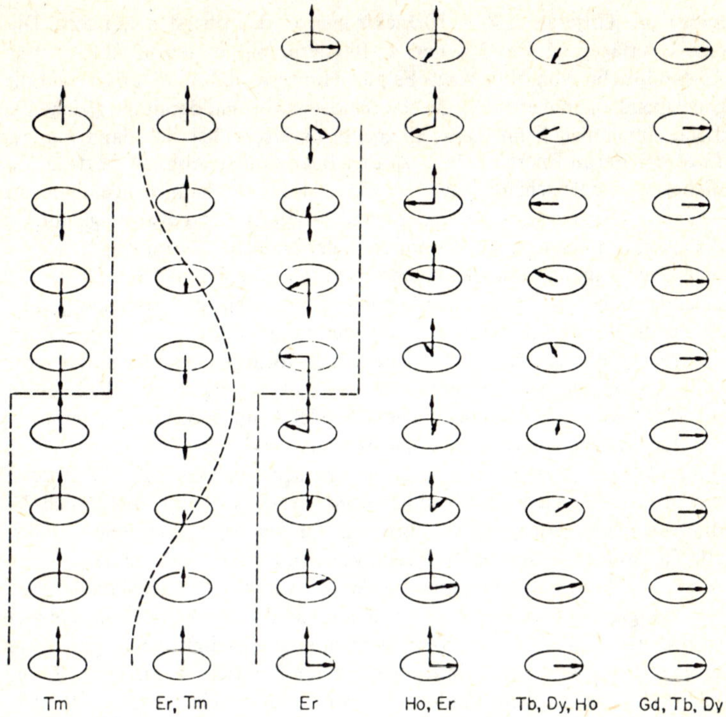

Abb. 53. Spin-Anordnungen längs der c-Achse in den Schichtengittern der seltenen Erden. (Nach Cooper [57.21])

Die wichtigste Gruppe der ferromagnetischen Metalle ist die der Übergangsmetalle (vgl. hierzu den schon in der Einführung zu diesem Kapitel genannten Tagungsband [37]). Hier sind die Elektronen, deren Spin für den Ferromagnetismus verantwortlich ist, *nicht* lokalisiert (itinerant electrons). Die Elemente Fe, Co, Ni

Abb. 54. Schematische Darstellung der Zustandsdichte der Übergangsmetalle unter der Annahme, daß alle diese Elemente annähernd gleiche Bandstruktur besitzen (rigid band model). Je nach Anzahl der Valenzelektronen werden dann in Fe, Co, Ni die d-Bänder bis zu höheren Energien besetzt. In Cu liegt die Fermi-Grenze oberhalb der d-Bänder im 4s-Band.

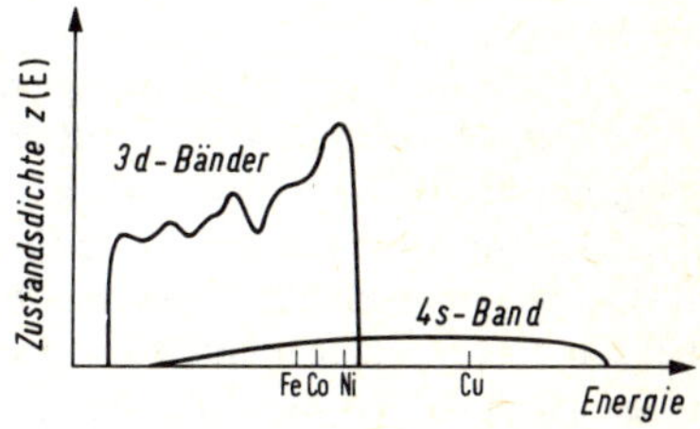

haben pro Gitteratom 8, 9, 10 Elektronen in den obersten Bändern. Diese sind eine Überlagerung von 3d- und 4s-Bändern. Wir hatten in Abb. 35 bereits die Zustandsdichte von Ni gezeigt. Es gibt Hinweise, daß man für Cu und die Übergangsmetalle annähernd die gleiche Bandstruktur und damit die gleiche Zustandsdichte annehmen kann. Diese Elemente unterscheiden sich dann nur durch die Lage der Fermi-Energie relativ zu den Bandkanten. Abb. 54 zeigt die Zustandsdichte nochmals schematisch. Für Cu liegt E_F oberhalb des gefüllten d-Bandes. Für die Übergangsmetalle sind d- und s-Bänder nur teilweise gefüllt. Auch die d-Elektronen besetzen also Zustände in der Nähe der Fermi-Kante.

Schon am Anfang dieses Kapitels hatten wir gesehen, daß ein Elektronengas im Grundzustand ferromagnetisch werden kann, wenn die Absenkung der Energie durch die Austauschwechselwirkung der ausgerichteten Spins den Zuwachs an kinetischer Energie übertrifft. In dem hier vorliegenden Fall können wir ein so einfaches Modell nicht anwenden, da das Elektronengas der Valenzelektronen die d-Bänder fast füllt. Folgendes einfache Modell kann jedoch die wesentlichsten Züge des Ferromagnetismus der Übergangsmetalle erklären *(Stonersches Kollektivelektronen-Modell)*. Wir nehmen an, daß einerseits die Bloch-Zustände des Bändermodells erhalten bleiben. Wir addieren jedoch zu der Energie eines Bloch-Zustandes die Austauschenergie, die wir durch ein inneres Feld beschreiben. Dann werden alle Zustände einer Spinrichtung relativ zu den Zuständen der anderen Spinrichtung energetisch verschoben. Nimmt man weiter an, daß die Größe dieser Aufspaltung unabhängig von $\boldsymbol{k}$ ist und nur von dem s-, p-, d-Charakter der Zustände abhängt, so bedeutet dies eine starre Verschiebung aller Zustände einer Spinrichtung eines Bandes relativ zu den Zuständen der anderen Spinrichtung. Liegt die Fermi-Kante innerhalb eines solchen Bandes, so bewirkt die Verschiebung ein Überwiegen der Elektronen einer Spinrichtung, also ein spontanes magnetisches Moment im Grundzustand.

Auf den Fall des Nickels angewendet bedeutet dies: Wegen der Überlappung des s-Bandes und der d-Bänder sind von den zehn Valenzelektronen eines Ni-Atoms im Mittel 9.46 Elektronen in den d-Bändern und 0.54 Elektronen im s-Band. Die Austausch-Wechselwirkung betrifft praktisch nur die d-Elektronen. Die Austausch-Verschiebung der beiden d-Teilbänder ergibt sich als so groß, daß das eine Teilband völlig gefüllt wird, das andere 0.54 Löcher pro Atom enthält. Die Sättigungsmagnetisierung ist dann $M = 0.54\, N\mu_B$. Würde die Magnetisierung durch p lokalisierte Elektronen erzeugt, so wäre die Magnetisierung $M = pN\mu_B$. Die Kombination von Bändermodell und Austauschwechselwirkung führt also zu nicht-ganzen *effektiven Magnetonen-Zahlen p*. Eine weitere Stütze findet dieses Modell durch die in Abb. 55 gezeigten experimentellen Ergebnisse. Nimmt man – wie bereits oben erwähnt – an, daß die Zustandsdichte der Abb. 54 für alle Übergangsmetalle (und ihre Legierungen!) gilt, daß also nur die Lage der Fermi-Kante die effektive Magnetonenzahl bestimmt, so müßte p allein von der Zahl der Elektronen im d-Band, die von den Legierungspartnern beigesteuert werden, abhängen. Insbesondere müßten die ferromagnetischen Eigenschaften in dem Augenblick aufhören, wo die d-Bänder ganz gefüllt sind. Diese Vorhersagen werden durch die in Abb. 55 dargestellten Ergebnisse bemerkenswert gut bestätigt. (Vgl. zu diesen Fragen auch einen Artikel von Friedel in [55].)

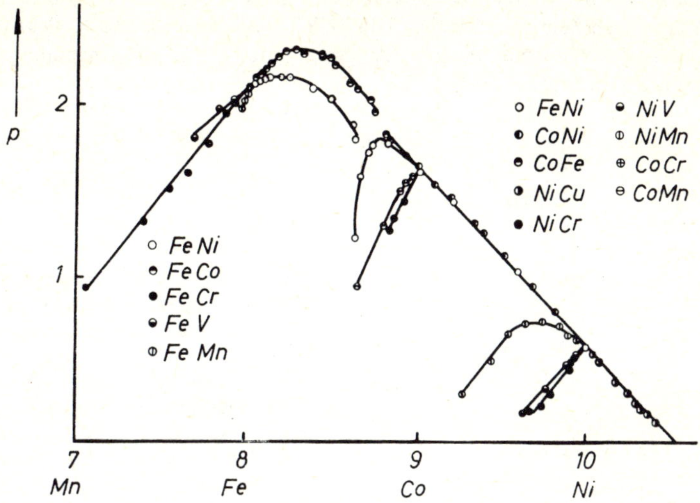

Abb. 55. Effektive Magnetonenzahl bei den binären Legierungen der Übergangsmetalle in Abhängigkeit von der mittleren Zahl der Valenzelektronen (Slater-Pauling-Kurve). Nach Crangle und Hallam (Proc. Roy. Soc. A **272**, 119, 1963)

Ein solches Modell ist natürlich nur ein erster Schritt zu einem Verständnis des Ferromagnetismus der Metalle. Wir können für Erweiterungen der Theorie nur auf die Literatur verweisen. Insbesondere gehen wir auf die auch in diesem Fall möglichen Spinwellen nicht ein. Ein interessanter Aspekt des Ferromagnetismus der Leitungselektronen sei hier jedoch noch erwähnt.

Wir betrachten ein Elektronengas und setzen für die Ein-Elektronen-Energien die Beziehung $E=\hbar^2 k^2/2m$ an. Dieser Energie überlagern wir eine Austausch-Energie, die die Zustände einer Spin-Richtung gegenüber den Zuständen der anderen Spin-Richtung um einen konstanten Betrag V verschiebt. Dies ist in Abb. 56a dargestellt. Die Zustände seien im Grundzustand bis zu einer Energie E_F gefüllt. Angeregte Zustände durch Anregung *eines* Elektrons sind dann möglich unter Erhaltung des Elektronenspins oder mit gleichzeitigem Umklappen des Elektronenspins. Die erste Sorte von Ein-Teilchen-Anregungen (Paar-Anregungen) hatten wir schon in Kapitel II behandelt. Die andere Sorte führt zu dem in Abb. 56b gezeigten Spektrum. Dort ist die Übergangsenergie gegen die Änderung des $\boldsymbol{k}$-Vektors des Elektrons beim Übergang aufgetragen. Übergänge ohne $\boldsymbol{k}$-Änderung sind nur um den Energiewert V möglich. Übergänge ohne Energieaufwand sind nur auf der Fermi-Oberfläche zwischen den Grenzen $k_F^- \pm k_F^+$ möglich. Neben diesen Ein-Teilchen-Anregungen sind im Elektronengas Spinwellen möglich, die unterhalb einer Grenzenergie nicht in den Bereich der Paar-Anregungen fallen. Oberhalb dieser Grenzenergie können sie in diese Teilchen-Anregungen zerfallen. Dieses Nebeneinanderbestehen von Teilchen-Anregungen und Kollektivanregungen hatten wir schon am Ende des Abschnittes 12 bei der Behandlung der Plasmonen kennengelernt (Abb. 15).

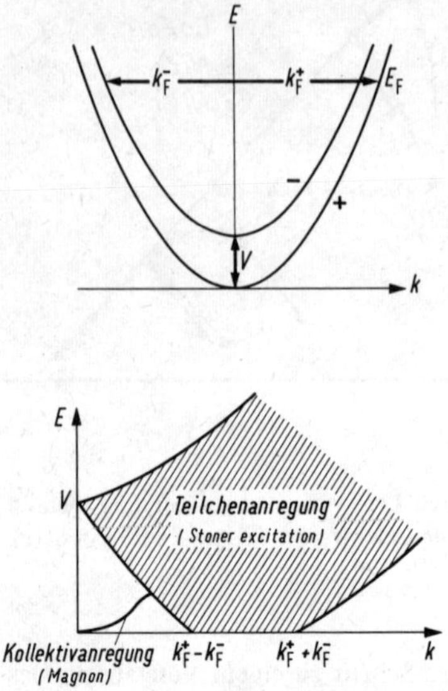

Abb. 56. a) Verschiebung der Zustände freier Elektronen einer Spinrichtung gegen die Zustände der anderen Spinrichtung um die Austauschenergie V. b) Neben der Anregung eines Elektrons aus der Fermi-Kugel unter Erhaltung eines Spins kann beim Übergang der Spin umklappen. Dies ist nur möglich, wenn zwischen Energie und Impuls der Anregung eine Beziehung besteht, die in das schraffierte Gebiet der Abbildung fällt. Spinwellen können in diese Teilchenanregung zerfallen, wenn ihre Energie oberhalb der für diese Anregungen maßgebenden Grenzenergie liegt. Für einen ähnlichen Fall vgl. Abb. 15. (Nach Elliott [48])

VII Elementare Anregungen in Halbleitern und Isolatoren: Exzitonen

42. Einführung

In den Abschnitten 12 und 41 hatten wir Paaranregungen des Elektronengases kennengelernt. In beiden Fällen bestand die Anregung in einem Herausnehmen eines Elektrons aus der Fermi-Kugel. Dieses herausgenommene Elektron zusammen mit dem in der Fermi-Kugel verbleibenden Loch bilden die Paar-Anregung.
Beim freien Elektronengas sind besetzte Zustände in der Fermi-Kugel und unbesetzte Zustände außerhalb unmittelbar benachbart. Paaranregungen infinitesimal kleiner Energie sind also möglich. Anders in Isolatoren (Halbleitern): Nach den Ergebnissen des Kapitels IV liegt zwischen dem Grundzustand (gefülltes Valenzband, leeres Leitungsband) und dem ersten angeregten Zustand (ein Elektron-Loch-Paar) die Anregungsenergie E_G der verbotenen Zone.
Elektron im Leitungsband und Loch im Valenzband sind beides Quasi-Teilchen des Bändermodells mit entgegengesetzter Ladung. Es muß also zwischen beiden eine Wechselwirkung bestehen. Wir wollen in diesem Kapitel diese *Exziton* genannte Paaranregung aus den Grundgleichungen des Kapitel I ableiten und ihre wichtigsten Eigenschaften diskutieren. Wichtig wird das Konzept des Exzitons erst bei den Wechselwirkungen mit anderen elementaren Anregungen, speziell bei den optischen Phänomenen in Kapitel IX.
An Literatur sei genannt: Die Monographie von Knox [71], die Artikel von Elliott und von Haken in [39] (von Haken auch in [65.5]), ferner die entsprechenden Abschnitte in Anderson [8], Haug [11], Maradudin [49]. Viele der im Literaturverzeichnis aufgeführten allgemeinen Einführungen enthalten Abschnitte über Exzitonen.

43. Der Grundzustand des Isolators in Bloch- und Wannier-Darstellung

Die Theorie des Bändermodells beruht auf der Ein-Elektronen-Schrödinger-Gleichung (3.20). Diese unterscheidet sich von der Hartree-Fock-Gleichung (3.11) dadurch, daß über die wechselseitige Coulomb- und Austausch-Wechselwirkung des Elektronengases gemittelt wurde. Erst dadurch werden die Elektronen entkoppelt. Sie bewegen sich in einem gemeinsamen mittleren Potential. Die durch die Funktion $E_n(\boldsymbol{k})$ gegebenen Bloch-Zustände sind unabhängig von der Besetzung des Zustandsspektrums mit Elektronen. Die Elektronen werden also in dieser

Näherung als wechselwirkungsfreie Quasiteilchen angesehen, die ein vorgegebenes Energie-Spektrum gemäß der Fermi-Statistik besetzen.

Die Paar-Anregung „Elektron-Loch-Paar" hat dann die Energie der Differenz zwischen dem Bloch-Zustand des Elektrons im Leitungsband und dem Bloch-Zustand des Loches im Valenzband. Zur Verbesserung dieser Näherung beachten wir, daß in der Hartree-Fock-Näherung *vor* der Mittelung, die zur Gl. (3.20) des Bändermodells führt, ein Unterschied zwischen der Energie eines angeregten Elektrons bei Wechselwirkung mit allen Elektronen des Grundzustandes ($N+1$-Elektronen-Problem) und bei Wechselwirkung mit den $N-1$ Elektronen in der Fermi-Kugel bzw. im Valenzband (N-Elektronen-Problem) besteht. Dieser Unterschied ist gerade die Elektron-Loch-Wechselwirkung im Bilde der Quasi-Teilchen des Bändermodells.

Im Falle des freien *Elektronengases* ist dieser Unterschied nicht allzu wichtig. Das Energiespektrum der Paar-Anregungen ist dort kontinuierlich, beginnend mit der Energie Null. Die Erzeugung eines Elektron-Loch-Paares im *Isolator* führt aber bei Berücksichtigung der Wechselwirkung zu neuen „gebundenen" Zuständen unterhalb der Energie E_G, eben der *Exzitonen*-Zustände.

Für die quantitative Behandlung des Exzitonenproblems beschränken wir uns der Einfachheit halber auf ein Bravais-Gitter mit zweiwertigen Atomen. Die $2N$ Elektronen der äußersten Schale der Gitteratome besetzen ein Valenzband völlig. Auf den höchsten Term dieses Valenzbandes folgt im Abstand E_G der tiefste Term des Leitungsbandes. Wir beschäftigen uns zunächst mit dem Grundzustand dieses Systems.

Im Ansatz (3.7) der Hartree-Fock-Näherung sind die Ein-Elektronen-Wellenfunktionen noch nicht festgelegt. Sie folgen als Lösungen der Hartree-Fock-Gleichung. Wir werden keinen allzu großen Fehler begehen, wenn wir anstelle dieser unbekannten (und schwer zu berechnenden) Funktionen die Lösungen der gemittelten Gl. (3.20), also Bloch-Funktionen als Ein-Elektronen-Funktionen in der Slater-Determinante benutzen. Die $\varphi_i(\boldsymbol{q}_k)$ sind Produkte dieser Bloch-Funktionen mit jeweils einer Spin-Funktion. Für den Grundzustand benötigen wir gerade die durch die N $\boldsymbol{k}$-Vektoren der Brillouin-Zone gegebenen N Bloch-Funktionen des Valenzbandes (Bandindex m): $|m\boldsymbol{k}\rangle$. Die Energie des Grundzustandes ist durch (3.8) gegeben. Die Spin-Summation können wir sofort durchführen. Wegen der Orthogonalität der Spin-Funktionen folgt im ersten Glied von (3.8) neben einer verbleibenden Summe über alle $\boldsymbol{k}$-Vektoren ein Faktor 2 wegen der beiden möglichen Spin-Richtungen, im zweiten Glied neben den beiden $\boldsymbol{k}$-Summationen ein Faktor 4 wegen der vier möglichen Spin-Kombinationen, im letzten Glied schließlich wieder ein Faktor 2, da zur Austauschenergie nur Elektronen gleichen Spins beitragen. Insgesamt folgt also für die Energie des Grundzustandes in der *Bloch-Darstellung*

$$E_0 = 2\sum_{\boldsymbol{k}}\left\{\left\langle m\boldsymbol{k}\left|-\frac{\hbar^2}{2m}\Delta + V(\boldsymbol{r})\right|m\boldsymbol{k}\right\rangle + \sum_{\boldsymbol{k}'(\neq\boldsymbol{k})}\left\langle m\boldsymbol{k}, m\boldsymbol{k}'\left|\frac{e^2}{|\boldsymbol{r}-\boldsymbol{r}'|}\right|m\boldsymbol{k}, m\boldsymbol{k}'\right\rangle\right.$$
$$\left. -\frac{1}{2}\sum_{\boldsymbol{k}'(\neq\boldsymbol{k})}\left\langle m\boldsymbol{k}, m\boldsymbol{k}'\left|\frac{e^2}{|\boldsymbol{r}-\boldsymbol{r}'|}\right|m\boldsymbol{k}', m\boldsymbol{k}\right\rangle\right\}. \tag{43.1}$$

Es ist zweckmäßig, diesen Ausdruck noch etwas umzuformen. Die Bloch-Funktionen sind Lösungen der Gl. (3.20): $(-(\hbar^2/2m)\Delta + U(\boldsymbol{r}))|m\boldsymbol{k}\rangle = E_m(\boldsymbol{k})|m\boldsymbol{k}\rangle$. Das hier auftretende Potential $U(\boldsymbol{r})$ ist die Summe des Gitterpotentials $V(\boldsymbol{r})$ und der gemittelten Wechselwirkung $W(\boldsymbol{r})\,(U(\boldsymbol{r}) = V(\boldsymbol{r}) + W(\boldsymbol{r}))$. Damit läßt sich das erste Glied rechts von (43.1) noch auf die Form

$$\langle m\boldsymbol{k}|E_m(\boldsymbol{k}) - W(\boldsymbol{r})|m\boldsymbol{k}\rangle \tag{43.2}$$

bringen. Neben der Gesamtenergie betrachten wir die aus der Hartree-Fock-Gleichung unter Verwendung von Bloch-Funktionen folgende Ein-Elektronen-Energie:

$$\begin{aligned} W_m(\boldsymbol{k}) = \langle m\boldsymbol{k}|E_m(\boldsymbol{k}) - W(\boldsymbol{r})|m\boldsymbol{k}\rangle &+ \sum_{\boldsymbol{\kappa}} 2\left\langle m\boldsymbol{k}, m\boldsymbol{\kappa}\left|\frac{e^2}{|\boldsymbol{r}-\boldsymbol{r}'|}\right|m\boldsymbol{k}, m\boldsymbol{\kappa}\right\rangle \\ &- \sum_{\boldsymbol{\kappa}}\left\langle m\boldsymbol{k}, m\boldsymbol{\kappa}\left|\frac{e^2}{|\boldsymbol{r}-\boldsymbol{r}'|}\right|m\boldsymbol{\kappa}, m\boldsymbol{k}\right\rangle. \end{aligned} \tag{43.3}$$

In (43.3) wurde bereits über die Spins summiert. Die Energie des Grundzustandes (43.1) ist hiernach die Summe über alle Ein-Teilchen-Energien (43.3), wobei deren Wechselwirkungsanteile nur halb zu zählen sind.

Die Ein-Teilchen-Energien $W_m(\boldsymbol{k})$ in der Bloch-Darstellung hängen im Gegensatz zu den $E_m(\boldsymbol{k})$ von der Besetzung anderer Zustände ab.

Neben der Beschreibung mittels Bloch-Funktionen ist eine andere Beschreibungsweise oft zweckmäßig, die *Wannier-Darstellung*.

Sie benutzt in den Slater-Determinanten anstelle der Bloch-Funktionen die sog. Wannier-Funktionen.

Beachtet man die Periodizität der Bloch-Funktionen im $\boldsymbol{k}$-Raum, so kann man sie als Fourier-Reihe darstellen:

$$\psi_m(\boldsymbol{k}, \boldsymbol{r}) = \frac{1}{\sqrt{N}} \sum_{\boldsymbol{R}_n} a_m(\boldsymbol{R}_n, \boldsymbol{r}) e^{i\boldsymbol{k}\cdot\boldsymbol{R}_n}. \tag{43.4}$$

Aus der Umkehrung dieser Fourier-Reihe erhält man als Definitionsgleichung der *Wannier-Funktionen*

$$a_m(\boldsymbol{R}_n, \boldsymbol{r}) = \frac{1}{\sqrt{N}} \sum_{\boldsymbol{k}} e^{-i\boldsymbol{k}\cdot\boldsymbol{R}_n} \psi_m(\boldsymbol{k}, \boldsymbol{r}) = \frac{1}{\sqrt{N}} \sum_{\boldsymbol{k}} e^{i\boldsymbol{k}\cdot(\boldsymbol{r}-\boldsymbol{R}_n)} u_m(\boldsymbol{k}, \boldsymbol{r}). \tag{43.5}$$

Die a_m hängen vom Abstand $\boldsymbol{r} - \boldsymbol{R}_n$ ab. Jede der N verschiedenen Funktionen $a_m(\boldsymbol{R}_n, \boldsymbol{r})$ ist um ein anderes Gitteratom $\boldsymbol{R}_n$ herum konzentriert. Wannier-Funktionen zu verschiedenen Bändern m und zu verschiedenen $\boldsymbol{R}_n$ sind orthogonal. Dies folgt aus

$$\begin{aligned} \int a_m^*(\boldsymbol{R}_n, \boldsymbol{r})\, a_{m'}(\boldsymbol{R}_{n'}, \boldsymbol{r})\, d\tau &= \frac{1}{N} \sum_{\boldsymbol{k}, \boldsymbol{k}'} e^{i(\boldsymbol{k}\cdot\boldsymbol{R}_n - \boldsymbol{k}'\cdot\boldsymbol{R}_{n'})} \int \psi_m^*(\boldsymbol{k}, \boldsymbol{r})\, \psi_{m'}(\boldsymbol{k}', \boldsymbol{r})\, d\tau \\ &= \frac{V_g}{N} \sum_{\boldsymbol{k}} e^{i\boldsymbol{k}\cdot(\boldsymbol{R}_n - \boldsymbol{R}_{n'})} \delta_{mm'} = V_g\, \delta_{mm'}\, \delta_{nn'}. \end{aligned} \tag{43.6}$$

Bildet man mit den Wannier-Funktionen eine Slater-Determinante, so tritt an die Stelle einer Bloch-Funktion $B_{jl}=\psi_m(\boldsymbol{k}_l,\boldsymbol{r}_j)$ eine Wannier-Funktion $W_{jl}=a_m(\boldsymbol{R}_l,\boldsymbol{r}_j)$. Multipliziert man nun die Slater-Determinante in der Bloch-Darstellung mit der unitären Transformationsmatrix U $(U_{li}=N^{-\frac{1}{2}}\exp(-i\boldsymbol{k}_l\cdot\boldsymbol{R}_i))$, so treten an die Stelle der Elemente B_{jl} die Elemente $\sum_l B_{jl}U_{li}$. Dies sind aber nach (43.5) gerade die Elemente W_{ji} der Slater-Determinante in der Wannier-Darstellung. Beide Darstellungen gehen also durch eine unitäre Transformation ineinander über, und die Energie des Grundzustandes ist in beiden Näherungen die gleiche.

44. Angeregte Zustände, die Exzitonendarstellung

Wir betrachten nun den Fall, daß ein Elektron aus dem Zustand m, $\boldsymbol{k}$, s des voll besetzten Valenzbandes in einen Zustand n, $\boldsymbol{k}'$, s' des sonst leeren Leitungsbandes gehoben wird. Da im Grundzustand der gesamte Quasiimpuls und der Gesamtspin Null sind, hat der angeregte Zustand den Quasiimpuls $\boldsymbol{K}=\boldsymbol{k}'-\boldsymbol{k}$ und den Spin $(\hbar/2)(s'-s)$.
Der Grundzustand wird beschrieben durch eine Slater-Determinante mit Bloch-Funktionen $\psi_m(\boldsymbol{k}_i,\boldsymbol{r}_j,s)$. Zur Beschreibung des angeregten Zustandes ersetzen wir die Bloch-Funktionen der $(\boldsymbol{k},s)$-ten Spalte der Determinante durch Leitungsbandfunktionen $\psi_n(\boldsymbol{k}_i',\boldsymbol{r}_j,s')$.
Die Energie einer solchen Anregung läßt sich leicht angeben. Für den Grundzustand ist sie durch Gl. (43.1) gegeben. Die Entfernung eines Valenzelektrons aus dem Zustand m, $\boldsymbol{k}$, s liefert einen Beitrag $-W_m(\boldsymbol{k})$, wo $W_m(\boldsymbol{k})$ durch (43.3) gegeben ist und in diesem Ausdruck über *alle* Valenzzustände m, $\boldsymbol{k}$ zu summieren ist. Das Hinzufügen eines Elektrons im Leitungsbandzustand n, $\boldsymbol{k}'$, s' liefert drei Energiebeiträge, die wir getrennt betrachten: Erstens die Ein-Elektronen-Energie $W_n(\boldsymbol{k}')$, die aus (43.3) hervorgeht, indem man $m,\boldsymbol{k}$ durch $n,\boldsymbol{k}'$ ersetzt und wieder über alle $\boldsymbol{\kappa}$ des Valenzbandes summiert. Dieser Beitrag enthält die Wechselwirkung mit einem gefüllten Valenzband. Man zieht deshalb zunächst die Wechselwirkung des Leitungsband-Elektrons mit dem Elektronenpaar m, $\boldsymbol{k}$, $\pm s$ ab. Das ergibt einen Beitrag $-2\langle n\boldsymbol{k}',m\boldsymbol{k}|(e^2/|\boldsymbol{r}-\boldsymbol{r}'|)|n\boldsymbol{k}',m\boldsymbol{k}\rangle+\langle n\boldsymbol{k}',m\boldsymbol{k}|(e^2/|\boldsymbol{r}-\boldsymbol{r}'|)|m\boldsymbol{k},m\boldsymbol{k}'\rangle$. Es verbleibt dann die Wechselwirkung der Elektronen n, $\boldsymbol{k}'$, s' und m, $\boldsymbol{k}$, $-s$. Hier haben wir noch bezüglich der möglichen Spinstellungen zu unterscheiden. Von dem analogen Helium-Problem wissen wir, daß im ersten angeregten Zustand $(1s(1)2s(2))$ bei parallelem Spin ein Triplett-Zustand, bei antiparallelem Spin ein Singulett-Zustand resultiert. Wegen der Antisymmetrieforderung an die Wellenfunktion bei Vertauschung der beiden Elektronen sind die Spinanteile der Wellenfunktion symmetrisch bzw. antisymmetrisch zu wählen: $\alpha(1)\alpha(2)$, $\beta(1)\beta(2)$, $(1/\sqrt{2})(\alpha(1)\beta(2)\pm\beta(1)\alpha(2))$. Entsprechend haben wir auch hier, um Zustände definierter Multiplizität zu erhalten, geeignete Linearkombinationen von Slater-Determinanten zu wählen. Wenn wir dies tun, so können wir als Wechselwirkungsenergie die Coulomb-Wechselwirkung des Paares plus (im Singulett-Zustand) bzw. minus (im Triplett-Zustand)

der Austauschenergie anzusetzen. Dieser Beitrag hebt sich teilweise gegen den zweiten Beitrag auf, und es folgt insgesamt als Anregungsenergie

$$\begin{aligned}\Delta W = W_n(\boldsymbol{k}) - W_m(\boldsymbol{k}) - \left\langle n\boldsymbol{k}', m\boldsymbol{k} \left| \frac{e^2}{|\boldsymbol{r}-\boldsymbol{r}'|} \right| n\boldsymbol{k}', m\boldsymbol{k} \right\rangle \\ + \left\{ 2 \left\langle n\boldsymbol{k}', m\boldsymbol{k} \left| \frac{e^2}{|\boldsymbol{r}-\boldsymbol{r}'|} \right| m\boldsymbol{k}, m\boldsymbol{k}' \right\rangle \right\},\end{aligned} \tag{44.1}$$

wo das in der Klammer stehende Glied der zweiten Zeile nur im Singulett-Zustand mitzunehmen ist. (44.1) enthält explizit nur noch die $\boldsymbol{k}$-Vektoren des nicht-abgesättigten Valenzelektrons und des Leitungselektrons. Es ist zweckmäßig, an dieser Stelle in der Bezeichnung auf das Bild des Elektron-Loch-Paares als Paar-Anregung überzugehen. Der $\boldsymbol{k}$-Vektor des Loches ist nach der Betrachtung des Abschnittes 5 gleich dem $\boldsymbol{k}$-Vektor des fehlenden Elektrons. Für den Spin des Loches haben wir den resultierenden Spin des Valenzbandes nach Entfernung des Elektrons $-s$ anzusetzen. Führen wir die Indizes e und h für Elektron und Loch ein, so wird also $\boldsymbol{k}_e = \boldsymbol{k}'$, $s_e = s'$, $\boldsymbol{k}_h = \boldsymbol{k}$, $s_h = -s$, $\boldsymbol{K} = \boldsymbol{k}_e - \boldsymbol{k}_h$, $\sigma = (\hbar/2)(s_e + s_h)$. In dieser Bezeichnung geben wir die Matrixelemente zwischen den oben betrachteten (spin-symmetrisierten) Determinanten mit dem Hamilton-Operator (3.1) an, die als Diagonalelemente die Ausdrücke (44.1) enthalten:

$$\begin{aligned}\langle n\boldsymbol{k}_e, m\boldsymbol{k}_h | H | n\boldsymbol{k}'_e, m\boldsymbol{k}'_h \rangle = \delta_{\boldsymbol{k}_h \boldsymbol{k}'_h} \delta_{\boldsymbol{k}_e \boldsymbol{k}'_e} \{E_0 + W_n(\boldsymbol{k}_e) - W_m(\boldsymbol{k}_h)\} \\ + \delta_{\boldsymbol{k}_e - \boldsymbol{k}_h, \boldsymbol{k}'_e - \boldsymbol{k}'_h} \left\{ 2\delta_s \left\langle n\boldsymbol{k}_e, m\boldsymbol{k}'_h \left| \frac{e^2}{|\boldsymbol{r}-\boldsymbol{r}'|} \right| m\boldsymbol{k}_h, n\boldsymbol{k}'_e \right\rangle \right. \\ \left. - \left\langle n\boldsymbol{k}_e, m\boldsymbol{k}'_h \left| \frac{e^2}{|\boldsymbol{r}-\boldsymbol{r}'|} \right| n\boldsymbol{k}'_e, m\boldsymbol{k}_h \right\rangle \right\}.\end{aligned} \tag{44.2}$$

Dabei ist $\delta_s = 1$ für den Singulett-, $= 0$ für den Triplett-Zustand.

(44.2) enthält Nichtdiagonal-Elemente. (44.1) gibt also nicht die Eigenwerte des Problems. Hierzu muß (44.2) diagonalisiert werden. Oder anders ausgedrückt: Einzelne Slater-Determinanten genügen nicht zur Beschreibung eines angeregten Zustandes, dieser wird vielmehr durch Superposition verschiedener Determinanten beschrieben. Wegen der Translationssymmetrie des Problems kann man nur Determinanten superponieren, die Zustände mit gleichem $\boldsymbol{K} = \boldsymbol{k}_e - \boldsymbol{k}_h$ beschreiben. Dies kommt auch in dem δ-Symbol bei den Nichtdiagonal-Elementen in (44.2) zum Ausdruck. Ersetzt man nämlich in einer Slater-Determinante eines angeregten Zustandes alle $\boldsymbol{r}$ durch $\boldsymbol{r} + \boldsymbol{R}_n$, so erhält man Faktoren der Form $\exp(i(\boldsymbol{k}_1 + \boldsymbol{k}_2 + \cdots + \boldsymbol{k}_N) \cdot \boldsymbol{R}_n)$. Wegen $\sum_i \boldsymbol{k}_i = 0$ für ein volles Band werden diese Faktoren gleich $\exp(i(\boldsymbol{k}_e - \boldsymbol{k}_h) \cdot \boldsymbol{R}_n) = \exp(i\boldsymbol{K} \cdot \boldsymbol{R}_n)$. Da auch die Lösungen des Mehr-Elektronen-Problems einen definierten Quasiimpuls haben müssen, sind nur solche Determinanten zu superponieren, für die $\boldsymbol{K}$ einen festen Wert hat.

Die Diagonalisierung von (44.2) in der Bloch-Darstellung ist nicht zweckmäßig. Besser ist es, zunächst den entsprechenden Ausdruck in der Wannier-Darstellung zu betrachten. Dazu geht man aus von Slater-Determinanten mit Wannier-Funktionen (43.5) für den Grundzustand und ersetzt dann die Wannier-Funktionen der $(\boldsymbol{R}_i, s)$-ten Spalte durch Leitungsband-Funktionen $a_n(\boldsymbol{R}'_i, \boldsymbol{r}_j, s')$. Der Unterschied zur Bloch-Darstellung ist dann offensichtlich. Die Bloch-Funktionen werden durch den $\boldsymbol{k}$-Vektor, die Wannier-Funktionen durch den Gitterplatz $\boldsymbol{R}_i$ gekennzeichnet. Das Exziton in Bloch-Darstellung ist charakterisiert durch seinen Quasi-Impuls $\boldsymbol{K}$. Entsprechend ist der charakteristische Parameter in der Wannier-Darstellung $\boldsymbol{\beta}=\boldsymbol{R}'_i-\boldsymbol{R}_i$, der Abstand des Elektrons vom Loch. Beide Parameter sind zur Beschreibung des Exzitons wichtig. Sie lassen sich kombinieren in der *Exziton-Darstellung*.

Die Wellenfunktionen dieser Darstellung sind gegeben durch

$$\begin{aligned}\Phi_{mn}(\boldsymbol{K},\boldsymbol{\beta}) &= \frac{1}{\sqrt{N}} \sum_{\boldsymbol{k}} e^{-i\boldsymbol{k}\cdot\boldsymbol{\beta}} \Phi_{mn}(\boldsymbol{k}-\boldsymbol{K},\boldsymbol{k}) \\ &= \frac{1}{\sqrt{N}} \sum_{\boldsymbol{R}} e^{i\boldsymbol{k}\cdot\boldsymbol{R}} \Phi_{mn}(\boldsymbol{R},\boldsymbol{R}+\boldsymbol{\beta}),\end{aligned} \tag{44.3}$$

wo die Φ_{mn} Slater-Determinanten in Bloch- bzw. Wannier-Darstellung sind. Mittels (44.3) können die Matrixelemente aus der Bloch-Darstellung in die Exziton-Darstellung überführt werden. Man erhält

$$\begin{aligned}\langle mn\boldsymbol{K}\boldsymbol{\beta}|H|mn\boldsymbol{K}\boldsymbol{\beta}'\rangle = E_0\delta_{\boldsymbol{\beta}\boldsymbol{\beta}'} &+ \frac{1}{N}\sum_{\boldsymbol{k}} e^{i\boldsymbol{k}\cdot(\boldsymbol{\beta}-\boldsymbol{\beta}')}(W_n(\boldsymbol{k})-W_m(\boldsymbol{k}-\boldsymbol{K})) \\ &+ 2\delta_s\langle n\boldsymbol{\beta}, m\boldsymbol{O}|g|m\boldsymbol{O}, n\boldsymbol{\beta}'\rangle - \langle n\boldsymbol{\beta}, m\boldsymbol{O}|g|n\boldsymbol{\beta}', m\boldsymbol{O}\rangle \\ &+ \sum_{\boldsymbol{R}(\neq 0)} e^{i\boldsymbol{K}\cdot\boldsymbol{R}}\{2\delta_s\langle n\boldsymbol{\beta}, m\boldsymbol{R}|g|m\boldsymbol{O}, n\boldsymbol{R}+\boldsymbol{\beta}'\rangle \\ &- \langle n\boldsymbol{\beta}, m\boldsymbol{R}|g|n\boldsymbol{R}+\boldsymbol{\beta}', m\boldsymbol{O}\rangle\}\end{aligned} \tag{44.4}$$

mit $g=e^2/|\boldsymbol{r}-\boldsymbol{r}'|$. $\boldsymbol{O}$ bedeutet hier den (willkürlich gewählten) Koordinatenursprung. Die Diagonalisierung von (44.4) erfolgt durch Superposition von Wellenfunktionen (44.3)

$$\Psi_{mn\nu\boldsymbol{K}} = \sum_{\boldsymbol{\beta}} U_{mn\nu\boldsymbol{K}}(\boldsymbol{\beta})\,\Phi_{mn}(\boldsymbol{K},\boldsymbol{\beta})\,. \tag{44.5}$$

Das Eigenwertproblem lautet dann

$$\sum_{\boldsymbol{\beta}'} \langle mn\boldsymbol{K}\boldsymbol{\beta}|H|mn\boldsymbol{K}\boldsymbol{\beta}'\rangle\, U_{mn\nu\boldsymbol{K}}(\boldsymbol{\beta}') = E\, U_{mn\nu\boldsymbol{K}}(\boldsymbol{\beta}) \tag{44.6}$$

und die Eigenwerte sind bestimmt durch die Nullstellen der Determinante

$$\det|\langle mn\boldsymbol{K}\boldsymbol{\beta}|H|mn\boldsymbol{K}\boldsymbol{\beta}'\rangle - E\delta_{\boldsymbol{\beta}\boldsymbol{\beta}'}| = 0\,. \tag{44.7}$$

Die weitere Behandlung des Problems wird zweckmäßig in den Grenzfällen schwacher und starker Elektron-Loch-Wechselwirkung durchgeführt. Dies erfolgt in den beiden nächsten Abschnitten. Die Allgemeinheit der Ergebnisse ist bisher nur eingeschränkt durch die Annahme eines Bravais-Gitters und die Beschränkung auf *ein* (im Grundzustand gefülltes) Valenzband und *ein* Leitungsband.

45. Wannier-Exzitonen

Unter den Wechselwirkungsgliedern der Gl. (44.4) spielt die Coulomb-Wechselwirkung zwischen Elektron und Loch $\langle n\boldsymbol{\beta},m\boldsymbol{O}|(e^2/|\boldsymbol{r}-\boldsymbol{r}'|)|n\boldsymbol{\beta},m\boldsymbol{O}\rangle=e^2/\beta$ die wichtigste Rolle. Zumindest hat dieser Term die längste Reichweite. Für den Fall, daß Elektron und Loch mehrere Gitterkonstanten voneinander entfernt sind, liegt es dann nahe, alle anderen Wechselwirkungsglieder in erster Näherung zu vernachlässigen bzw. sie später durch Störungsrechnung zu berücksichtigen. Exzitonen, die durch diese Näherung beschrieben werden können, heißen *Wannier-Exzitonen.* Der umgekehrte Grenzfall, bei dem Elektron und Loch beim gleichen Gitteratom sitzen, heißt *Frenkel-Exziton.*

Für Wannier-Exzitonen schreiben wir (44.6) in der Form

$$\sum_{\boldsymbol{\beta}'}\left\{E_0\,\delta_{\boldsymbol{\beta}\boldsymbol{\beta}'}+\frac{1}{N}\sum_{\boldsymbol{k}}e^{i\boldsymbol{k}\cdot(\boldsymbol{\beta}-\boldsymbol{\beta}')}(W_n(\boldsymbol{k})-W_m(\boldsymbol{k}-\boldsymbol{K}))-\frac{e^2}{\beta}\,\delta_{\boldsymbol{\beta}\boldsymbol{\beta}'}\right\}U_{\nu\boldsymbol{K}}(\boldsymbol{\beta}')=E\,U_{\nu\boldsymbol{K}}(\boldsymbol{\beta})\,. \tag{45.1}$$

Zur Umformung des zweiten Gliedes benutzen wir den gleichen Kunstgriff wie in Abschnitt 21 (Gln. (21.8)(21.9)): Mit

$$U(\boldsymbol{\beta}')=\sum_{\boldsymbol{\kappa}}e^{i\boldsymbol{\kappa}\cdot\boldsymbol{\beta}'}G(\boldsymbol{\kappa})\quad\text{und}\quad W_n(\boldsymbol{k})=\sum_m e^{i\boldsymbol{k}\cdot\boldsymbol{R}_m}W_{nm} \tag{45.2}$$

wird

$$\begin{aligned}\frac{1}{N}\sum_{\boldsymbol{\beta}'}\sum_{\boldsymbol{k}}e^{i\boldsymbol{k}\cdot(\boldsymbol{\beta}-\boldsymbol{\beta}')}W_n(\boldsymbol{k})U(\boldsymbol{\beta}')&=\frac{1}{N}\sum_{\boldsymbol{\beta}',\boldsymbol{k},\boldsymbol{\kappa},m}W_{nm}e^{i\boldsymbol{k}\cdot\boldsymbol{R}_m}e^{i\boldsymbol{k}\cdot\boldsymbol{\beta}}e^{i(\boldsymbol{\kappa}-\boldsymbol{k})\cdot\boldsymbol{\beta}'}G(\boldsymbol{\kappa})\\&=\sum_{\boldsymbol{\kappa},m}W_{nm}e^{i\boldsymbol{\kappa}\cdot\boldsymbol{R}_m}e^{i\boldsymbol{\kappa}\cdot\boldsymbol{\beta}}G(\boldsymbol{\kappa})\\&=\sum_{\boldsymbol{\kappa},m}W_{nm}e^{\boldsymbol{R}_m\cdot\operatorname{grad}_{\boldsymbol{\beta}}}e^{i\boldsymbol{\kappa}\cdot\boldsymbol{\beta}}G(\boldsymbol{\kappa})=W_n(-i\operatorname{grad}_{\boldsymbol{\beta}})U(\boldsymbol{\beta})\end{aligned} \tag{45.3}$$

und wir erhalten

$$\left(W_n(-i\operatorname{grad}_{\boldsymbol{\beta}})-W_m(-i\operatorname{grad}_{\boldsymbol{\beta}}-\boldsymbol{K})-\frac{e^2}{\beta}\right)U_{\nu\boldsymbol{K}}(\boldsymbol{\beta})=(E-E_0)\,U_{\nu\boldsymbol{K}}(\boldsymbol{\beta}) \tag{45.4}$$

oder schließlich mit Hilfe der Transformation $F_{\nu\boldsymbol{K}}(\boldsymbol{\beta})=\exp(-i\boldsymbol{K}\cdot\boldsymbol{\beta}/2)\,U_{\nu\boldsymbol{K}}(\boldsymbol{\beta})$:

$$\left(W_n\left(-i\operatorname{grad}_{\boldsymbol{\beta}}+\frac{\boldsymbol{K}}{2}\right)-W_m\left(-i\operatorname{grad}_{\boldsymbol{\beta}}-\frac{\boldsymbol{K}}{2}\right)-\frac{e^2}{\beta}\right)F_{\nu\boldsymbol{K}}(\boldsymbol{\beta})=(E-E_0)\,F_{\nu\boldsymbol{K}}(\boldsymbol{\beta})\,. \tag{45.5}$$

(45.5) entspricht Gl. (21.13). Um sie zu studieren, benutzen wir die Effektiv-Massen-Näherung, d.h. wir setzen für die $W_{n,m}(\boldsymbol{k})$ in der Nähe der Unterkante des Leitungsbandes bzw. Oberkante des Valenzbandes an:

$$W_n(\boldsymbol{k})=E_n+\frac{\hbar^2k^2}{2m_n}\quad\text{und}\quad W_m(\boldsymbol{k})=E_m-\frac{\hbar^2k^2}{2m_p}\,. \tag{45.6}$$

Dann ergibt sich unter Benutzung der reduzierten Masse $\mu^{-1}=m_n^{-1}+m_p^{-1}$ und der Breite der verbotenen Zone $E_G=E_n-E_m$

$$\left(-\frac{\hbar^2}{2\mu}\Delta-\frac{e^2}{\beta}-\frac{\hbar^2}{2i}\left(\frac{1}{m_p}-\frac{1}{m_n}\right)\boldsymbol{K}\cdot\operatorname{grad}\right)F=\left(E-E_0-E_G-\frac{\hbar^2K^2}{8\mu}\right)F. \tag{45.7}$$

Hier läßt sich noch das dritte Glied links durch die Transformation

$$F=\exp\left(\frac{i}{2}\,\frac{m_n-m_p}{m_n+m_p}\boldsymbol{K}\cdot\boldsymbol{\beta}\right)F'$$

eliminieren, und das Endresultat ist:

$$\left(-\frac{\hbar^2}{2\mu}\Delta-\frac{e^2}{\beta}\right)F'=\left(E-E_0-E_G-\frac{\hbar^2K^2}{2(m_n+m_p)}\right)F'. \tag{45.8}$$

Diese Gleichung ist formal identisch mit der Schrödinger-Gleichung des freien Wasserstoff-Atoms. Sie hat infolgedessen die Eigenwerte

$$E=E_0+E_n(\boldsymbol{K}),\qquad E_n(\boldsymbol{K})=E_G-\frac{\mu e^4}{2\hbar^2n^2}+\frac{\hbar^2K^2}{2(m_n+m_p)}. \tag{45.9}$$

$E_n(\boldsymbol{K})$, die Energie des Exzitons, setzt sich zusammen aus der Energiedifferenz E_G zwischen beiden Bändern, vermindert um die Bindungsenergie (Termspektrum entsprechend dem Wasserstoff-Problem) und der kinetischen Energie der Schwerpunktsbewegung des Exzitons.

Eine Verbesserung der hier verwendeten Approximation kann phänomenologisch aufgrund der Interpretation der Gl. (45.8) erfolgen. (45.8) beschreibt zwei Teilchen entgegengesetzter Ladung, gegenseitiger Coulomb-Wechselwirkung und mit effektiven Massen m_n und m_p. Nicht berücksichtigt ist der Einfluß der Elektron-Loch-Wechselwirkung auf die anderen geladenen Teilchen der Umgebung. Bei großem Abstand zwischen Elektron und Loch kann der Kristall als homogenes Medium mit der statischen Dielektrizitätskonstanten ε_0 aufgefaßt werden, in dem sich das Elektron-Loch-Paar bewegt. Die Wechselwirkung wird dadurch um den Faktor $1/\varepsilon_0$ schwächer. Verantwortlich hierfür ist in erster Linie die Polarisation der Gitterbausteine. Mit kleiner werdendem Abstand zwischen Elektron und Loch wächst die Umlaufsfrequenz beider Teilchen umeinander. Da die Polarisation der Gitterbausteine eine Anregung optischer Phononen bedeutet, wird diese Polarisation verschwinden, wenn die Umlaufsfrequenz größer wird als die Frequenz longitudinaler optischer Phononen. Es bleibt dann jedoch immer noch die Polarisation der Valenzelektronen der Umgebung, deren abschirmende Wirkung auf das Coulomb-Feld durch die Hochfrequenz-DK ε_∞ beschrieben wird. Kommen Elektron und Loch weiter zusammen, so können auch die Elektronen der polarisierenden Wirkung des Paares nicht mehr folgen. Dies tritt aber erst bei so kleinen Abständen (wenige Atomabstände) ein, daß dann auch die Vernachlässigung der Austausch-Wechselwirkung nicht mehr möglich ist.

Im Rahmen der Wannierschen Approximation ist es also zweckmäßig, in (45.8) durch die Einführung einer *effektiven Dielektrizitätskonstanten* ε^* die Coulomb-

Wechselwirkung zu modifizieren. Diese DK ist für große $\boldsymbol{\beta}$ gleich ε_0, für kleine $\boldsymbol{\beta}$ gleich ε_∞. Im Übergangsbereich (für typische Kristalle, in denen Wannier-Exzitonen beobachtet werden, unterhalb 50 Atomabständen) ist die $\boldsymbol{\beta}$-Abhängigkeit von ε^* relativ kompliziert. Der theoretische Zugang hierzu ist dadurch möglich, daß man zunächst die polarisierende Wirkung der Elektronen auf ihre Umgebung durch die Einführung neuer Quasiteilchen, der Polaronen, berücksichtigt, und dann das Exziton aus Polaronen aufbaut. Auf das Konzept des Polarons werden wir erst in Kapitel VIII eingehen. Vgl. hierzu auch Haken in [39].

Die Einführung einer effektiven Dielektrizitätskonstanten ändert also (45.8) in

$$\left(-\frac{\hbar^2}{2\mu}\Delta-\frac{e^2}{\varepsilon^*\beta}\right)F'=(E-E_0-E_G-E_{\mathrm{kin}})F'\,. \tag{45.10}$$

Die Bindungsenergie in (45.9) wird dadurch um den Faktor $1/\varepsilon^{*2}$ abgesenkt.

Zusammenfassend können wir die Ergebnisse so interpretieren: Bei der Anregung von Elektronen aus dem Valenzband in das Leitungsband berücksichtigt die Ein-Elektronen-Näherung des Bändermodells nicht die Coulomb-Wechselwirkung zwischen angeregtem Elektron und im Valenzband zurückbleibendem Loch. Sie führt – wenn wir uns zunächst auf Übergänge unter Erhaltung des $\boldsymbol{k}$-Vektors des Elektrons, also auf Exzitonen mit $\boldsymbol{K}=0$ beschränken – auf ein wasserstoffähnliches Anregungsspektrum mit der Grenzenergie E_G. Für nicht-direkte Übergänge ($\boldsymbol{K}\neq 0$) kommt ein weiterer Energiebeitrag hinzu. Für kleine $\boldsymbol{K}$ läßt er sich gemäß (45.9) als kinetische Energie der Schwerpunktbewegung des Exzitons beschreiben. In allen Fällen, in denen indirekte Exzitonenübergänge wichtig sind, wird diese Beschreibung allerdings versagen. Indirekte Übergänge werden wichtig, wenn die Extrema des Leitungs- und des Valenzbandes nicht bei dem gleichen $\boldsymbol{k}$-Vektor liegen. Dann ist der Effektiv-Massen-Ansatz (45.6) aber nicht gültig, und (45.9) ist in zweierlei Hinsicht zu korrigieren. Der letzte Term erhält eine wesentlich kompliziertere Gestalt, über deren Form sich allgemein nichts aussagen läßt. Der vorletzte (Rydberg-)Term wird zumindest durch eine $\boldsymbol{K}$-abhängige reduzierte Masse modifiziert.

Exzitonen-Zustände lassen sich nicht in das Energieschema des Bändermodells eintragen, da das Bändermodell nur Ein-Elektronen-Zustände beschreibt. Man kann lediglich ein $E_n(\boldsymbol{K})$-Diagramm in Anlehnung an Gl. (45.9) angeben. Wir benötigen es im weiteren nicht.

46. Frenkel-Exzitonen

Das Wannier-Exziton als Grenzfall schwacher Elektron-Loch-Wechselwirkung führt zu dem Kontinuumsmodell, bei dem sich Elektron und Loch in einem homogenen Dielektrikum bewegen. Der entgegengesetzte Grenzfall ist ein atomares Modell, bei dem Elektron und Loch am gleichen Gitterplatz lokalisiert sind *(Frenkel-Exziton)*. Es ist dann sinnvoller, von angeregten Zuständen einzelner Gitteratome zu sprechen und die Begriffe des Bändermodells außer acht zu lassen.

Die wichtigste Eigenschaft, die dieser Grenzfall eines Exzitons mit dem Wannier-Exziton gemeinsam hat, ist die Möglichkeit der sukzessiven Übertragung der Anregungsenergie von einem Gitterplatz auf den anderen, also der Bewegung des Exzitons durch das Gitter. Wir beschränken uns auf eine kurze Diskussion dieses Grenzfalls.

In den Slater-Determinanten des angeregten Zustandes benutzen wir zweckmäßig Wannier-Funktionen oder direkt Atom-Funktionen. Betrachten wir einen Übergang am Gitterplatz $\boldsymbol{O}$ aus dem Grundzustand 0 in den angeregten Zustand 1, so werden die Matrix-Elemente (44.4)

$$\begin{aligned}\langle 01, \boldsymbol{K}\boldsymbol{O}|H|01, \boldsymbol{K}\boldsymbol{O}\rangle = E_0 &+ \frac{1}{N}\sum_{\boldsymbol{k}}(W_1(\boldsymbol{k}) - W_0(\boldsymbol{k}-\boldsymbol{K}))\\ &+ 2\delta_s\langle 1\boldsymbol{O}, 0\boldsymbol{O}|g|0\boldsymbol{O}, 1\boldsymbol{O}\rangle - \langle 1\boldsymbol{O}, 0\boldsymbol{O}|g|1\boldsymbol{O}, 0\boldsymbol{O}\rangle\\ &+ \sum_{\boldsymbol{R}(\neq 0)} e^{i\boldsymbol{K}\cdot\boldsymbol{R}}\{2\delta_s\langle 1\boldsymbol{O}, 0\boldsymbol{R}|g|0\boldsymbol{O}, 1\boldsymbol{R}\rangle\\ &- \langle 1\boldsymbol{O}, 0\boldsymbol{R}|g|1\boldsymbol{R}, 0\boldsymbol{O}\rangle\,. \qquad (46.1)\end{aligned}$$

Dabei haben wir wieder $e^2/|\boldsymbol{r}_e - \boldsymbol{r}_h|$ gleich g gesetzt. In der Gittersumme (vorletzte und letzte Zeile von (46.1)) ist der zweite Term ein Coulomb-Term, der die Wechselwirkung zwischen den Ladungswolken $a_1^*(\boldsymbol{r})a_1(\boldsymbol{r}-\boldsymbol{R})$ und $a_0^*(\boldsymbol{r}-\boldsymbol{R})a_0(\boldsymbol{r})$ beschreibt. Die effektive Ladung dieser Ladungswolken ist gegeben durch die Überlappung der beteiligten Wellenfunktionen und fällt exponentiell wie die Wellenfunktionen mit wachsendem $\boldsymbol{R}$ ab. Somit verschwindet dieser Term exponentiell mit wachsendem $\boldsymbol{R}$. Der erste Term in der Gittersumme tritt nur für Singulett-Zustände auf. Er bedeutet eine Coulomb-Wechselwirkung zwischen den Ladungswolken $a_1^*(\boldsymbol{r})a_0(\boldsymbol{r})$ und $a_0^*(\boldsymbol{r}-\boldsymbol{R})a_1(\boldsymbol{r}-\boldsymbol{R})$. Die wirksame Ladung dieser Ladungswolken ändert sich nicht mit dem Abstand R, die Wechselwirkung wird hier durch Multipolterme vermittelt und nimmt nicht exponentiell mit $\boldsymbol{R}$ ab. Anschaulich bedeutet dieser Term eine Verlagerung der Anregungsenergie vom Gitterplatz $\boldsymbol{O}$ zum Gitterplatz $\boldsymbol{R}$, also genau die oben erwähnte Exzitonenwanderung.

Die Bedingungen für das Auftreten von Frenkel-Exzitonen sind am ehesten in Kristallen mit großer Gitterkonstante und kleiner Dielektrizitätskonstante erfüllt, z.B. bei Ionenkristallen und festen Edelgasen.

47. Exzitonen als elementare Anregungen

Bei der bisherigen Behandlung des Exzitons sind wir nicht auf die Frage eingegangen, inwieweit Exzitonen als elementare Anregungen aufgefaßt werden können und insbesondere ob diese Paar-Anregungen Fermionen oder Bosonen sind. Wir untersuchen diese Frage in der Teilchenzahl-Darstellung.

Wir definieren dazu Erzeugungs- und Vernichtungsoperatoren c: Im Leitungsband (Index n) sollen $c_{n\boldsymbol{k}}^+$ bzw. $c_{n\boldsymbol{k}}$ ein Elektron mit dem $\boldsymbol{k}$-Vektor $\boldsymbol{k}$ erzeugen bzw. vernichten. Im Valenzband sollen $c_{m\boldsymbol{k}}$ bzw. $c_{m\boldsymbol{k}}^+$ ein Loch erzeugen bzw. vernichten.

Diese Operatoren sind zweckmäßig, wenn wir mit der Bloch-Darstellung beginnen. Ziehen wir die Wannier-Darstellung vor, so beschreiben die entsprechenden Operatoren $c_{n\boldsymbol{R}}^+$, $c_{n\boldsymbol{R}}$, $c_{m\boldsymbol{R}}$, $c_{m\boldsymbol{R}}^+$ Erzeugung und Vernichtung von Teilchen am Gitterplatz $\boldsymbol{R}$.

Die Vertauschungsrelationen für diese Operatoren gewinnen wir durch Anwendung von Produkten zweier Operatoren auf die Wellenfunktionen des Grundzustandes oder eines angeregten Zustandes. Für die $c_{n\boldsymbol{R}}$ finden wir dann:

Alle $c_{n'\boldsymbol{R}'}^+$ kommutieren mit allen $c_{n''\boldsymbol{R}''}^+$ ebenso wie alle $c_{n'\boldsymbol{R}'}$ mit allen $c_{n''\boldsymbol{R}''}$. Die $c_{n'\boldsymbol{R}'}^+$ kommutieren mit den $c_{n''\boldsymbol{R}''}$, wenn entweder $n' \neq n''$ oder $\boldsymbol{R}' \neq \boldsymbol{R}''$ ist. Dagegen antikommutieren die c^+ mit den c bei gleichen Indizes:

$$[c_{n'\boldsymbol{R}}^+, c_{n'\boldsymbol{R}}] = 1 . \tag{47.1}$$

Dies folgt z.B. daraus, daß $c_{n'\boldsymbol{R}}^+ c_{n'\boldsymbol{R}}|0\rangle$ Null ist, wenn n' das Leitungsband ist, dagegen $|0\rangle$ ist, wenn $n' = m$ ist. Umgekehrtes gilt für $c_{n'\boldsymbol{R}} c_{n'\boldsymbol{R}}^+$. Zusammen folgt also: $(c_{n'\boldsymbol{R}}^+ c_{n'\boldsymbol{R}} + c_{n'\boldsymbol{R}} c_{n'\boldsymbol{R}}^+)|0\rangle = |0\rangle$ oder – da sich diese Gleichung für jede Wellenfunktion beweisen läßt – die Operator-Gleichung (47.1).

Die $c_{n\boldsymbol{R}}$ sind Operatoren der Wannier-Darstellung. Wir gehen deshalb analog zu (44.3) zur Exziton-Darstellung über und führen Operatoren ein:

$$\begin{aligned} b_{\boldsymbol{\beta K}}^+ &= \frac{1}{\sqrt{N}} \sum_{\boldsymbol{k}} e^{-i\boldsymbol{\beta}\cdot\boldsymbol{k}} c_{n\boldsymbol{k}}^+ c_{m,\boldsymbol{k}-\boldsymbol{K}} = \frac{1}{\sqrt{N}} \sum_{\boldsymbol{R}} e^{i\boldsymbol{K}\cdot\boldsymbol{R}} c_{n,\boldsymbol{R}+\boldsymbol{\beta}}^+ c_{m\boldsymbol{R}} , \\ b_{\boldsymbol{\beta K}} &= \frac{1}{\sqrt{N}} \sum_{\boldsymbol{k}} e^{i\boldsymbol{\beta}\cdot\boldsymbol{k}} c_{m,\boldsymbol{k}-\boldsymbol{K}}^+ c_{n\boldsymbol{k}} = \frac{1}{\sqrt{N}} \sum_{\boldsymbol{R}} e^{-i\boldsymbol{K}\cdot\boldsymbol{R}} c_{m\boldsymbol{R}}^+ c_{n,\boldsymbol{R}+\boldsymbol{\beta}} . \end{aligned} \tag{47.2}$$

Diese Operatoren erzeugen bzw. vernichten Exzitonen mit dem Quasi-Impuls $\boldsymbol{K}$ und Elektron-Loch-Abstand $\boldsymbol{\beta}$. Die Transformation bedeutet den Übergang von der Einzelanregung mit definiertem $\boldsymbol{k}$ bzw. $\boldsymbol{R}$ von Elektron und Loch zu Kollektivanregungen, bei denen nur noch $\boldsymbol{K}$ und $\boldsymbol{\beta}$ gegeben sind. Aus diesen Operatoren bauen wir dann entsprechend (44.5) die allgemeinen *Exzitonen-Operatoren* durch Linearkombination auf:

$$b_{\nu\boldsymbol{K}}^{(+)} = \sum_{\boldsymbol{\beta}} U_{\nu\boldsymbol{K}}(\boldsymbol{\beta}) b_{\boldsymbol{\beta K}}^{(+)} . \tag{47.3}$$

Durch Betrachtung der Vertauschungsrelationen für diese $b_{\nu\boldsymbol{K}}^{(+)}$ läßt sich zeigen, daß die Exzitonen Bosonencharakter haben. Der Beweis ist einfacher, wenn man ihn für den Grenzfall der Frenkel-Exzitonen durchführt. Wir wollen uns hier darauf beschränken. Wir setzen also gemäß dem letzten Abschnitt $\boldsymbol{\beta} = 0$. Dann bleibt in (47.3) nur ein Glied übrig. Setzen wir noch $m = 0$ und $n = 1$, so folgt, da die Operatoren für $\boldsymbol{K} \neq \boldsymbol{K}'$ offensichtlich kommutieren:

$$\begin{aligned} [b_{\boldsymbol{K}} b_{\boldsymbol{K}'}^+] &= \delta_{\boldsymbol{KK}'} [b_{\boldsymbol{K}} b_{\boldsymbol{K}}^+] \\ &= \frac{1}{N} \sum_{\boldsymbol{R}} \{c_{0\boldsymbol{R}}^+ c_{0\boldsymbol{R}} (1 - c_{1\boldsymbol{R}}^+ c_{1\boldsymbol{R}}) - c_{1\boldsymbol{R}}^+ c_{1\boldsymbol{R}} (1 - c_{0\boldsymbol{R}}^+ c_{0\boldsymbol{R}})\} \delta_{\boldsymbol{KK}'} . \end{aligned} \tag{47.4}$$

Die in der letzten Zeile auftretenden Produkt-Operatoren sind die Teilchenzahl-Operatoren $N_{1\boldsymbol{R}}$ bzw. $N_{0\boldsymbol{R}}$. Sie haben die Eigenwerte 1 oder 0, je nachdem ob sich im angeregten Zustand bzw. Grundzustand ein Elektron bei $\boldsymbol{R}$ befindet. Dementsprechend ist die Summe der Operatoren $N_{1\boldsymbol{R}}+N_{0\boldsymbol{R}}$ gleich dem Einheitsoperator (in unserem Modell befindet sich ja an jedem Gitterplatz ein Elektron entweder im Grundzustand oder dem angeregten Zustand des Atoms). Das Produkt beider Operatoren dagegen ist offensichtlich Null. (47.4) wird also

$$[b_{\boldsymbol{K}} b_{\boldsymbol{K}}^{+}]=\delta_{\boldsymbol{K}\boldsymbol{K}'} \frac{1}{N} \sum_{\boldsymbol{R}}(1-2N_{1\boldsymbol{R}})=\delta_{\boldsymbol{K}\boldsymbol{K}'}\left(1-\sum_{\boldsymbol{R}} \frac{2N_{1\boldsymbol{R}}}{N}\right). \tag{47.5}$$

Der letzte Term ist von der Größenordnung „Anzahl der Exzitonen durch Anzahl der nicht angeregten Gitteratome“. Da wir uns hier mit den niedrigsten Anregungen des Isolators beschäftigen, kann dieser Term gegen 1 vernachlässigt werden. In dieser Näherung sind Exzitonen also Bosonen.

Anhang: Die Teilchenzahl-Darstellung

Die quantenmechanische Beschreibung elementarer Anregungen wird wesentlich durchsichtiger, wenn man die Teilchenzahl-Darstellung benutzt. Wir geben hier einen kurzen Abriß dieser Methode. Eine ausführliche Beschreibung findet man z.B. bei Kittel [12], Pines [16], Taylor [19], Ziman [103], in allgemeiner Form auch in vielen Lehrbüchern der Quantenmechanik (Grawert, Landau-Lifschitz, Roman u.a.).

Bei dieser Darstellung haben wir zwischen Bosonen und Fermionen zu unterscheiden. Wir beginnen mit den *Bosonen.*

Der Hamilton-Operator eines Bosonengases sei durch

$$H=\tfrac{1}{2}\sum_{\boldsymbol{k}}(P_{\boldsymbol{k}}^{*}P_{\boldsymbol{k}}+\omega_{\boldsymbol{k}}^{2}Q_{\boldsymbol{k}}^{*}Q_{\boldsymbol{k}}),\quad P_{-\boldsymbol{k}}=P_{\boldsymbol{k}}^{*},\quad Q_{-\boldsymbol{k}}=Q_{\boldsymbol{k}}^{*},\quad \omega_{-\boldsymbol{k}}=\omega_{\boldsymbol{k}} \tag{A.1}$$

gegeben. Einen solchen Operator, der aus einer Summe von Termen besteht, die formal den Hamilton-Operatoren harmonischer Oszillatoren gleichen, hatten wir etwa bei der Einführung der Plasmonen (Gl. (12.8)) oder der Phononen (Gl. (31.9)) gefunden.

Die Operatoren $P_{\boldsymbol{k}}$ und $Q_{\boldsymbol{k}}$ in (A.1) mögen den Vertauschungsrelationen

$$[Q_{\boldsymbol{k}}P_{\boldsymbol{k}'}]=i\hbar\delta_{\boldsymbol{k}\boldsymbol{k}'} \tag{A.2}$$

unterliegen.

Die Energie des Bosonengases folgt bekanntlich aus (A.1) als Summe über Energieanteile $E_{\boldsymbol{k}}=\hbar\omega_{\boldsymbol{k}}(n_{\boldsymbol{k}}+\frac{1}{2})$ der einzelnen Oszillator-Glieder.

Wir führen nun neue Operatoren $a_{\boldsymbol{k}}^{+}$ und $a_{\boldsymbol{k}}$ ein durch

$$\begin{aligned} a_{\boldsymbol{k}}^{+} &=(2\hbar\omega_{\boldsymbol{k}})^{-\frac{1}{2}}(\omega_{\boldsymbol{k}}Q_{\boldsymbol{k}}^{*}-iP_{\boldsymbol{k}})\,,\\ a_{\boldsymbol{k}} &=(2\hbar\omega_{\boldsymbol{k}})^{-\frac{1}{2}}(\omega_{\boldsymbol{k}}Q_{\boldsymbol{k}}+iP_{\boldsymbol{k}}^{*})\,. \end{aligned} \tag{A.3}$$

Damit wird

$$H=\sum_{\boldsymbol{k}}\hbar\omega_{\boldsymbol{k}}(a_{\boldsymbol{k}}^{+}a_{\boldsymbol{k}}+\tfrac{1}{2})+\sum_{\boldsymbol{k}}i\omega_{\boldsymbol{k}}(Q_{\boldsymbol{k}}P_{\boldsymbol{k}}-Q_{-\boldsymbol{k}}P_{-\boldsymbol{k}})\,. \tag{A.4}$$

Bei der Summation über $\boldsymbol{k}$, in der zu jedem Glied $\boldsymbol{k}$ ein Glied mit $-\boldsymbol{k}$ gehört, fällt der letzte Term weg, und es folgt

$$H=\sum_{\boldsymbol{k}}\hbar\omega_{\boldsymbol{k}}(a_{\boldsymbol{k}}^{+}a_{\boldsymbol{k}}+\tfrac{1}{2})\,. \tag{A.5}$$

Die Schrödinger-Gleichung lautet dann

$$\sum_{\boldsymbol{k}} \hbar\omega_{\boldsymbol{k}}(a_{\boldsymbol{k}}^{+} a_{\boldsymbol{k}} + \tfrac{1}{2})\psi = \sum_{\boldsymbol{k}} \hbar\omega_{\boldsymbol{k}}(n_{\boldsymbol{k}} + \tfrac{1}{2})\psi, \tag{A.6}$$

also auch

$$a_{\boldsymbol{k}}^{+} a_{\boldsymbol{k}} \psi = n_{\boldsymbol{k}} \psi. \tag{A.7}$$

$a_{\boldsymbol{k}}^{+} a_{\boldsymbol{k}}$ kann somit als *Teilchenzahl-Operator* aufgefaßt werden. Bezeichnen wir die Eigenvektoren ψ dieses Operators durch Angabe der Besetzungszahlen $n_{\boldsymbol{k}}$ der durch $\boldsymbol{k}$ definierten Zustände, so wird (A.7)

$$a_{\boldsymbol{k}}^{+} a_{\boldsymbol{k}} |n_1 \dots n_{\boldsymbol{k}} \dots\rangle = n_{\boldsymbol{k}} |n_1 \dots n_{\boldsymbol{k}} \dots\rangle. \tag{A.8}$$

Für die Operatoren (A.3) folgt aus (A.2) als Vertauschungsrelationen

$$[a_{\boldsymbol{k}} a_{\boldsymbol{k}'}^{+}] = \delta_{\boldsymbol{k}\boldsymbol{k}'}. \tag{A.9}$$

(A.8) und (A.9) zeigen sofort die Bedeutung dieser Operatoren. Es wird nämlich

$$a_{\boldsymbol{k}}^{+} a_{\boldsymbol{k}} a_{\boldsymbol{k}}^{+} |n_1 \dots n_{\boldsymbol{k}} \dots\rangle = (n_{\boldsymbol{k}} + 1) a_{\boldsymbol{k}}^{+} |n_1 \dots n_{\boldsymbol{k}} \dots\rangle \tag{A.10}$$

also

$$a_{\boldsymbol{k}}^{+} |n_1 \dots n_{\boldsymbol{k}} \dots\rangle = N^{+}(n_{\boldsymbol{k}}) |n_1 \dots n_{\boldsymbol{k}} + 1 \dots\rangle, \tag{A.11}$$

wo N^{+} ein noch zu bestimmender Normierungsfaktor ist. Entsprechend wird

$$a_{\boldsymbol{k}}^{+} a_{\boldsymbol{k}} a_{\boldsymbol{k}} |n_1 \dots n_{\boldsymbol{k}} \dots\rangle = (n_{\boldsymbol{k}} - 1) a_{\boldsymbol{k}} |n_1 \dots n_{\boldsymbol{k}} \dots\rangle \tag{A.12}$$

also

$$a_{\boldsymbol{k}} |n_1 \dots n_{\boldsymbol{k}} \dots\rangle = N^{-}(n_{\boldsymbol{k}}) |n_1 \dots n_{\boldsymbol{k}} - 1 \dots\rangle. \tag{A.13}$$

$a_{\boldsymbol{k}}^{+}$ erzeugt und $a_{\boldsymbol{k}}$ vernichtet also ein Quant im Zustand $\boldsymbol{k}$ *(Erzeugungs- und Vernichtungsoperatoren)*.

Die noch offenen Normierungsfaktoren gewinnt man aus

$$\begin{aligned} &\langle n_{\boldsymbol{k}} | n_{\boldsymbol{k}} \rangle = 1, \\ &\langle n_{\boldsymbol{k}} | a_{\boldsymbol{k}}^{+} a_{\boldsymbol{k}} | n_{\boldsymbol{k}} \rangle = n_{\boldsymbol{k}} = N^{-}(n_{\boldsymbol{k}}) N^{+}(n_{\boldsymbol{k}} - 1), \\ &\langle n_{\boldsymbol{k}} | a_{\boldsymbol{k}} a_{\boldsymbol{k}}^{+} | n_{\boldsymbol{k}} \rangle = n_{\boldsymbol{k}} + 1 = N^{+}(n_{\boldsymbol{k}}) N^{-}(n_{\boldsymbol{k}} + 1). \end{aligned} \tag{A.14}$$

Dabei haben wir als Abkürzung $|n_{\boldsymbol{k}}\rangle$ für $|n_1 \dots n_{\boldsymbol{k}} \dots\rangle$ geschrieben.
Das ist erfüllt für $N^{+}(n_{\boldsymbol{k}}) = \sqrt{n_{\boldsymbol{k}} + 1}$, $N^{-}(n_{\boldsymbol{k}}) = \sqrt{n_{\boldsymbol{k}}}$, also

$$\begin{aligned} a_{\boldsymbol{k}}^{+} |n_1 \dots n_{\boldsymbol{k}} \dots\rangle &= \sqrt{n_{\boldsymbol{k}} + 1}\, |n_1 \dots n_{\boldsymbol{k}} + 1 \dots\rangle, \\ a_{\boldsymbol{k}} |n_1 \dots n_{\boldsymbol{k}} \dots\rangle &= \sqrt{n_{\boldsymbol{k}}}\, |n_1 \dots n_{\boldsymbol{k}} - 1 \dots\rangle. \end{aligned} \tag{A.15}$$

Jeden Eigenvektor $|n_1 n_2 \dots n_{\boldsymbol{k}} \dots\rangle$ kann man offensichtlich durch wiederholte Anwendung von Erzeugungsoperatoren $a_{\boldsymbol{k}}^{+}$ auf den *Vakuumzustand* $|00 \dots 0 \dots\rangle$ gewinnen:

$$|n_1 \dots n_{\boldsymbol{k}} \dots\rangle = (a_{\boldsymbol{k}}^{+})^{n_{\boldsymbol{k}}} \dots (a_1^{+})^{n_1} |0 \dots 0 \dots\rangle. \tag{A.16}$$

Eine entsprechende Darstellung können wir für *Fermionen* einführen. Nach dem Pauli-Prinzip kann jeder Zustand dann nur einfach besetzt werden. In den Eigenvektoren können die $n_{\boldsymbol{k}}$ also nur die Werte 0 und 1 annehmen. Damit folgt für die entsprechenden Erzeugungs- und Vernichtungsoperatoren, die wir mit c_k^+ und c_k bezeichnen, zunächst

$$c_k^+|0\rangle = |1\rangle, \quad c_k^+|1\rangle = 0, \quad c_k|0\rangle = 0, \quad c_k|1\rangle = |0\rangle . \tag{A.17}$$

Darüber hinaus haben wir die Aussage des Pauli-Prinzips zu erfüllen, daß die Eigenvektoren antisymmetrisch sind, also bei einer Vertauschung zweier Teilchen ihr Vorzeichen wechseln. Um eine solche Vertauschung zu definieren, ordnen wir die n_k z. B. nach der Größe der ihnen zugeordneten Eigenwerte. Die (A. 16) entsprechende Aufbaubeziehung eines Eigenvektors aus dem Vakuumzustand

$$|0_1 1_2 1_3 \ldots 1_k \ldots\rangle = (-1)^{n+1} \ldots c_k^+ \ldots c_3^+ c_2^+ |0_1 0_2 0_3 \ldots 0_k \ldots\rangle \tag{A.18}$$

und entsprechend

$$c_k c_{k'} = -c_{k'} c_k, \quad c_k c_{k'}^+ = -c_{k'}^+ c_k \quad (k \neq k') . \tag{A.20}$$

ist dann so zu lesen, daß der Reihenfolge nach n Teilchen in den Zuständen 2, 3 ... k erzeugt wurden. Wegen des Vorzeichenfaktors vgl. (A.23). Die Reihenfolge der Operatoren ist also jetzt von Bedeutung.

Die Vertauschung zweier Teilchen bedeutet die Vertauschung zweier n_k, $n_{k'}$ im Eigenvektor, also nach (A.18) die Vertauschung zweier c_k auf der rechten Seite. Da mit der Vertauschung ein Vorzeichenwechsel verbunden sein soll, gilt

$$c_k^+ c_{k'}^+ = -c_{k'}^+ c_k^+ \tag{A.19}$$

Diese Antikommutationsregeln drücken die Tatsache aus, daß in der früher benutzten Schreibweise die Eigenvektoren Slater-Determinanten sind, in denen die Vertauschung zweier Spalten ebenfalls einen Vorzeichenwechsel bewirkt.

Für $k = k'$ gilt (A.19) und die erste Gleichung (A.20) ebenfalls, da dann nach (A.17) die Produkte $c_k^+ c_k^+$ bzw. $c_k c_k$ schon allein Null ergeben. Für die zweite Gleichung (A.20) folgt aus (A.17)

$$\begin{aligned} c_k c_k^+ |0\rangle &= |0\rangle , \quad c_k^+ c_k |0\rangle = 0 , \\ c_k c_k^+ |1\rangle &= 0 , \quad\;\; c_k^+ c_k |1\rangle = |1\rangle , \end{aligned} \tag{A.21}$$

also

$$c_k c_k^+ + c_k^+ c_k = 1 \quad \text{oder} \quad [c_k c_{k'}^+]_+ = \delta_{kk'} . \tag{A.22}$$

Für die c_k gelten also die selben Vertauschungsrelationen wie für die a_k, nur treten an die Stelle der Kommutatoren Antikommutatoren.

Die Beziehungen (A.17) zusammen mit den Vertauschungsregeln führen zu einer (A.15) analogen Gleichung

$$\begin{aligned} c_k^+ |\ldots n_k \ldots\rangle &= \sqrt{1-n_k}(-1)^{\nu_k} |\ldots n_k + 1 \ldots\rangle , \\ c_k |\ldots n_k \ldots\rangle &= \sqrt{n_k}(-1)^{\nu_k} |\ldots n_k - 1 \ldots\rangle \end{aligned} \tag{A.23}$$

mit $\nu_k = \sum_{i<k} n_i$. Dabei geben die Vorzeichenfaktoren ein positives Vorzeichen, wenn im Eigenvektor links von n_k eine gerade Anzahl von besetzten Zuständen stehen, ein negatives Vorzeichen, wenn die Anzahl ungerade ist.

Wir müssen nun untersuchen, wie wir quantenmechanische Gleichungen aus der Ortsdarstellung in die Teilchenzahldarstellung zu übersetzen haben. Dazu betrachten wir den einfachsten Fall eines Operators H, der additiv aus Ein-Teilchen-Operatoren $h(\boldsymbol{r}_i)$ zusammengesetzt ist: $H = \sum_i h(\boldsymbol{r}_i)$. Er möge auf eine Wellenfunktion wirken, die Bosonen beschreibt. Dann ist Φ gegeben durch die gegen Vertauschung von Teilchen invariante Kombination

$$\Phi = \frac{1}{\sqrt{N!n_1!n_2!\ldots}} \sum_P \varphi_\alpha(\boldsymbol{r}_1)\varphi_\beta(\boldsymbol{r}_2)\ldots\varphi_\lambda(\boldsymbol{r}_i)\ldots\varphi_\omega(\boldsymbol{r}_N), \tag{A.24}$$

wo die Summe über alle Permutationen der $\alpha, \beta \ldots$ geht und jeweils Gruppen von n_1, n_2 Indizes gleich sind:

$$\sum_\lambda n_\lambda = \sum_i 1 = N. \tag{A.25}$$

Anwendung von H auf Φ ergibt

$$H\Phi = \frac{1}{\sqrt{\ldots}} \sum_i \sum_P \varphi_\alpha(\boldsymbol{r}_1)\varphi_\beta(\boldsymbol{r}_2)\ldots h\varphi_\lambda(\boldsymbol{r}_i)\ldots\varphi_\omega(\boldsymbol{r}_N). \tag{A.26}$$

Wegen $h(\boldsymbol{r}_i)\varphi_\lambda(\boldsymbol{r}_i) = \sum_{\lambda'} \varphi_{\lambda'}(\boldsymbol{r}_i)\langle\lambda'|h|\lambda\rangle$ (mit von i unabhängigem Matrixelement!) wird

$$H\Phi = \frac{1}{\sqrt{\ldots}} \sum_{i=1}^N \sum_{\lambda'} \sum_P \varphi_\alpha(\boldsymbol{r}_1)\varphi_\beta(\boldsymbol{r}_2)\ldots\varphi_{\lambda'}(\boldsymbol{r}_i)\ldots\varphi_\omega(\boldsymbol{r}_N)\langle\lambda'|h|\lambda\rangle. \tag{A.27}$$

Schreiben wir nun Φ in der Form $|n_1\ldots n_\lambda\ldots\rangle$, so haben wir in der Summe zwei Fälle zu unterscheiden:
für

$$\varphi_\lambda = \varphi_{\lambda'}: \sum_i \langle\lambda|H|\lambda\rangle |n_1\ldots n_\lambda\ldots\rangle = \sum_\lambda n_\lambda \langle\lambda|h|\lambda\rangle |n_1\ldots n_\lambda\ldots\rangle \tag{A.28}$$

und für

$$\begin{aligned}\varphi_\lambda \neq \varphi_{\lambda'}: &\sum_i \sum_{\lambda'(\neq\lambda)} \sqrt{\frac{n_{\lambda'}+1}{n_\lambda}} \langle\lambda'|h|\lambda\rangle |n_1\ldots n_{\lambda'}+1\ldots n_\lambda - 1\ldots\rangle \\ &= \sum_{\substack{\lambda\lambda' \\ (\lambda\neq\lambda')}} \sqrt{n_\lambda}\sqrt{n_{\lambda'}+1} |n_1\ldots n_{\lambda'}+1\ldots n_\lambda - 1\ldots\rangle \langle\lambda'|h|\lambda\rangle.\end{aligned} \tag{A.29}$$

Das kann man wegen (A.8) und (A.15) zusammenfassen zu

$$H|n_1\ldots n_\lambda\ldots\rangle = \sum_{\lambda'\lambda} \langle\lambda'|h|\lambda\rangle a^+_{\lambda'} a_\lambda |n_1\ldots n_{\lambda'}\ldots n_\lambda\ldots\rangle. \tag{A.30}$$

Also wird in der Teilchenzahl-Darstellung der Operator H

$$H = \sum_i h(\boldsymbol{r}_i) = \sum_{\lambda'\lambda} \langle\lambda'|h|\lambda\rangle a^+_{\lambda'} a_\lambda \tag{A.31}$$

mit $\langle\lambda'|h|\lambda\rangle = \int \varphi^*_{\lambda'}(\boldsymbol{r}_1) h(\boldsymbol{r}_1) \varphi_\lambda(\boldsymbol{r}_1) d\tau_1$.

Gl. (A.31) gilt (mit c_λ statt a_λ) auch für *Fermionen*. Dies folgt aus der antisymmetrischen Form der Wellenfunktion (3.7), die sich auch

$$\Phi = \frac{1}{\sqrt{N!}} \sum_P (-1)^P \varphi_\alpha(\boldsymbol{q}_1)\varphi_\beta(\boldsymbol{q}_2)\ldots\varphi_\omega(\boldsymbol{q}_N) \tag{A.32}$$

schreiben läßt. Die geänderten Faktoren bei den einzelnen Summengliedern ändern aber nichts an der Beweisführung. Allerdings ist zu berücksichtigen, daß λ in (A.31) *Zustände* zählt. In der Summe ist also auch die Spin-Summation enthalten.

Entsprechend kann man zeigen, daß für *Zwei-Teilchen-Operatoren* $H = \sum_{ij} h(\boldsymbol{r}_i, \boldsymbol{r}_j)$ folgt

$$H = \sum_{ij} h(\boldsymbol{r}_i, \boldsymbol{r}_j) = \sum_{\lambda\lambda'\mu\mu'} \langle \lambda'\mu' | h | \lambda\mu \rangle a^+_{\lambda'} a^+_{\mu'} a_\mu a_\lambda \tag{A.33}$$

mit

$$\langle \lambda'\mu' | h | \lambda\mu \rangle = \int \varphi^*_{\lambda'}(\boldsymbol{r}_1)\varphi^*_{\mu'}(\boldsymbol{r}_2) h(\boldsymbol{r}_1, \boldsymbol{r}_2)\varphi_\lambda(\boldsymbol{r}_1)\varphi_\mu(\boldsymbol{r}_2) d\tau_1 d\tau_2 .$$

Die Ableitung dieser Gleichung erfolgt in ähnlicher Weise wie die Ableitung von (A.31). Wir verzichten hier auf die Wiedergabe der etwas langwierigen Rechnung.

Liste der verwendeten Symbole

a	Gitterkonstante
$\boldsymbol{a}_i$	Basisvektor
$\boldsymbol{a}$	nicht-primitive Translation
$a_{\boldsymbol{k}}^+, a_{\boldsymbol{k}}$	Erzeugungs- und Vernichtungsoperator für Bosonen
$a_m(\boldsymbol{R}_n, \boldsymbol{r})$	Wannier-Funktion
$\boldsymbol{A}(\boldsymbol{r})$	Vektor-Potential
$\boldsymbol{b}_i$	Basisvektor im reziproken Gitter
$b_{\boldsymbol{k}}^+, b_{\boldsymbol{k}}$	Erzeugungs- und Vernichtungsoperator für Magnonen
$b_{\boldsymbol{K}}^+, b_{\boldsymbol{K}}$	Erzeugungs- und Vernichtungsoperator für Exzitonen
$\boldsymbol{B}_A$	Anisotropiefeld
$B_j(y)$	Brillouin-Funktion
c	Lichtgeschwindigkeit
c	spezifische Wärme
c_D	— in der Debye'schen Näherung
c_l, c_t	long. und transv. Schallgeschwindigkeit
$c_{\boldsymbol{k}}^+, c_{\boldsymbol{k}}$	Erzeugungs- und Vernichtungsoperator für Fermionen
$c_{1,2\boldsymbol{k}}^+, c_{1,2\boldsymbol{k}}$	— für antiferromagnetische Magnonen
C	Curie-Konstante
C_{ik}	elastische Konstante
C_{iklm}	Komponente des elastischen Tensors
$D^{(i)}$	Darstellung einer Gruppe
$-e$	Elektronenladung
e^*	effektive Ladung eines Ions
$\boldsymbol{e}$	Einheitsvektor, Polarisationsvektor
E, E_k	Energie-Eigenwerte
$\boldsymbol{E}$	elektrische Feldstärke
$\boldsymbol{E}_{\text{eff}}$	effektives Feld am Ort eines Ions
E_F	Fermi-Energie, chemisches Potential bei $T=0$
f, f_1, f_2	Federkonstanten
$f(E)$	Fermi-Verteilung
F	freie Energie
$F(x)$	Fermi-Integral
g	g-Faktor
g	Ordnung einer Gruppe

$H, H_{el}, H_{el\text{-}ion} \cdots$	Hamilton-Funktion, Hamilton-Operator
$\boldsymbol{j}$	Teilchenstromdichte
J_{ik}	Austauschintegral
$\boldsymbol{k}$	$\boldsymbol{k}$-Vektor, Wellenzahlvektor eines Elektrons
k_B	Boltzmann-Konstante
k_c	Abschirmkonstante
k_F	Radius der Fermi-Kugel
$\boldsymbol{K}$	Wellenzahlvektor eines Exzitons
$\boldsymbol{K}_n$	primitive Translation im reziproken Gitter
$L_{x,y,z}$	Kanten des Grundgebietes
m	Elektronenmasse
m^*	effektive Masse
$\boldsymbol{M}$	Magnetisierung
M_i	Masse des i-ten Ions
n	Elektronenkonzentration
n_0	Entartungskonzentration
n_i	ganze Zahl
$n_{\boldsymbol{k}}$	Fourier-Komponente der Elektronenkonzentration
n_k	Besetzungszahl des k-ten Zustandes
$\overline{n}_k$	mittlere Besetzungszahl des k-ten Zustandes
N	Zahl der Wigner-Seitz-Zellen im Grundgebiet, Zahl der Elektronen im Grundgebiet
p	effektive Magnetonenzahl
$\boldsymbol{p}, \boldsymbol{p}_k$	Impuls (Impulsoperator) des k-ten Teilchens
$\boldsymbol{P}_i$	Impuls des i-ten Ions
P_j	Kollektivimpuls eines Feldes
$\boldsymbol{q}$	$\boldsymbol{q}$-Vektor eines Phonons
Q_j	Kollektivkoordinate eines Feldes
$\boldsymbol{r}$	Ortsvektor
$\boldsymbol{r}_k$	Ort des k-ten Elektrons
$\boldsymbol{R}_i$	Ort des i-ten Ions
$\boldsymbol{R}_n$	primitive Translation, Bezugspunkt in der n-ten Wigner-Seitz-Zelle
$\boldsymbol{R}_{n\alpha}$	Ort des α-ten Ions in der n-ten Wigner-Seitz-Zelle
$\boldsymbol{R}_\alpha$	Ort des α-ten Ions relativ zu $\boldsymbol{R}_n$
s	Spin-Quantenzahl
s_j	Geschwindigkeit eines Phonons im j-ten Zweig
$\overline{s}$	mittlere Geschwindigkeit eines akustischen Phonons
$\boldsymbol{s}$	Verschiebungsfeld in der Kontinuumsnäherung
$\boldsymbol{s} = \boldsymbol{s}_+ - \boldsymbol{s}_-$	Relativverschiebung der Basisionen in einer Wigner-Seitz-Zelle
$\boldsymbol{s}_\pm$	Auslenkung eines Ions
$\boldsymbol{s}_{n\alpha}$	Auslenkung des α-ten Ions in der n-ten Wigner-Seitz-Zelle
S	Entropie
$\boldsymbol{S}$	Spin-Operator
$S_{\{\alpha\|\boldsymbol{a}\}}$	Symmetrie-Operator der Raumgruppe

T	Temperatur
T	kinetische Energie
T_c	Curie-Temperatur
$T_{\boldsymbol{R}}$	Translations-Operator
$u_n(\boldsymbol{k},\boldsymbol{r})$	gitterperiodischer Anteil einer Bloch-Funktion
$\boldsymbol{v}$	Geschwindigkeit
V	Volumen
V_{wsz}	Volumen einer Wigner-Seitz-Zelle
$V(\boldsymbol{r}_k)$	Potential am Ort des k-ten Elektrons
V_g	Volumen des Grundgebietes
V_P	Pseudopotential
$\boldsymbol{w}$	reduzierter Verschiebungsvektor
w_n	Besetzungswahrscheinlichkeit eines Quantenzustandes
X	Symmetrieachse in der Brillouin-Zone
$z(\boldsymbol{k}), z(E), z(\omega)$	Zustandsdichten (im $\boldsymbol{k}$-Raum, auf der Energie-Skala, auf der Frequenz-Skala)
Z, Z_N	Zustandssumme
α	Drehspiegelungs-Operator
α	Polarisierbarkeit
α	Spin-Funktion
$\{\alpha\|\boldsymbol{a}\}$	Operator der Raumgruppe
β	Spin-Funktion
$\boldsymbol{\beta}$	Abstand zwischen Elektron und Loch im Exziton
Γ	Zentrum der Brillouin-Zone
Δ	Symmetrieachse der Brillouin-Zone
$\varepsilon(\boldsymbol{q},\omega)$	Dielektrizitätskonstante, wellenzahl- und frequenzabhängige
ε_0	–, statische
ε_∞	–, bei hohen Frequenzen
ε^*	–, effektive
ε_{ik}	Deformationstensor
ζ, ζ_i	chemisches Potential des i-ten Elektrons
Θ_D	Debye-Temperatur
Θ_E	Einstein-Temperatur
λ	Weiss'sche Konstante
μ	reduzierte Masse
μ_B	Bohr'sches Magneton
ν	ganze Zahl
ν	Zahl nächster Nachbarn eines Ions
ρ	Dichte, Ladungsdichte
ρ^H, ρ^{HF}	Hartree- bzw. Hartree-Fock-Ladungsdichte
ρ, ρ_0	statistischer Operator
ρ_{mn}	Dichtematrix
$\boldsymbol{\sigma}$	Spin-Operator
σ_{ik}	Spannungstensor

φ	elektrostatisches Potential
$\Phi_{n'\alpha'i'}^{n\alpha i}$	atomare Kraftkonstanten
χ	Charakter einer Gruppe
$\psi, \Psi, \varphi, \chi$	Wellenfunktionen
$\omega_j(\boldsymbol{q})$	Frequenz eines Phonons der Wellenzahl $\boldsymbol{q}$ im Zweig j
ω_c	Cyclotron-Resonanz-Frequenz
ω_p	Plasma-Frequenz
$\omega_{l,t}$	long. und trans. Grenzfrequenz optischer Phononen
ω_D	Debye-Frequenz
Ω	thermodynamisches Potential
$\|n\boldsymbol{k}\rangle$	Bloch-Funktion
$\|0\rangle$	Wellenfunktion des Grundzustandes
$\|i\rangle$	Wellenfunktion eines Zwischenzustandes

Literaturverzeichnis

Allgemeine Einführungen in die Festkörperphysik:

1. Kittel, C.: Einführung in die Festkörperphysik. (Übersetzung der 3. Auflage des Buches „Introduction to Solid State Physics“. New York: J. Wiley & Sons 1966) München und Wien: R. Oldenbourg 1968.

1a. Kittel, C.: Introduction to Solid State Physics. 4., völlig neu bearbeitete Auflage des unter 1. genannten Buches. New York: J. Wiley & Sons 1971.

neben diesem Standardwerk auch:

2. Azaroff, L. V.: Introduction to Solids. New York-Toronto-London: McGraw-Hill 1960.
3. —, Brophy, J. J.: Electronic Processes in Materials. New York-Toronto-London: McGraw-Hill 1963.
4. Blakemore, J. S.: Solid State Physics. Philadelphia-London-Toronto: W. B. Saunders Comp. 1969.
5. Hellwege, K. H.: Einführung in die Festkörperphysik I, II. (Heidelberger Taschenbücher Band 33, 34) Berlin-Heidelberg-New York: Springer 1968, 1970.
6. Levy, R. A.: Principles of Solid State Physics. New York-London: Academic Press 1968.
7. Wert, Ch. A., Thomson, R. M.: Physics of Solids. New York-Toronto-London: McGraw-Hill 1964.

Allgemeine Einführungen in die Festkörpertheorie:

8. Anderson, P. W.: Concepts in Solids. New York: W. A. Benjamin 1963.
9. Brauer, W.: Einführung in die Elektronentheorie der Metalle. Braunschweig: Vieweg-Verlag 1966.
10. Harrison, W. A.: Solid State Theory. New York-Toronto-London: McGraw-Hill 1969.
11. Haug, A.: Theoretische Festkörperphysik. Wien: Franz Deuticke. Band I: 1964, Band II: 1970.
12. Kittel, C.: Quantum Theory of Solids. New York-London: J. Wiley & Sons 1963.
13. Kubo, R., Nagamiya, T.: Solid State Physics. New York-Toronto-London: McGraw-Hill 1969.
14. Ludwig, W.: Festkörperphysik I, II. Stuttgart: Akademische Verlagsanstalt 1970.

15. Patterson, J. D.: Introduction to the Theory of Solid State Physics. London: Addison-Wesley 1971.
16. Pines, D.: Elementary Excitations in Solids. New York: W. A. Benjamin 1963.
17. Slater, J. C.: Quantum Theory of Molecules and Solids. 3 Bände. New York-Toronto-London: McGraw-Hill 1965–1967.
18. Smith, R. A.: Wave Mechanics of Crystalline Solids (2. Auflage). London: Chapman and Hall 1969.
19. Taylor, P. L.: A Quantum Approach to the Solid State. Englewood Cliffs, N. J.: Prentice Hall 1970.
20. Ziman, J. H.: Electrons and Phonons. Oxford: Clarendon Press 1960.
21. — Principles of the Theory of Solids. Cambridge: University Press 1964.

sowie auch:

22. Beam, W. R.: Electronics of Solids. New York-Toronto-London: McGraw-Hill 1965.
23. Becker, R., Sauter, F.: Theorie der Elektrizität. Bd. 3: Elektrodynamik der Materie. Stuttgart: B. G. Teubner 1969.
24. Clark, H.: Solid State Physics. London-New York: Macmillan-St. Martin's Press 1968.
25. Goldsmid, H. J.: Problems in Solid State Physics. New York: Academic Press 1968.
26. Sachs, M.: Solid State Theory. New York-Toronto-London: McGraw-Hill 1963.
27. Weinreich, G.: Solids, Elementary Theory for Advanced Students. New York: J. Wiley & Sons 1965.

ferner die älteren, aber immer noch lesenswerten Bücher:

28. Mott, N., Jones, W.: The Theory of Properties of Metals and Alloys. Oxford: Clarendon Press 1958.
29. Peierls, R. E.: Quantum Theory of Solids. Oxford: Clarendon Press 1955.
30. Seitz, F.: The Modern Theory of Solids. New York-Toronto-London: McGraw-Hill 1940.
31. Sommerfeld, A., Bethe, H.: Elektronentheorie der Metalle (Heidelberger Taschenbuch Nr. 19). Berlin-Heidelberg-New York: Springer 1967. Nachdruck eines Artikels aus Geiger-Scheel, Handbuch der Physik, Bd. 24/2, 1933.
32. Wannier, G. H.: Elements of Solid State Theory. Cambridge: University Press 1959.
33. Wilson, A. H.: The Theory of Metals. Cambridge: University Press 1958.

Für Einführungen in Teilgebiete der Festkörperphysik vgl. die weiter unten aufgeführte Literatur und die Literaturverzeichnisse der folgenden Bände.

Sommerschulen und Tagungen; Sammelwerke mit Einzelbeiträgen:

Varenna, Proceedings of the International School of Physics. New York: Academic Press.

34. Band XXII: Semiconductors (Herausgeber: Smith, R. A.).
35. Band XXXI: Quantum Electronics and Coherent Light (Townes, C. H.).
36. Band XXXIV: Optical Properties of Semiconductors (Tauc, J.).
37. Band XXXVII: Theory of Magnetism of Transition Metals (Marshall, W.).
38. Band XLII: Quantum Optics (Glauber, R. J.).

Scottish Universities Summer School. Edinbourgh-London: Oliver and Boyd.

39. Polarons and Excitons (Kuper, C. G., Whitfield, G. D.), 1963.
40. Phonons in Perfect Lattices and in Lattices with Point Imperfections (Stevenson, R. W. H.), 1965.
41. Mathematical Methods in Solid State and Superfluid Theory (Clark, R. C., Derrick, G. H.), 1967.

Simon Frazer University, Sommerschulen. London: Gordon and Breach.

42. Modern Solid State Physics. Vol. I: Electrons in Metals (Cochran, J. F., Haering, R. R.), 1968.
43. Modern Solid State Physics. Vol. II: Phonons and Their Interactions (Enns, R. H., Haering, R. R.), 1969.

ferner:

44. Garrido, L. M.: The Many-body Problem (Sommerschule Mallorca 1969). New York: Plenum Press 1969.
45. Haidemenakis, E. D.: Electronic Structure of Solids (Sommerschule Kreta 1968). New York: Plenum Press 1969.
46. Harrison, W. A., Webb, M. B.: The Fermi-Surface (International Conference 1960). New York: J. Wiley & Sons 1960.
47. Herman, F., Dalton, N. W., Koehler, T. R.: Computational Solid State Physics (Konferenz Wildbad 1971). New York: Plenum Press 1972.
48. Landsberg, P. T.: Solid State Theory, Methods and Applications. New York: J. Wiley & Sons 1969.
49. Maradudin, A. A., Gardelli, G. F.: Elementary Excitations in Solids (Cortina d'Ampezzo 1966). New York: Plenum Press 1969.
50. Marcus, P. M., Janak, J. F., Williams, A. R.: Computational Methods in Band Theory (Konferenz Yorktown 1970). New York: Plenum Press 1971.
51. Wallis, R. F.: Lattice Dynamics (Konferenz Kopenhagen 1964). New York: Plenum Press 1965.
52. — Localized Excitations in Solids (Konferenz 1967). New York: Plenum Press 1968.
53. Witt, C. de, Bahan, R.: Many-body Physics (Sommerschule Les Houches 1967). London: Gordon and Breach 1968.
54. Zahlan, A. B.: Excitons, Magnons, Phonons in Molecular Crystals (Sommerschule Beirut 1968). Cambridge: University Press 1968.
55. Ziman, J. M.: The Physics of Metals. Part 1: Electrons. Cambridge: University Press 1969.
56. —, Bassani, F., Caglioti, G.: Theory of Condensed Matter (International Course, Triest 1967). Vienna: Atomic Agency 1968.

Buchreihen und Zeitschriften mit Übersichtsartikeln:

Zitate aus dieser Gruppe werden im Text durch Angabe der Nummer des Sammelwerkes und der Nummer des jeweiligen Bandes (z. B. [57.4] = Sammelwerk 57, Band 4) gegeben.

57. Solid State Physics, Advances and Applications (Ehrenreich, H., Seitz, F., Turnbull, D.). New York-Toronto-London: Academic Press seit 1954. Supplementbände zu dieser Reihe sind unter den Nummern 67 bis 77 aufgeführt.

58. Festkörperprobleme (Sauter, F., Madelung, O.). Braunschweig: Fr. Vieweg & Sohn, seit 1962.
59. Plenarvorträge der Physikertagungen der Deutschen Physikalischen Gesellschaft. Stuttgart: B. G. Teubner, seit 1964.
60. Handbuch der Physik, Herausgeber: Flügge, S., Berlin-Heidelberg-New York:
61. Ergebnisse der Exakten Naturwissenschaften/Springer Tracts in Physics. Berlin-Heidelberg-New York: Springer.
62. Comments on Solid State Physics. London: Gordon and Breach.
63. Advances in Physics. London: Taylor & Francis.
64. Reports on Progress in Physics. The Institute of Physics and the Physical Society, London.
65. Fortschritte der Physik. Berlin: Akademie-Verlag.
66. Physica Status Solidi. Berlin: Akademie-Verlag.

Monographien über Einzelgebiete der Festkörperphysik:

Supplementbände zu [57]:

67. Das, T. P., Hahn, E. L.: Nuclear Quadrupole Resonance Spectroscopy.
68. Low, W.: Paramagnetic Resonance in Solids.
69. Maradudin, A. A., Montroll, E. W., Weiss, G. H.: Theory of Lattice Dynamics in the Harmonic Approximation.
70. Beer, A. C.: Galvanomagnetic Effects in Semiconductors.
71. Knox, R. S.: Theory of Excitons.
72. Amelinckx, S.: The Direct Observation of Dislocations.
73. Corbett, J. W.: Electron Radiation Damage in Semiconductors.
74. Markham, J. J.: F-Centers in Alkali Halides.
75. Conwell, E.: High Field Transport in Semiconductors.
76. Duke, C. B.: Tunneling in Solids.
77. Cardona, M.: Modulation Spectroscopy.

Zur Viel-Teilchen-Theorie (kleine Auswahl):

78. Abrikosov, A. A., Gor'kov, L. P., Dzyaloshinski, I. Ye.: Quantum Field Theoretical Methods in Statistical Physics. Pergamon Student Editions. Oxford-London-Edinbourgh-New York-Paris-Frankfurt: Pergamon Press 1965.
79. Fetter, A. L., Walecka, J. D.: Quantum Theory of Many Particle Systems. New York-Toronto-London: McGraw-Hill 1971.
80. Mattuck, R. D.: A Guide to Feynman Diagrams in the Many-body-problem. New York-Toronto-London: McGraw-Hill 1967.
81. Nozières, Ph.: Theory of Interacting Fermi Systems. New York: W. A. Benjamin 1964.
82. Pines, D., Nozières, Ph.: The Theory of Quantum Liquids I. New York: W. A. Benjamin 1966.
83. Thouless, D. J.: Quantenmechanik der Vielteilchensysteme (BI-Hochschultaschenbuch Nr. 52/52a). Mannheim: Bibliographisches Institut.

Zur Gruppentheorie:

84. Hammermesh, M.: Group Theory and its Application to Physical Problems. Addison-Wesley/Pergamon 1962.
85. Heine, V.: Group Theory in Quantum Mechanics. London-Paris: Pergamon Press 1960.
86. Koster, G. F., Dimmock, J. O., Wheeler, R. G., Statz, H.: Properties of the 42 Point Groups. Cambridge/Mass.: MIT Press 1963.
87. Streitwolf, H.: Gruppentheorie in der Festkörperphysik. Leipzig: Akademische Verlagsgesellschaft 1967.
88. Tinkham, M.: Group Theory and Quantum Mechanics. New York-Toronto-London: McGraw-Hill 1964.

Weitere Monographien zu Teilgebieten, auf die im Text verwiesen wird, sind:

89. Alder, B., Fernbach, S. Rotenberg, M.: Methods in Computational Physics. Vol. 8: Energy Bands in Solids. New York: Academic Press 1968.
90. Brillouin, L.: Wave Propagation in Periodic Structures. New York: Academic Press 1960.
91. Callaway, J.: Energy Band Theory. New York: Academic Press 1964.
92. Harrison, W. A.: Pseudopotentials in the Theory of Metals. New York: W. A. Benjamin 1966.
93. Jones, H.: The Theory of Brillouin-Zones and Electronic States in Crystals. Amsterdam: North-Holland Publ. Comp. 1962.
94. Loucks, T. L.: Augmented Plane Wave Method. New York: W. A. Benjamin 1967.
95. Madelung, O.: Grundbegriffe der Halbleiterphysik (Heidelberger Taschenbuch Nr. 71). Berlin-Heidelberg-New York: Springer 1970.
96. Bak, T. A.: Phonons and Phonon Interactions. New York: W. A. Benjamin 1964.
97. Born, M., Huang, K. H.: Dynamical Theory of Crystals Lattices. Oxford: Clarendon Press 1954.
98. Morrish, A. H.: The Physical Principles of Magnetism. New York: J. Wiley & Sons 1965.
99. Mattis, D. C.: The Theory of Magnetism. New York: Harper & Row 1965.
100. Rado, G. T., Suhl, H.: Magnetism (zahlreiche Bände). New York: Academic Press.
101. Wagner, D.: Einführung in die Theorie des Magnetismus. Braunschweig: Fr. Vieweg & Sohn 1966.
102. White, R. M.: Quantum Theory of Magnetism. New York-Toronto-London: McGraw-Hill 1970.
103. Ziman, J. M.: Elements of Advanced Quantum Theory. Cambridge: University Press 1969.

Sachverzeichnis

Heidelberger Taschenbücher

Mathematik — Physik — Chemie — Technik — Wirtschaftswissenschaften

1 M. Born: Die Relativitätstheorie Einsteins. 5. Auflage. DM 10,80
2 K. H. Hellwege: Einführung in die Physik der Atome. 3. Auflage. DM 8,80
6 S. Flügge: Rechenmethoden der Quantentheorie. 3. Auflage. DM 10,80
7/8 G. Falk: Theoretische Physik I und Ia auf der Grundlage einer allgemeinen Dynamik.
Band 7: Elementare Punktmechanik (I). DM 8,80
Band 8: Aufgaben und Ergänzungen zur Punktmechanik (Ia). DM 8,80
9 K. W. Ford: Die Welt der Elementarteilchen. DM 10,80
10 R. Becker: Theorie der Wärme. DM 10,80
11 P. Stoll: Experimentelle Methoden der Kernphysik. DM 10,80
12 B. L. van der Waerden: Algebra I. 8. Auflage der Modernen Algebra. DM 10,80
13 H. S. Green: Quantenmechanik in algebraischer Darstellung. DM 8,80
14 A. Stobbe: Volkswirtschaftliches Rechnungswesen. 2. Auflage. DM 12,80
15 L. Collatz/W. Wetterling: Optimierungsaufgaben. 2. Auflage. DM 14,80
16/17 A. Unsöld: Der neue Kosmos. DM 18,—
19 A. Sommerfeld/H. Bethe: Elektronentheorie der Metalle. DM 10,80
20 K. Marguerre: Technische Mechanik. I. Teil: Statik. DM 10,80
21 K. Marguerre: Technische Mechanik. II. Teil: Elastostatik. DM 10,80
22 K. Marguerre: Technische Mechanik. III. Teil: Kinetik. DM 12,80
23 B. L. van der Waerden: Algebra II. 5. Auflage der Modernen Algebra. DM 14,80
26 H. Grauert/I. Lieb: Differential- und Integralrechnung I. 2. Auflage. DM 12,80
27/28 G. Falk: Theoretische Physik II und IIa.
Band 27: Allgemeine Dynamik. Thermodynamik (II). DM 14,80
Band 28: Aufgaben und Ergänzungen zur Allgemeinen Dynamik und Thermodynamik (IIa). DM 12,80
30 R. Courant/D. Hilbert: Methoden der mathematischen Physik I. 3. Auflage. DM 16,80
31 R. Courant/D. Hilbert: Methoden der mathematischen Physik II. 2. Auflage. DM 16,80
33 K. H. Hellwege: Einführung in die Festkörperphysik I. DM 9,80
34 K. H. Hellwege: Einführung in die Festkörperphysik II. DM 12,80
36 H. Grauert/W. Fischer: Differential- und Integralrechnung II. DM 12,80
37 V. Aschoff: Einführung in die Nachrichtenübertragungstechnik. DM 11,80
38 R. Henn/H. P. Künzi: Einführung in die Unternehmensforschung I. DM 10,80
39 R. Henn/H. P. Künzi: Einführung in die Unternehmensforschung II. DM 12,80
40 M. Neumann: Kapitalbildung, Wettbewerb und ökonomisches Wachstum. DM 9,80
43 H. Grauert/I. Lieb: Differential- und Integralrechnung III. DM 12,80
44 J. H. Wilkinson: Rundungsfehler. DM 14,80
49 Selecta Mathematica I. Verf. und hrsg. von K. Jacobs. DM 10,80
50 H. Rademacher/O. Toeplitz: Von Zahlen und Figuren. DM 8,80
51 E. B. Dynkin/A. A. Juschkewitsch: Sätze und Aufgaben über Markoffsche Prozesse. DM 14,80
52 H. M. Rauen: Chemie für Mediziner — Übungsfragen. DM 7,80
53 H. M. Rauen: Biochemie — Übungsfragen. DM 9,80
55 H. N. Christensen: Elektrolytstoffwechsel. DM 12,80
56 M. J. Beckmann/H. P. Künzi: Mathematik für Ökonomen I. DM 12,80
59/60 C. Streffer: Strahlen-Biochemie. DM 14,80

63 Z. G. Szabó: Anorganische Chemie. DM 14,80
64 F. Rehbock: Darstellende Geometrie. 3. Auflage. DM 12,80
65 H. Schubert: Kategorien I. DM 12,80
66 H. Schubert: Kategorien II. DM 10,80
67 Selecta Mathematica II. Hrsg. von K. Jacobs. DM 12,80
71 O. Madelung: Grundlagen der Halbleiterphysik. DM 12,80
72 M. Becke-Goehring/H. Hoffmann: Komplexchemie. DM 18,80
73 G. Pólya/G. Szegö: Aufgaben und Lehrsätze aus der Analysis I. DM 12,80
74 G. Pólya/G. Szegö: Aufgaben und Lehrsätze aus der Analysis II. 4. Auflage. DM 14,80
75 Technologie der Zukunft. Hrsg. von R. Jungk. DM 15,80
78 A. Heertje: Grundbegriffe der Volkswirtschaftslehre. DM 10,80
79 E. A. Kabat: Einführung in die Immunchemie und Immunologie. DM 18,80
80 F. L. Bauer/G. Goos: Informatik — Eine einführende Übersicht. Erster Teil. DM 9,80
81 K. Steinbuch: Automat und Mensch. 4. Auflage. DM 16,80
85 W. Hahn: Elektronik-Praktikum. DM 10,80
86 Selecta Mathematica III. Hrsg. von K. Jacobs. DM 12,80
87 H. Hermes: Aufzählbarkeit, Entscheidbarkeit, Berechenbarkeit. 2. Auflage. DM 14,80
90 A. Heertje: Grundbegriffe der Volkswirtschaftslehre II. DM 12,80
91 F. L. Bauer/G. Goos: Informatik — Eine einführende Übersicht. Zweiter Teil. DM 12,80
92 J. Schumann: Grundzüge der mikroökonomischen Theorie. DM 14,80
93 O. Komarnicki: Programmiermethodik. DM 14,80
99 P. Deussen: Halbgruppen und Automaten. DM 11,80
102 W. Franz: Quantentheorie. DM 19,80
103 K. Diederich/R. Remmert: Funktionentheorie I. DM 14,80
104 O. Madelung: Festkörpertheorie I. DM 14,80

Hochschultexte

Die ersten Bände der Sammlung Hochschultexte erschienen im Jahr 1970. Die Hochschultexte sind Lehrbücher für mittlere Semester. Jeder Band aus der Sammlung gibt eine solide Einführung in ein nicht nur für Spezialisten interessantes Fachgebiet.

Cremer, L.: Vorlesungen über Technische Akustik. DM 29,40
Gross, M./Lentin, A.: Mathematische Linguistik. DM 28,—
Hermes, H.: Introduction to Mathematical Logic. DM 28,—
Kreisel, G./Krivine, J. L.: Modelltheorie. DM 28,—
MacLane, S.: Kategorien. DM 34,—
Owen, G.: Spieltheorie. DM 28,—
Oxtoby, J. C.: Maß und Kategorie. DM 16,—
Werner, H.: Praktische Mathematik I. DM 14,—
Wolf, H.: Lineare Systeme und Netzwerke. DM 18,—